U0840094

数据库系统原理
与实现技术研究

冯 锋 付利军 杨金劳 编著

中国原子能出版社

图书在版编目（CIP）数据

数据库系统原理与实现技术研究 / 冯锋，付利军，杨金劳编著. -- 北京 ：中国原子能出版社，2018.1

ISBN 978-7-5022-8790-0

Ⅰ. ①数… Ⅱ. ①冯… ②付… ③杨… Ⅲ. ①数据库系统 Ⅳ. ①TP311.13

中国版本图书馆 CIP 数据核字（2018）第 016324 号

内 容 简 介

数据库技术是现代信息科学与技术的重要组成部分，是计算机数据处理与信息管理系统的核心。随着计算机技术与网络通信技术的发展，数据库技术已成为信息社会中对大量数据进行组织与管理的重要技术手段及软件技术，是网络信息化管理系统的基础。本书将数据库系统理论、实现和应用紧密结合在一起，并以分析的观点、实现的视角、应用的立场来进行研究，主要内容包括：数据模型、关系数据理论、关系数据库标准语言 SQL、关系模式的规范化设计理论、存储过程与触发器、关系查询处理与优化、事务与并发控制、数据库安全性与保护、数据库设计与实施、数据管理技术前沿等。本书内容翔实，且紧跟数据库技术发展前沿，具有先进性、实用性和可读性，是一本值得学习研究的著作。

数据库系统原理与实现技术研究

出版发行 中国原子能出版社（北京市海淀区阜成路 43 号 100048）
责任编辑 张 琳
责任校对 冯莲凤
印 刷 三河市铭浩彩色印装有限公司
经 销 全国新华书店
开 本 787mm×1092mm 1/16
印 张 17
字 数 413 千字
版 次 2018 年 4 月第 1 版 2024 年 9 月第 2 次印刷
书 号 ISBN 978-7-5022-8790-0 定 价 68.00 元

网址：http://www.aep.com.cn E-mail:atomep123@126.com
发行电话：010－68452845

前　言

在社会信息化的今天，信息已经成为全社会宝贵的资源。随着信息呈现爆炸性增长，海量数据的处理成为数据管理人员所面临的一个重要问题。而数据库技术是信息技术的重要核心，通过它可以实现大容量的数据存储、快速的数据查询等。数据库技术从20世纪60年代中期产生到今天，发展了以数据建模和数据库管理系统(DBMS)核心技术为主、内容丰富的一门学科；带动了一个巨大的软件产业DBMS产品及其相关工具和解决方案，成就辉煌。

数据库系统已经成为各类计算机信息系统与计算机应用系统的核心和基础。我们可以看到，数据库技术的发展是非常迅速的，目前已广泛运用于社会生活中，并渗透到经济、行政、教育、军事、国防等领域。随着各行各业信息化进程的加快，人们更加认识到数据库在信息化社会中信息资源管理与开发利用的重要性。在当今社会，不仅是传统的商业、管理和行政事务型应用已离不开数据库，那些实时、过程和控制的工程型应用领域也要求并且已经开始使用现代(非传统)数据库。可以说，数据库的应用水平已成为衡量一个部门或一个企业信息化程度的重要标志。

作者根据多年研究，本着掌握成熟应用开发技术和了解最新发展动态的指导思想来规划和设计本书的内容和结构。本书共分为11章，分别是绪论、数据模型、关系数据理论、关系数据库标准语言SQL、关系模式的规范化设计理论、存储过程与触发器、关系查询处理与优化、事务与并发控制、数据库的安全性与保护、数据库设计与实施、数据管理技术前沿等。

全书理论联系实际，涉及面广，体系完整，内容新颖，条理清晰，组织合理。还特别介绍了大数据时代两种新型的数据库NoSQL数据库和NewSQL数据库，具有一定的前沿性。写作本书的目的在于抛砖引玉，希望本书的出版对于广大读者熟悉和掌握现代数据库技术的最新理论与前沿技术，了解相关技术在各个领域中应用的前景和操作实践起到帮助作用，并以此为基础进一步加深今后对现代数据库技术的研究。

本书在编撰的过程中参考了大量国内外同类书籍和资料，在此向这些作者表示诚挚的谢意。另外，本书的编撰得到了单位领导和同仁的热情帮助和支持，在此表示衷心的感谢！由于数据库技术发展日新月异，加之作者水平有限，书中疏漏错误之处在所难免，恳请广大读者批评指正。

作　者

2018年1月

目　　录

第1章 绪论

1.1 数据、数据库和数据库系统

1.1.1 数据

1.数据的概念

人们对数据(Data)的理解大多是狭义的,一提到数据自然而然会在大脑中就会浮现像3、4.3、—50等数字。其实这只是最简单的数据。广义地讲,文字、图形、图像、声音、符号等有意义的元素都称为数据。

从计算机角度看,数据是数据库中最基本的存储对象,是现实世界中客观存在的物体在计算机中的抽象表示,是存储在计算机中的符号串,也就是数字。例如,我们用汉语这样描述一位读者"王建立,男,年龄18岁,所学专业为计算机",而在计算机中是这样表示的:(王建立,男,18,计算机)。将读者姓名、性别、年龄和专业组织在一起,形成一个记录,这个记录就是描述读者的数据。

数据本身的表现形式不一定能完全表达其内容,如1这个数据可以表示1门课,也可以表示逻辑真,还可以表示电路的通等。因此,需要对数据进行必要的解释和说明,以表达其语义。数据与其语义是不可分的。

2.数据的特性

(1)数据表现形式的多样性

正是由于数据表现形式的多样性,才能为数据库的广泛应用提供有力的基础。

(2)数据的可构造性

不同的应用中数据的结构也是不同的,比如互联网中的Web数据属于非结构化及半结构化形式,而软件中一般使用的都是结构化数据。

结构化数据有型(type)与值(value)之分,数据的型给出了数据的类型,如整型、实型、字符型等;而数据的值是指符合给定类型的数值,比如数据库中是这样来描述数据的:(20150201,宋林,男,18,计算机系)。即把学生的学号、姓名、性别、年龄、系别组织起来,形成一个记录,这条学生的记录就是描述一个学生的数据,这就是一种结构化的数据,(学号、姓名、性别、年龄、系别)是数据的型,(20150201,宋林,男,18,计算机系)是数据的值。

(3)数据的持久性与挥发性

长期对系统有用的或者需长期保存的数据一般是存放在计算机的外部存储器(如光盘、硬盘)中,这样的数据称为持久保存的数据,具有持久性。另一部分数据与程序仅有短时间的交互关系,随着程序的结束而消亡,它们一般保存在计算机的内存中,这样的数据称为临时性数据或挥发性数据。

(4)数据的私有性与共享性

从数据的服务对象上看,数据可分为私有数据和共享数据两种。

(5)数据的海量存储性

从数据的存储数量上看,数据可分为不同的层次。随着计算机技术的不断发展,计算机硬件的存储容量也在不断增长,这就使得数据的存储量也越来越大,出现了海量存储。

1.1.2 数据库

在日常工作中,人们会获取大量数据,并对这些数据进一步加工处理,从中获取有用的信息。在加工处理之前,一般都会将这些数据保存起来。以前人们利用文件柜、电影胶片、录音磁带等保存这些数据,但随着信息时代的来临,各种数据急剧膨胀,迫使人们寻求新的技术、新的方法来保存和管理这些数据,由此诞生了数据库。

1.数据库的含义

数据库(Database,DB)是统一管理相关数据的集合。这些数据以一定的结构存放在存储介质中。其基本特点是:数据能够为各种用户共享、具有最小冗余度、数据对程序的独立性以及由数据库管理系统统一管理和控制等。

数据库本身不是独立存在的,它是组成数据库系统的一部分。将你的家人、同事和朋友的名字、工作单位和电话号码组织起来,就可以形成一个小型数据库,也可以将公司客户的这些数据组织起来,形成更大规模的数据库。

数据库的概念实际上包括两层意思:其一,数据库是一个实体,它是能够合理保管数据的“仓库”,用户在该“仓库”中存放要管理的事务数据,“数据”和“库”两个概念结合成为“数据库”。为便于理解我们可以这样比方,数据库就像是粮仓,数据就是粮仓中的粮食。其二,数据库是数据管理的新方法和新技术,它能够更合理地组织数据、更方便地维护数据、更严密地控制数据和更有效地利用数据。

2.数据库的性质

实际上,数据库是长期存储在计算机内的、有组织的、可共享的大量数据的集合。

(1)长期存储

数据是永久保存在数据库中,而不是临时存放。

(2)有组织

数据库是一个单位或一个应用领域的通用数据处理系统,它存储的是属于企业和事业部门、团体和个人的有关数据的集合。数据库中的数据是从全局观点出发建立的,它按一定的数据模型进行组织、描述和存储，其结构基于数据间的自然联系，从而可提供一切必要的存取路径，且数据不再针对某一应用，而是面向全组织，具有整体的结构化特征。

(3)可共享

数据是为所有用户和所有应用而建立的，不同的用户和不同的应用可以以自己的方式使用这些数据，多个用户和多个应用可以共享数据库中的同一数据。数据共享性不仅满足了各用户对信息内容的要求，同时也满足了各用户之间信息通信的要求。

1.1.3 数据库系统

数据库系统(Database System，DBS)是指在计算机系统中引入数据库后的系统，一般由数据库、数据库管理系统(及其开发工具)、应用系统和数据库管理员构成。应该指出的是，数据库的建立、使用和维护等工作只靠一个DBMS是远远不够的，还要有专门的人员来完成，这些人被称为数据库管理员(Date Base Administrator，DBA)。

通常在不引起混淆的情况下，人们一般将数据库系统简称为数据库。具体的数据库系统如图1-1所示，数据库系统在计算机系统中的地位如图1-2所示。

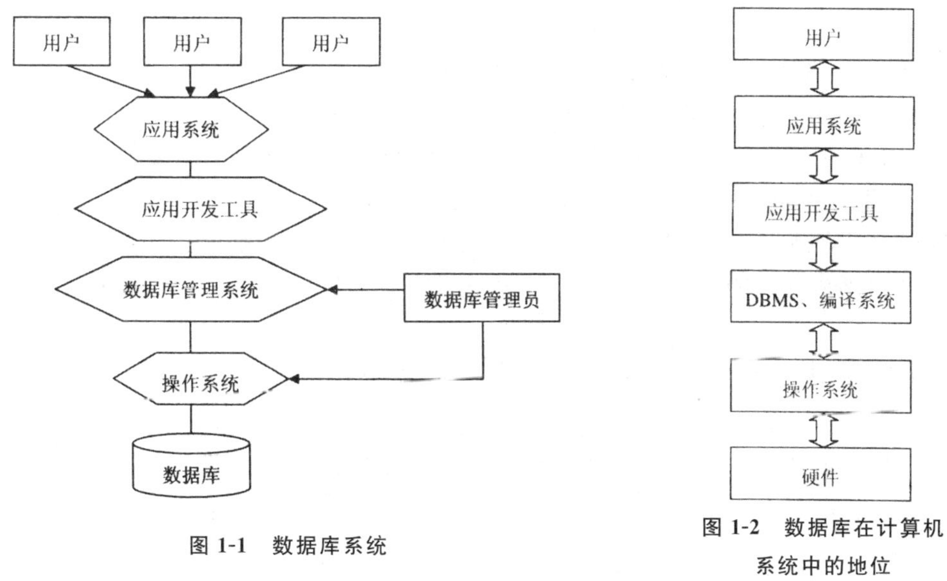

图1-1 数据库系统

图1-2 数据库在计算机系统中的地位

1.2 数据管理技术的产生和发展

数据管理是计算机的一个重要的应用领域。所谓数据管理是指数据的收集、整理、存储、维护、查询、传输、显示和打印等操作，是数据处理的基本内容。数据管理的基本任务是通过制定一系列的标准、规范，使用一定的工具，实现对数据资源的管理，以最大限度地提高数据的共享程度，降低数据的冗余度。

数据管理的特点是:所涉及的数据量大,数据需要长期保存,而且数据需能为多个应用程序所共享。按照数据管理所使用的硬件、存储技术和软件,可将数据管理技术的发展划分为四个阶段,即人工管理阶段、文件系统阶段、数据库系统阶段和高级数据库阶段。

1.2.1 人工管理阶段

20 世纪 50 年代中期以前,计算机主要用于科学计算。当时的硬件状况是外存只有纸带、卡片、磁带,没有磁盘等直接存取的存储设备;软件状况是没有操作系统,没有管理数据的软件,因此,称这样的数据管理方式为人工管理数据。计算机没有应用到数据管理领域之前,数据管理的工作是由人工完成的。这种数据处理方式经历了很长一段时间。

人工管理数据具有如下特点:

①数据不保存。由于当时计算机主要用于科学计算,一般不需要将数据长期保存,只是在计算某一课题时将数据输入,用完就撤走。例如,要用计算机统计分析全校每一门课的成绩,就要编写统计分析程序,在运行该程序时读入相应的学生选修课程成绩单等数据,计算完成后数据和程序都撤走,不再在计算机中保存。不仅对用户数据如此处置,对系统软件有时也是这样。

②应用程序管理数据。数据需要由应用程序自己设计、说明(定义)和管理,没有相应的软件系统负责数据的管理工作。应用程序中不仅要规定数据的逻辑结构,而且要设计物理结构,包括存储结构、存取方法、输入方式等。因此程序员负担很重。

③数据不共享。当多个应用程序涉及某些相同的数据时,必须各自定义,无法互相利用、互相参照,因此程序与程序之间有大量的冗余数据。

④数据不具有独立性。数据是面向应用程序的,一组数据只能对应一个程序。数据的逻辑结构或物理结构发生变化后,必须对应用程序做相应的修改,这就加重了程序员的负担。

在人工管理阶段,程序与数据之间的一一对应关系可用图 1-3 表示。

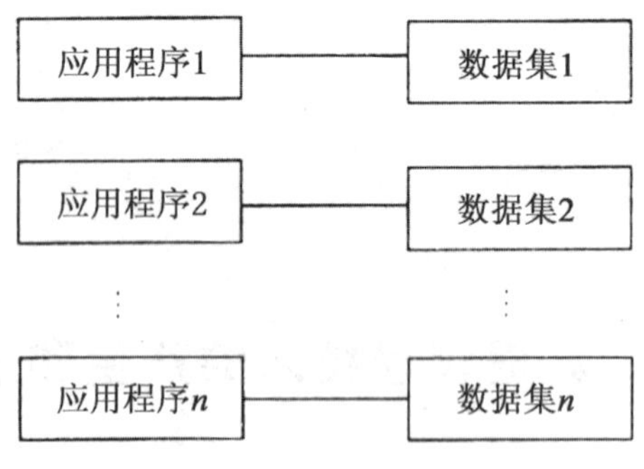

图 1-3 人工管理阶段应用程序与数据之间的对应关系

1.2.2　文件系统阶段

从20世纪50年代后期到60年代中期，计算机应用领域拓宽，不仅用于科学计算，还大量用于数据管理。这一阶段的数据管理水平进入文件系统阶段。在文件系统阶段，计算机外存储器有了磁盘、磁鼓等直接存取的存储设备；计算机软件的操作系统中已经有了专门管理数据的软件。文件系统的处理方式不仅有文件批处理方式，而且还能够联机进行实时处理。有了文件系统，数据的增、删、改等操作都变得比较轻松，更重要的是数据的复制变得相当容易，使数据可以反复使用。程序员在免除了数据管理工作以后，不仅可以专心从事其他更有意义的工作，而且减少了错误。

文件管理方式本质上是把数据组织成文件形式存储在磁盘上。文件是操作系统管理数据的基本单位。文件可以命名，通过文件名以记录为单位存取数据，不必关心数据的存储位置。由于文件是根据数据所代表的意义进行组织的，所以文件能反映现实世界的事物。

显然，数据组织成文件后，逻辑关系非常明确，使数据处理真正体现为信息处理，按名存取数据，既形象又方便。由于有了直接存储设备，所以文件可以组织成多种形式，如顺序文件、索引文件等，从而对文件中的记录可以顺序访问，也可以随机访问。

以文件方式管理数据是数据管理的一大进步，即使是数据库方式也是在文件系统基础上发展起来的。文件系统阶段数据管理的特点如下：

①数据需要长期保留在外存上供反复使用。由于计算机大量用于数据处理，经常对文件进行查询、修改、插入和删除等操作，所以数据需要长期保留，以便反复操作。

②程序和数据之间有了一定的独立性。操作系统提供了文件管理功能和访问文件的存取方法，程序和数据之间有了数据存取的接口，程序可以通过文件名直接存取数据，不必再寻找数据的物理存放位置。至此，数据有了物理结构和逻辑结构的区别，但此时程序和数据之间的独立性还不够充分。

③文件的形式已经多样化。由于已经有了直接存取的存储设备，文件也就不再局限于顺序文件，出现了索引文件、链表文件等。因此，对文件的访问可以是顺序访问，也可以是直接访问。

④数据的存取基本以记录为单位。文件系统是以文件、记录和数据项的结构组织数据的。文件系统的基本数据存取单位是记录，即文件系统按记录进行读/写操作。在文件系统中，只有通过对整条记录的读取操作，才能获得其中数据项的信息，而不能直接对记录中的数据项进行数据存取操作。

文件系统阶段程序和数据之间的关系如图1-4所示。从图1-4中可以看出，文件系统中的数据和程序虽然具有一定的独立性，但还很不充分，每个文件仍然对应于一个应用程序，数据还是面向应用的。要想对现有的数据再增加一些新的应用非常困难，且系统不易扩充，一旦数据的逻辑结构发生改变，必须修改应用程序。并且，各个文件之间是孤立的，不能反映现实世界事物之间的内在联系，各个不同应用程序之间也不能共享相同的数据，从而造成数据冗余度大，且容易产生相同数据。

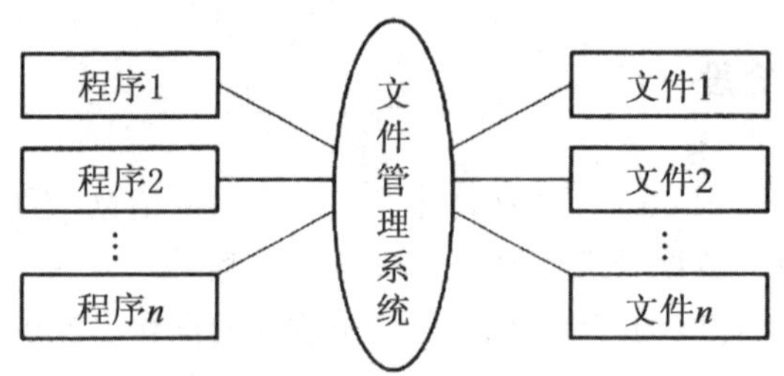

图 1-4　文件系统阶段程序和数据之间的关系

1.2.3　数据库系统阶段

从 20 世纪 60 年代后期开始，计算机应用于管理的规模越来越大，随着网络的发展，数据共享的需求也日益增加，计算机软硬件功能越来越强，从而发展了数据库技术。特别是关系型数据库技术已经非常成熟并且广泛地应用于企事业各部门的信息管理中，如事务处理系统、地理信息系统（GIS）、联机分析系统、决策支持系统、企业资源计划（ERP）、客户关系管理（CRM）、数据仓库和数据挖掘系统等都是以数据库技术作为重要支撑的。

标志传统的文件管理数据阶段向现代的数据库管理系统阶段转变的三件大事是：

1968 年，IBM 公司推出了商品化的基于层次模型的 IMS（Information Management System，信息管理系统）系统。IMS 系统是一种宿主语言系统。某种宿主语言加上数据操纵语言就组成了 IMS 的应用系统。

1969 年，美国 CODASYL（Conference on Data System Languages，数据系统语言队商会）组织下属的 DBTG（Data Base Task Group，数据库任务组）发布了一系列研究数据库方法的 DBTG 报告，该报告奠定了网状数据模型的基础。

1970 年，IBM 公司的研究人员 E. F. Codd 连续发表论文，提出了关系模型，奠定了关系型数据库管理系统的基础。目前，广为流行的关系型数据库系统的理论基础依然是关系理论。

面向数据库系统的数据管理阶段又被称为数据库管理系统阶段。数据库管理系统克服了传统的文件管理方式的缺陷，提高了数据的一致性、完整性并减少了数据冗余。典型的现代数据库系统处理数据的方式如图 1-5 所示。在该数据管理方式中，许多应用程序可以在数据库管理系统的控制下共享数据库中的数据。

与传统的文件管理阶段相比，现代的数据库管理系统阶段具有以下特点：

①使用复杂的数据模型表示结构。在这种系统中，数据模型不仅描述数据本身的特征，而且还要描述数据之间的联系。这种联系通过存取路径来实现。通过所有存取路径表示自然的数据联系是数据库系统与传统的文件系统之间的本质差别。这样，所要管理的数据不再面向特定的某个或某些应用，而是面向整个应用系统，从而极大地降低了数据冗余性，实现了数据共享。

②具有很高的数据独立性。数据的逻辑结构与实际存储的物理结构之间的差别比较大。用户可以使用简单的逻辑结构来操作数据而无须考虑数据的物理结构，该操作方式依靠数据库系统的中间转换。在物理结构改变时，尽量不影响数据的逻辑结构和应用程序。这时，就认为数据达到了物理数据的独立性。

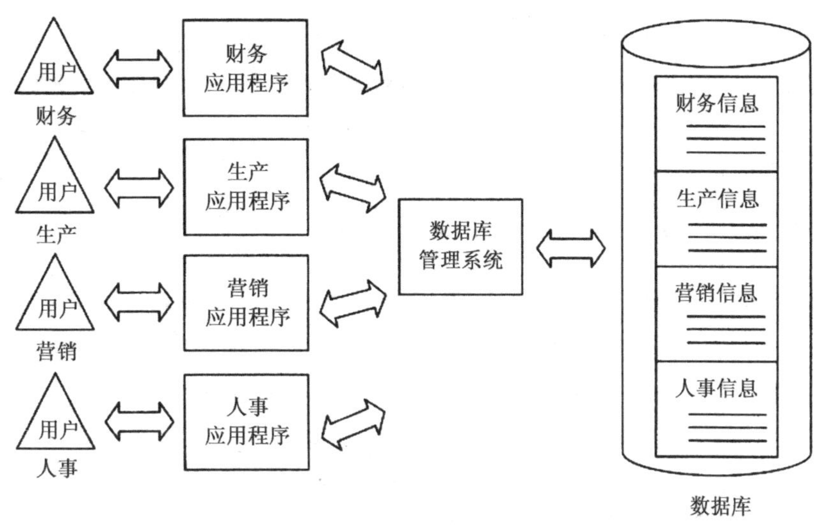

图 1-5 数据库系统处理数据方式示意图

③为用户提供了方便的接口。在该数据库系统中，用户可以非常方便地使用查询语言，例如 SQL(Structured Query Language，结构化查询语言)或实用程序命令操作数据库中的数据，也可以使用编程方式(例如在高级程序设计语言中嵌入查询语言)操作数据库。

④提供了完整的数据控制功能。这些功能包括并发性、完整性、可恢复性、安全性和审计性。并发性是允许多个用户或应用程序同时操纵数据库中的数据，而数据库依然保证为这些用户或应用程序提供正确的数据。完整性是始终包含正确的数据，例如通过定义完整性的规则使数据值可以限制在指定的范围内。可恢复性是指在数据库遭到破坏之后，系统有能力把数据库恢复到最近某个时刻的正确状态。安全性是指只有指定的用户才能使用数据库中的数据和执行允许的操作。审计性就是指系统可以自动记录所有对数据库系统和数据的操作，以便跟踪和审计数据库系统的所有操作。

⑤提高了系统的灵活性。对数据库中数据的操作既可以以记录为单位，也可以以记录中的数据项为单位。例如，在 SQL 语言中，可以使用 SELECT 语句指定记录或记录中的数据项。

人工管理阶段、文件系统阶段和数据库系统阶段的特点及其比较如表 1-1 所示。

表 1-1 数据管理 3 个阶段的比较

项目 \ 阶段		人工管理阶段	文件系统阶段	数据库系统阶段
背景	应用背景	科学计算	科学计算、数据管理	大规模数据管理
	硬件背景	无直接存储设备	磁盘、磁鼓	大容量磁盘、磁盘阵列
	软件背景	没有操作系统	有文件系统	有数据库管理系统
	处理方式	批处理	联机实时处理、批处理	联机实时处理、分布处理、批处理

续表

项目 \ 阶段		人工管理阶段	文件系统阶段	数据库系统阶段
特点	数据的管理者	用户(程序员)	文件系统	数据库管理系统
	数据面向的对象	某一应用程序	某一应用	现实世界(一个部门、企业、跨国组织等)
	数据的共享程度	无共享,冗余度极大	共享性差,冗余度大	共享性高,冗余度小
	数据的独立性	不独立,完全依赖于程序	独立性差	具有高度的物理独立性和一定的逻辑独立性
	数据的结构化	无结构	记录内有结构、整体无结构	整体结构化,用数据模型描述
	数据控制能力	应用程序自己控制	应用程序自己控制	由数据库管理系统提供数据安全性、完整性、并发控制和恢复能力

从文件系统发展到数据库系统在信息管理领域中具有里程碑的意义。在文件系统阶段,人们在信息处理中关注的中心问题是系统功能的设计,因此程序设计占主导地位;而在数据库方式下,数据开始占据了中心位置,数据的结构设计成为信息系统首先关心的问题,而应用程序则以既定的数据结构为基础进行设计。

数据库技术是研究数据的组织、存储、加工处理、管理及应用的相关理论、技术和方法的一门学科。它是根据数据处理和数据管理的需求快速发展起来的。从数据库技术的发展过程和演变趋势来看,数据库系统本身也在不断发展,从最初的层次数据库系统、网状数据库系统向关系型数据库系统、关系对象数据库系统、对象数据库系统发展。

1.2.4 高级数据库阶段

高级数据库阶段的主要标志是 20 世纪 80 年代的分布式数据库系统、90 年代的对象数据库系统和 21 世纪初的网络数据库系统的出现。此后,随着数据管理应用领域的不断扩大,如知识库、多媒体数据库、工程数据库、统计数据库、模糊数据库、主动数据库、空间数据库、并行数据库、面向对象数据库以及数据仓库等新型数据库系统如雨后春笋般大量涌现,为数据管理和信息的共享与利用带来了极大的方便。

该阶段的特点是数据库技术与各种新技术的综合与交叉。例如,分布式数据库是数据库技术与通信和网络技术相结合的产物;面向对象数据库是数据库技术与面向对象技术相结合的产物;多媒体数据库是数据库技术与多媒体技术相结合的产物;知识库是数据库技术与人工智能技术相结合的产物;并行数据库是数据库技术与并行技术相结合的产物;模糊数据库是数据库技术与模糊数学理论相结合的产物等。

当前,数据库技术发展的现状是:在数据模型方面,关系模型与面向对象模型并存,关系模型仍然为主流数据模型，将两者相结合而产生的关系—对象模型具有广宽的应用前景；在数据分布方面，集中式数据库与分布式数据库并存，分布式应用越来越广；在数据处理方式方面，出现了并行数据库且日益显示出其巨大的威力；在数据库外部连接方面，强调开放性、互联性和与 Internet 的连接，产生了 Web 数据库和许多与网络应用相关的新技术，使数据库的应用提高到一个新的阶段。

1.3　数据库系统的组成

数据库系统是采用了数据库技术的计算机系统，是一个实际可运动的按照数据库方法存储、维护和向应用系统提供数据支持的系统。如图 1-6 所示为数据库系统的组成，通常是由人员、软件系统、硬件支撑环境和数据库几个部分组成。

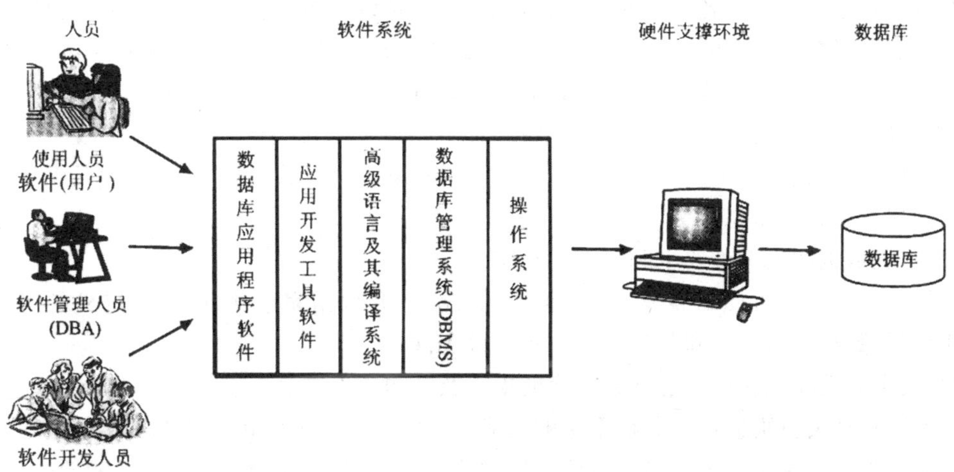

图 1-6　数据库系统的组成

1.3.1　人员

数据库系统的人员由软件使用人员、软件管理人员、软件开发人员组成。他们是对数据库系统进行全面管理的负责人，相互之间既有不同的数据抽象级别，也有不同的数据视图，因而其职责也有所区别。

1. 软件使用人员

软件使用人员即数据库最终用户，他们通过应用系统的用户接口使用数据库，利用功能选单、表格及图形用户界面等实现数据查询及数据管理工作。对于简单用户，主要工作是对数据库进行查询和修改，而高级用户能够直接使用数据库查询语言访问数据库。

2. 软件管理人员

软件管理人员称为数据库管理员(Database Administrator,DBA),他们负责全面地管理和控制数据库系统。

(1)参与数据库系统的设计与建立

数据库管理员只有参与数据库及应用程序的设计,才能使自己对数据库结构及程序设计方法了解得更清楚,为以后的管理工作打下基础。同时,由于数据库管理员是用户,他们对系统应用的现实世界非常了解,能够提出更合理的要求和建议,所以有数据库管理员参与系统及数据库的设计可以使其设计更合理。此外,数据库管理员还应参与决定数据库的存储结构和存取策略的工作。数据库管理员要综合各用户的应用要求,与数据库设计员共同决定数据的存储结构和存取策略,使数据的存储空间利用得更合理,存取效率更高。

(2)对系统的运行实行监控

数据库管理员要负责监视系统的运行,及时处理系统运行过程中出现的问题,排除系统故障,保证系统能够正常工作。在日常工作中,数据库管理员要负责记录数据库使用的"日志文件",通过日志文件了解数据库的被使用和更改的情况。数据库管理员还要定期对数据进行"备份",为以后的数据使用(即处理历史数据)和数据恢复做准备。当系统由于故障而造成数据库被破坏时,数据库管理员要根据日志文件和数据备份进行数据恢复工作,使数据库能在最短的时间恢复到正确状态。

(3)定义数据的安全性要求和完整性约束条件

数据库管理员的重要职责是保证数据库的安全性和数据完整性,应负责定义各用户的数据使用权限、数据保密级别和数据完整性的约束条件。

(4)负责数据库性能的改进和数据库的重组及重构工作

数据库管理员负责监视和分析系统的性能,使系统的空间利用率和处理效率总是处于较高的水平。当发现系统出现问题或由于长期的数据插入、删除操作造成系统性能低时,数据库管理员要按一定策略对数据库进行改造或重组工作。当数据库的数据模型发生变化时,系统的改造工作也由数据库管理员负责进行。

3. 软件开发人员

软件开发人员包括系统分析员、系统设计员及程序设计员,他们主要负责数据库系统的开发设计、程序编制、系统调试和安装工作。

1.3.2 软件系统

1. 为某种应用环境开发的数据库应用程序软件

应用程序是数据库系统的批处理用户和终端用户借助应用程序、终端命令,通过 DBMS 访问数据库的应用软件。即应用程序通过提交 SQL 语句给 DBMS,从而读取或修改数据库数据。应用程序同时又以表单或报表的方式返回数据给用户。应用程序可以从软件供应商那里获得，而且它们经常都是被写在内部。

2. 以 DBMS 为核心的应用开发工具软件

应用开发工具软件可以看作是系统为应用开发人员和最终用户提供的功能强、效率高的一组开发工具集。这些开发工具基本上都是可视化的第四代语言开发工具，具有友好的图形用户界面，支持客户机/服务器运行模式，且具有较高的应用系统开发效率。

3. 语言工具与开发环境

开发数据库应用系统所使用的语言、工具及集成开发环境，它包括高级程序设计语言、可视化开发工具，还包括与网络有关的集成环境，如 C＋＋、Java、VC、Delphi、ASP、XML、各种脚本语言以及一些专用图形、图像、视频等处理工具。此外，数据库与应用、数据库与网络之间存在着多种接口，需要用数据库中间件实现异构数据库的互访、互操作。

4. 数据库管理系统

数据库管理系统是一个用来创建、处理和管理数据库的计算机程序。DBMS 接受 SQL 请求，然后把这些请求转换成数据库上的操作。DBMS 是需要被软件供应商许可的一个又大又复杂的程序。几乎没有企业编写自己的数据库管理系统程序，通常由数据库软件制造商提供。

数据库管理系统作为整个数据库系统的核心，主要负责对数据的统一管理，提供以下基本功能：对数据进行定义；建立数据库；进行插入、删除、修改、查询等操作；数据库的维护、控制；对数据的排序、统计、分析、制表等。数据库管理系统构架了一个软件平台和工作环境，提供了多种操作工具和命令，使得用户可以在方便友好的界面上实现和完成各种功能。

5. 支持 DBMS 运行的操作系统

操作系统是整个数据库系统的重要软件平台，提供基础功能与支撑环境。目前常用的有 Windows、UNIX、Linux 与 OS2 等。

1.3.3 硬件支撑环境

硬件是存储数据库和运行 DBMS 的物质基础。由于数据库系统建立在计算机硬件基础之上，它在必需的硬件资源支持下才能工作，因此系统的计算机设备配制情况是影响数据库运行的重要因素。

支持数据库系统的计算机硬件资源通常包括两大类：一类为计算机设备，它是系统中硬件的基础平台，如微型机、小型机、中型机、大型机及特殊工作站等；另一类为数据通信设备，如计算机网络和多用户数据传输设备等。此外，还需要相应的输入、输出设备、中央处理机等，如图形扫描仪、大屏幕的显示器及激光打印机等。这些构成了数据库系统运行的基础硬件。

数据库系统数据量大、数据结构复杂、软件内容多，因而要求其硬件设备能够处理和快速处理它的数据。在数据处理中，数据处理的速度除了与计算机本身的运算速度有关外，主要是 I/O 所占的时间。在为数据库系统选取硬件设备时，要着重考虑以下问题：

①计算机内存要尽量大。由于数据库系统的软件构成复杂,它包括操作系统、数据库管理系统、应用程序及数据库,工作时它们都需要一定的内存作为程序工作区或数据缓冲区,所以,数据库系统与其他计算机系统相比需要更多的内存支持。计算机内存的大小对数据库系统性能的影响是非常明显的,内存大就可以建立较多较大的程序工作区或数据缓冲区,以管理更多的数据文件和控制更多的程序过程,进行比较复杂的数据管理和更快地进行数据操作。每种数据库系统对计算机内存都有最低要求,如果计算机内存达不到其最低要求,系统将不能正常工作。

②计算机外存也要尽量大。由于数据库中的数据量大和软件种类多,必然需要较大的外存空间来存储其数据文件和程序文件。计算机外存主要有软磁盘、磁带和硬盘,其中硬盘是最主要的外存设备。数据库系统要求硬盘的数据容量尽量大些,硬盘大的优点是:可以为数据文件和数据库软件提供足够的空间,满足数据和程序的存储需要;可以为系统的临时文件提供存储空间,保证系统能正常运行;数据搜索时间就会越短,从而加快数据存取速度。

③计算机的数据传输速率要快。由于数据库的数据量大而操作复杂度不大,数据库工作时需要经常进行内存、外存的交换操作,这就要求计算机不仅有较强的通道能力,而且数据存取和数据交换的速率要快。虽然计算机的运行速率由 CPU 计算速率和数据 I/O 的传输速率两者决定,但是对于数据库系统来说,加快数据 I/O 的传输速率是提高运行速率的关键,提高数据传输速率是提高数据库系统效率的重要指标。

1.3.4 数据库

数据库是相关表和其他结构的集合。一般的数据库包括物理数据库和数据字典。物理数据库中存放按一定的数据模型组织并实际存储的所有应用需要的工作数据。数据字典(Data Dictionary,DD)中存放关于数据库中各级模式的描述信息,包括所有数据的结构名、意义、描述定义、存储格式、完整性约束、使用权限等信息。

由于数据字典包含了数据库系统中的大量描述信息而不是用户数据,因此也称其为“描述信息库”。在结构上数据字典也是一个数据库,为了区分物理数据库中的数据和数据字典中的数据,通常称数据字典中的数据为元数据,组成数据字典文件的属性称为元属性。数据字典是 DBMS 存取和管理数据的基本依据,主要由系统管理和使用。在关系数据库系统中,数据字典通常主要包括表示数据库文件的文件、表示数据库中属性的文件、视图定义文件、授权关系文件、索引关系文件等。

严格地说,数据库是结构化的相关数据的集合。这些数据是按一定的结构和组织方式存储在外存储器上的,对数据库进行数据的插入、修改和检索均能按照一种通用的和可控制的方式进行。

1.4 数据库系统的体系结构

在实际应用中根据不同的分类方法可将数据库系统结构分为不同的类型,如根据数据库系统的硬件环境和构成方式的不同,则数据库系统的体系结构通常可以分为集中式、分布式、客户机/服务器式 Web 数据库和浏览器/服务器式等类型。

1.4.1　集中式数据库系统结构

集中式数据库系统通常是运行在单个计算机系统(微型计算机或小、中、大型计算机)中的数据库系统。这种体系结构的数据库系统通常可用于某一部门的事务处理,其功能有限。

1. 单用户数据库系统

在单用户数据库系统中,数据库、DBMS 和应用程序都装在一台计算机上,由一个用户独占,并且系统一次只能处理一个用户的请求。因而系统没有必要设置并发控制机制;故障恢复设施可以大大简化,仅简单地提供数据备份功能即可。这种系统是一种早期最简单的数据库系统,现在越来越少见了。

2. 多用户数据库系统

图 1-7 列出了一种多用户数据库系统体系结构。数据的集中管理并服务于多个任务减少了数据冗余;应用程序与数据之间有较高的独立性。但对数据库的安全和保密、事务的并发控制、处理机的分时响应等问题都要进行处理,使数据库的操作与设计比较复杂,系统显得不够灵活,且安全性也较差。

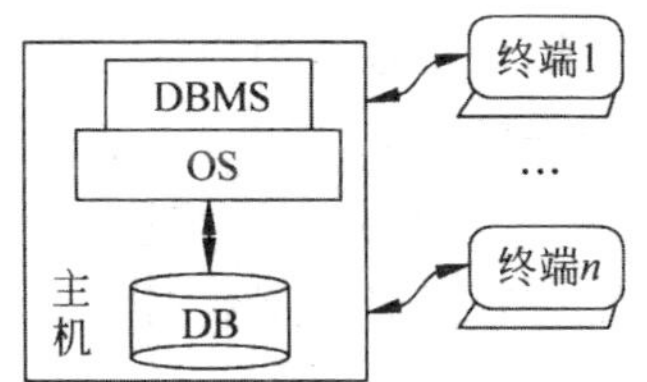

图 1-7　集中式数据库系统体系结构

1.4.2　分布式数据库系统结构

分布式数据库系统结构是指数据库被划分为逻辑关联而物理分布在计算机网络中不同场地(又称节点)的计算机中,并具有整体操作与分布控制数据能力的数据库系统,如图 1-8 所示。分布式数据库系统可以建立在局域网上,也可以建立在广域网(或称为远程网)上。该系统中数据库在物理上是分布在多个计算机系统的辅助存储器上,称为数据的分布性;而这些数据库之间又是一个整体,称为逻辑相关性。

例如,银行中的多个支行在不同的场地,一个支行的借贷业务可以通过访问本支行的账目数据库就可以处理,这种应用称为“局部应用”。如果在不同场地的支行之间进行通兑业务或转账业务,这样要同时更新相关支行中的数据库,这就是“全局应用”。

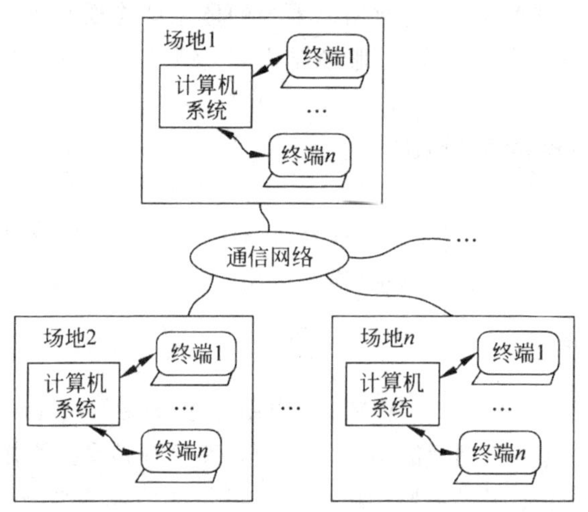

图 1-8 分布式数据库系统体系结构

1. 分布式数据库系统的优点

分布式数据库系统除了具有集中式数据库系统的特点外，还具有以下优点：

①可靠性高，可用性好。由于数据是复制在不同场地的计算机中，当某场地数据库系统的部件失效时，其他场地仍可以完成任务。

②适应地理上分散而在业务上需要统一管理和控制的公司或企业对数据库应用的需求。

③局部应用响应快、代价低。可以根据各类用户的需要来划分数据库，将所需要的数据分布存放在他们的场地计算机中，便于快捷响应。

④具有灵活的体系结构。系统既可以被分布式控制，又可以被集中式处理；既可以统一管理同系统中同质型数据库，又可以统一管理异质型数据库。

2. 分布式数据库系统的缺点

①系统开销大，分布式系统中访问数据的开销主要花费在通信部分上。

②结构复杂，设计难度大，涉及的技术面宽；如数据库技术、网络通信技术、分布技术和并发控制技术等。

③数据的安全和保密较难处理。

1.4.3 客户机/服务器数据库系统结构

客户机/服务器(Client/Server，C/S)体系结构的数据库系统由两大部分组成：一组客户机(又称为前端)和一个服务器(又称为后端)。客户机端主要运行各种应用程序，包括用户编写的应用程序和厂商提供的应用程序。服务器端存放数据库和运行数据库管理系统，实现数据定义、数据操纵、数据安全性和数据完整性等功能。客户机/服务器数据库系统如图1-9 所示。

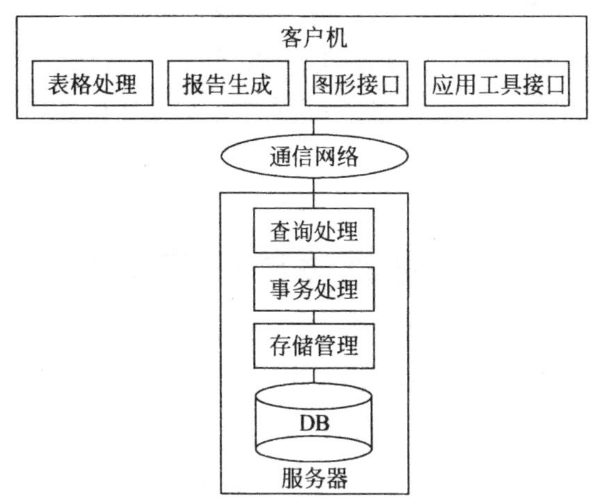

图 1-9 客户机/服务器数据库系统体系结构

客户机/服务器体系结构的好处是支持共享数据库数据资源，并且可以在多台设备之间平衡负载；允许容纳多个主机，充分利用已有的各种系统。

现代客户机和服务器之间的接口是标准化的，如 ODBC 或其他 API。这种标准化接口使客户机和服务器相对独立，从而保证多个客户机与多个服务器连接。

一个客户机/服务器系统可以有多个客户机与多个服务器。在客户机和服务器的连接上，如果是多个客户机对应一个服务器，则称为集中式客户机/服务器数据库系统；如果是多个客户机对应多个服务器，则称为分布式客户机/服务器数据库系统。分布式服务器系统结构是客户机/服务器与分布式数据库的结合。

1.4.4 混合体系结构

Web 数据库系统通常用浏览器/服务器(Browser/Server，B/S)的体系结构。B/S 体系结构是 C/S 体系结构的继承和发展，用户通过 WWW 浏览器访问 Web 数据库。为克服 B/S 结构存在的不足，许多研究人员在原有 B/S 体系结构基础上，尝试采用一种新的混合体系结构，如图 1-10 所示。

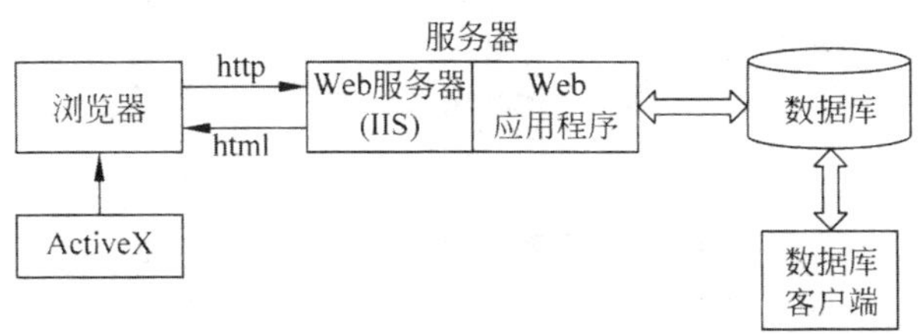

图 1-10 新的混合体系结构

在混合结构中，一些需要用 Web 处理的，满足大多数访问者请求的功能界面采用 B/S 结构。后台只需少数人使用的功能应用(如数据库管理维护界面)采用 C/S 结构。

组件位于 Web 应用程序中，客户端发出 http 请求到 Web 服务器。Web 服务器将请求传送给 Web 应用程序。Web 应用程序将数据请求传送给数据库服务器,数据库服务器将数据返回 Web 应用程序,然后再由 Web 服务器将数据传送给客户端。对于一些实现起来较困难的软件系统功能或一些需要丰富内容的 html 页面,可通过在页面中嵌入 ActiveX 控件来完成。

1.5 数据库的模式结构

数据库产品很多,它们支持不同的数据模型,使用不同的数据库语言,建立在不同的操作系统上,数据的存储结构也各不相同,但在逻辑结构上都具有相同的特征,即三级数据模式和两级映射,这种逻辑结构保证了数据库中的数据具有较高的物理独立性和逻辑独立性。

数据库的三级模式和二级映像把数据库分为不同层次的视图,使不同类型的人员可以从不同的角度看待数据库中的数据。最终用户和程序员关心的是与自己应用有关的局部数据。面对的是外模式,他所看到的部分称为外部视图;数据库管理员关心的是数据库的全局逻辑结构,面对的是概念模式,他所看到的部分称为概念视图;系统管理员关心的是各个数据库及其他文件在系统中的存储和管理,面对的是内模式(存储模式),所看到的部分称为内部视图。

1.5.1 三级模式

如图 1-11 所示,数据库系统的三级模式是指数据库系统的外模式、概念模式和内模式。数据库的三级模式反映了不同人员从不同角度看待数据会得到不同视图(view)。

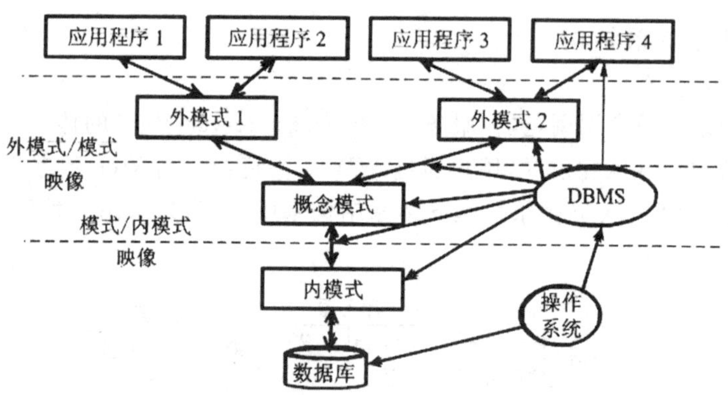

图 1-11 数据库系统的三级模式及二级映像

1. 外模式

外模式(external schema)是三级结构中的最外层,也称为子模式或用户模式,是应用程序与数据库系统之间的接口,是数据库用户(包括程序员和最终用户)能够看见和使用的局部数据的逻辑结构和特征的描述,是与某一应用有关的数据的逻辑表示。

外模式通常是模式的逻辑子集，一个数据库可以有多个外模式，如果用户在应用需求、看待数据的方式、对数据保密的要求等方面存在差异，则其外模式的描述是不同的。同一外模式可以为某一用户的多个应用系统所使用，但一个应用程序只能使用一个外模式。

定义外模式可以减少应用程序对全局性数据结构的依赖，让应用程序只和局部数据结构相关，从而可以增强数据的安全性和共享性。DBMS中提供外模式描述语言（外模式DDL）和数据操纵语言（DML）来严格定义数据库的结构并对数据库进行操纵。

数据库的外模式面向具体的应用程序，它定义在模式之上，但独立于内模式和存储设备。当应用需求变化较大，相应外模式不能满足其视图要求时，则应修改该外模式，故设计外模式时应尽可能考虑到应用的扩充性。

2. 概念模式

概念模式（conceptual schema）也称为逻辑模式，是对数据库中的全体数据的逻辑结构和特征的描述，它是所有用户的公用数据视图。

概念模式具有以下主要特点：

①概念模式处于数据库系统模式结构的中间层，既不涉及数据的物理存储细节和硬件环境，也不涉及具体的应用程序、所使用的应用开发工具及高级程序设计语言。

②一个数据库只有一个概念模式。

③数据库概念模式统一综合考虑了所有用户的需求，并将这些需求有机地结合成一个逻辑整体。定义模式时不仅要定义数据的结构，例如，数据记录由哪些数据项构成，数据项的名字、类型、取值范围等，而且还要定义数据之间的联系，定义与数据有关的安全性、完整性要求。

④一般DBMS都提供模式描述语言（模式DDL）来严格定义模式。

逻辑模式处于数据库三级模式的中心和关键，它独立于数据库的其他层次，设计数据库模式结构时应首先确定数据库的逻辑模式。

3. 内模式

内模式（internal schema）也称为存储模式，是三级结构中的最内层，也是靠近物理存储的一层，它是数据物理结构和存储方式的描述，即物理描述，是数据在数据库内部的表示方式。

数据的结构和存储方式主要有：文件类型、数据的存储方式（顺序存储、按照B树结构存储、按hash方式存储）、索引文件的结构、数据的压缩或加密处理、存储设备、物理块的大小等。

一个数据库只有一个内模式，DBMS中提供内模式描述语言（内模式DDL）来严格定义内模式。数据库的内模式依赖于它的全局逻辑结构，即概念模式，但独立于数据库的用户视图即外模式，也独立于具体的存储设备。

内模式的设计目标是将模式中所定义的数据结构及其联系按照一定的物理存储策略进行组织，以获取较好的时间与空间效率。

4. 三级模式的作用

对于一个数据库系统来说，实际存在的只是物理级数据库，它是数据访问的基础。概念级数据库只不过是物理级数据库的一种抽象描述，用户级数据库是用户与数据库的接口。用户根据外模式进行操作,通过外模式到概念模式的映射与概念级数据库联系起来,又通过概念模式到内模式的映射与物理级数据库联系起来。实际上,DBMS 的中心工作之一就是完成三级数据库间的转换,把用户对数据库的操作转化到物理级去执行。

例如,假设有一个学生选课数据库,其中模式包含 3 个表:学生关系模式 S、选课关系模式 SC、课程关系模式 C,两个对应的外部视图:成绩外模式和学生点名册外模式。关系的存储可以有三种方法:散列方法、索引方法、堆文件方式。

学生关系模式 S(S#,SNAME,AGE,SEX)

选课关系模式 SC(S#,C#,GRADE)

课程关系模式 C(C#,CNAME,TEACHER)

成绩外模式 G(S#,SNAME,C#,GRADE)

学生点名册外模式 Name(S#,SNAME)

说明:对于成绩外模式和学生点名册外模式,数据库系统都有一个外模式/模式映像,它定义了该外模式与模式之间的对应关系。当学生关系模式改变时,例如增加一个属性"address",通过各个外模式/模式的映像,可以使这两个外模式保持不变,从而应用程序不必修改,保证了数据的逻辑独立性。

当数据库的存储结构改变,比如原来关系采用堆文件方式存储,现在在学生关系中建立了索引,学生关系中的各个元组按照一定顺序排列,通过模式/内模式映像,可以使模式保持不变,从而保证了数据的物理独立性。

数据库的三级模式为基于数据库的应用系统开发提供了极大方便。应用程序是在外模式描述的数据结构上编写的,由于二级映像保证了外模式的稳定性,从而从底层保证了应用程序的稳定性,除非应用需求本身发生了变化,应用程序一般不做修改。由于数据的存取由 DBMS 管理,程序员在编写应用程序时不需要考虑数据的存取路径、数据和数据项的定义等细节,从而大大减少了应用程序的编写和维护的工作量。

1.5.2 二级映像

数据库的三级模式是对数据的三个级别的抽象,给不同人员提供了不同的看待数据库中数据的方式。为了能够在内部实现这三个抽象层次的联系和转换,DBMS 在这三级模式之间提供了二级映像:外模式/概念模式映像和概念模式/内模式映像。正是这二级映像保证了数据库系统中的数据具有较高的逻辑独立性和物理独立性。

1. 外模式/概念模式映像

概念模式描述的是数据的全局逻辑结构,外模式描述的是数据的局部逻辑结构。同一个模式可以有多个外模式。对于每一个外模式,数据库系统都有一个外模式/概念模式映像,它定义了该外模式与概念模式之间的对应关系。这里的映像(Mapping)即映射或一一对应的意思。外模式/概念模式映像定义了该外模式与概念模式之间的对应关系,一般放在外模式中描述。

外模式/概念模式映像保证了数据库系统中的数据具有较高的逻辑独立性。当概念模式改变时，例如，增加记录型或增加字段，则只相应修改外模式/概念模式映像，而使外模式保持不变。应用程序是依据外模式编写的，故应用程序不必修改，从而保证了数据与应用程序的逻辑独立性。外模式/概念模式映像由数据库管理系统（DBMS）来实现。

2. 概念模式/内模式映像

数据库中只有一个概念模式，也只有一个内模式，因此概念模式/内模式映像是唯一的。概念模式/内模式映像定义了数据库的全局逻辑结构与存储结构之间的对应关系，它是通过对概念模式的定义实现的，即在用 DBMS 的模式定义语言定义概念模式时，概念模式/内模式映像即已建立。

概念模式/内模式映像用于保持概念模式与内模式之间的对应性，保证了数据库系统中的数据具有较高的物理独立性。如果数据库的内模式（如内部记录类型、索引和文件的组织方式以及数据控制等）需要修改，则由数据库管理员对概念模式/内模式映像作相应改变，而使概念模式保持不变，从而应用程序也不必改变。这样可以尽量不影响概念模式以及外模式和应用程序，使数据库具有物理数据独立性。概念模式/内模式映像同样是由数据库管理系统（DBMS）来实现的。

3. 二级映像的作用

数据库的二级映像保证了数据库外模式的稳定性，于是从底层保证了应用程序的稳定性，除非应用程序本身发生变化，否则应用程序一般不需要修改。

数据与应用程序之间的独立性，使数据的定义和描述可以从应用程序中分离出来。此外，数据的存取由 DBMS 管理，用户不必考虑存取路径等细节，从而简化了应用程序的编写，并减少了应用程序的维护与修改。

第 2 章　数据模型

2.1　现实世界客观对象的抽象过程

数据模型是数据库系统的核心和基础，通常人们要将现实世界中的具体事物进行抽象、组织成 DBMS 所支持的数据模型。主要通过以下两个步骤来完成，如图 2-1 所示。

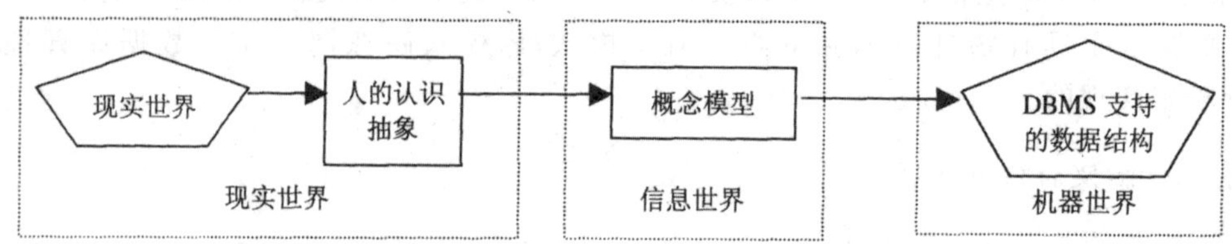

图 2-1　从现实世界到机器世界的过程

①将现实世界抽象为信息世界。通过对现实世界中事物或现象及其联系的概念化抽象，形成了信息世界中的概念模型。

②将信息世界转换为计算机世界。即将概念模型转换为计算机能接受的逻辑数据模型。通常将逻辑数据模型简称为数据模型。

现实世界、信息世界和计算机世界这三个领域是由客观到认识、由认识到使用管理的三个不同层次，后一领域是前一领域的抽象描述。

现实世界即客观存在的世界。在现实世界中客观存在着各种物质，也就是各种事物及事物之间的联系。通过对现实世界的了解和认识，使得人们对要管理的对象、管理的过程和方法有个概念模型。认识信息的现实世界并用概念模型加以描述的过程称为系统分析。客观世界中的事物都有一些特征，人们正是利用这些特征来区分事物的。一个事物可以有许多特征，通常都是选用有意义的和最能表征该事物的若干特征来描述。以人为例，常选用姓名、性别、年龄、籍贯等描述一个人的特征，有了这些特征，就能很容易地把不同的人区分开来。

现实世界中的事物反映到人们的头脑里，经过认识、选择、命名、分类等综合分析而形成了印象和概念，从而得到了信息。世界上各种事物虽然千差万别，但都息息相关，也就是说，它们之间都是相互联系的。事物间的关联也是多方面的，人们选择感兴趣的关联，而没有必要选择所有关联。当事物用信息来描述时，即进入了信息世界。信息世界最主要的特征是可以反映数据之间的联系。

信息世界中的信息，经过数字化处理形成计算机能够处理的数据，就进入了计算机世界。计算机世界也叫作机器世界或者数据世界。计算机世界是数据在计算机上的存储和处理，这些数据必须具有自己特定的数据结构，能够反映信息世界中数据之间的联系。

2.2　概念模型

2.2.1　概念模型定义及特点

概念数据模型简称为概念模型，也称为信息模型。它是一种独立于计算机系统的数据模型，完全不涉及信息在计算机中的表示，只是用来描述某个特定组织所关心的信息结构，是对现实世界的第一层抽象。

概念数据模型注重于对现实世界复杂数据的结构描述及其相互之间内在联系的刻画，强调其语义表达能力和便于用户和数据库设计人员之间的交流。

概念模型用于建立信息世界的数据模型，强调其语义表达能力，概念应该简单、清晰、易于用户理解。它是现实世界的第一层抽象，是用户和数据库设计人员之间进行交流的工具。概念数据模型可以看成是现实世界到机器世界的一个过渡的中间层次。

概念数据模型有以下特点：

①真实性。概念模型是对现实世界的抽象和概括，它必须真实地反映现实世界中的事物及事物之间的联系。

②易理解性。概念模型是独立于机器的信息结构，应该容易被用户理解。设计人员可以用概念模型和不熟悉计算机的用户交换意见，使用户能积极参与数据库的设计工作，保证设计工作顺利进行。

③易修改性。应用环境和应用需求是经常改变的，概念模型应该容易修改和扩充。

④易转换性。概念模型应该容易向关系、网状、层次等各种数据模型进行转换。

2.2.2　概念模型中的术语

1. 实体和实体集

现实世界中可以相互区分的能被人们识别的事物和概念称为实体。实体可以是实实在在的物体，也可以是抽象的概念或联系。例如，一个学生、一台机器、一部汽车等是事物实体，一门课程、一个班级等称为概念实体。

具有相同特征或能用同样特征描述的实体的集合称为实体集(Entity Set)，如学生、汽车等都是实体集。实体集不是孤立存在的，实体集之间有着各种各样的联系，例如，学生和课程之间有“选课”联系。

2. 属性和属性值

属性(Attribute)是实体的某一方面特征的抽象表示。如学生，可以通过学生的“姓名”、

"学号"、"性别"、"年龄"及"政治面貌"等特征来描述。此时,"姓名"、"学号"、"性别"、"年龄"及"政治面貌"等就是学生的属性。属性值是属性的具体取值。例如某一学生,其姓名为"李立",学号为"79201",性别为"女",年龄为"21",政治面貌为"党员",这些具体描述就称为属性值。

属性又可分为原子属性和可分属性,前者是指不可再分的属性,后者则是还可以细分的属性。例如,在学生的属性中,学生的姓名、性别、出生年月、所属学校、院、系、班级都是原子属性,而健康情况则是可再细分为身高、体重、视力、听力等属性的可分属性。

3. 域

属性的取值范围称为属性的域(Domain)。例如,学生的年龄为 16～35 之间的正整数,其数据域为(16～35)。

4. 码、主码和次码

码(Key)能唯一标识实体的属性或属性集,也可称为关键字。例如,学生的学号可以作为学生实体的码,学生的姓名则不一定可以作为学生实体的码,因为姓名可能重复。学生的选课情况实体集则要把学号和课程号的组合作为码。

码可以是属性或属性组,如果码是属性组,则其中不能含有多余的属性。例如,在学生的属性集中,学号确定后,学生的其他属性值也都确定了,学生记录也就确定了。由于学号可以唯一地标识一个学生,所以学号为码。在有些实体集中,可以有多个码。如学生实体集,假设学生姓名没有重名,那么属性"姓名"也可以作为码。

当一个实体集中包括有多个码时,通常要选定其中的一个码为主码(Primary Key),其他的码就是候选码(Candidate Key)。

实体集中不能唯一标识实体属性的叫次码(Secondary Key)。例如,"年龄"、"政治面貌"属性都是次码。一个主码值对应一个实例,而一个次码值会对应多个实例。

2.2.3 概念模型的表示方法

概念模型是按用户的观点来对数据进行建模,强调的是语义表达能力。概念模型应该能够全面、准确地描述出信息世界中的基本概念。

概念模型的表示方法很多,其中最早出现的、最著名的、最常用的方法 P. P. Chen 于 1976 年提出的实体-联系方法(Entity-Relationship Approach),简称 E-R 图法。该方法用 E-R 图来描述现实世界的概念模型,提供了表示实体集、属性和联系的方法。

E-R 数据模型的基本思想是:首先设计一个概念模型,它是现实世界中实体及其联系的一种信息结构,并不依赖于具体的计算机系统,与存储组织、存取方法、效率等无关,然后再将概念模型转换为计算机上某个数据库管理系统所支持的逻辑数据模型。因此,概念模型是现实世界到计算机世界的一个中间层。

E-R 图也称为 E-R 模型。它是各种数据模型的共同基础,也是现实世界的纯粹表示,它比数据模型更一般、更抽象、更接近现实世界。在 E-R 模型中只有实体、联系和属性三种基本成分,所以简单易懂、便于交流。

在 E-R 图中用长方形表示实体集，长方形内写实体名；用椭圆形表示实体集的属性，并用线段将其与相应的实体集连接起来。例如，学生具有学号、姓名、性别、年龄和所在系 5 个属性，用 E-R 图表示如图 2-2 所示。由于实体集的属性比较多，有些实体可具有多达上百个属性，所以在 E-R 图中，实体集的属性可不直接画出。

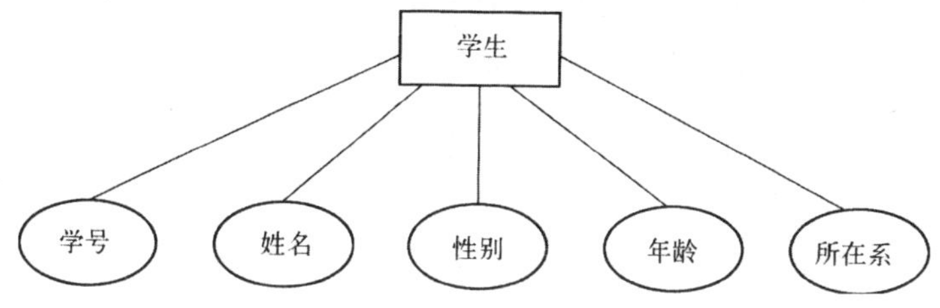

图 2-2 学生及属性的 E-R 图

此外，用菱形框表示实体集间的联系，在菱形内写上联系名，多用动词描述。并用线段分别与有关实体集连接起来，同时在线段旁标出联系的类型。如果联系具有属性，则该属性仍用椭圆形表示，仍需要用线段将属性与其联系连接起来。例如，供应商、项目和零件之间存在供应联系，该联系有供应量属性，如图 2-3 所示。

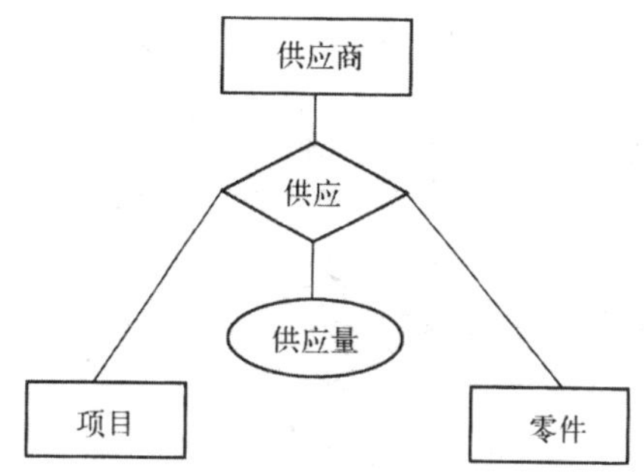

图 2-3 实体间联系的属性及其表示

2.2.4 实体联系的类型

联系(Selationship)表示一个实体集中的实体与另一个实体集中的实体之间的关系，例如，隶属关系、亲属关系、上下级关系、成员关系等。联系以菱形框表示，联系名写在菱形框内，并用连线分别将相连的两个实体连接起来，可以在连线旁写上联系的方式。通常，根据联系的特点和相关程度，联系可分为四种基本类型。

1. 一对一联系(1∶1)

一对一联系记作 1∶1。设有两个实体集 A 和 B，如果实体集 A 与实体集 B 之间具有一对一联系，则对于实体集 A 中的每一个实体，在实体集 B 中至多有一个(也可以没有)实体与之联系；反之，对于实体集 B 中的每一个实体，实体集 A 也至多有一个实体与之联系。

例如，在一个工厂里面只有一个厂长，而一个厂长只能在一个工厂里任职，则工厂和厂长之间具有一对一联系。

2. 一对多联系(1∶n)

一对多联系记作1∶n。设有两个实体集A和B,如果实体集A与实体集B之间具有一对多联系,则对于实体集A的每一个实体,实体集B中有一个或多个实体与之联系;而对于实体集B的每一个实体,实体集A中至多有一个实体与之联系。

例如,一个学校里有多名教师,而每个教师只能在一个学校里教学,则学校与教师之间具有一对多联系。

3. 多对多联系(m∶n)

多对多联系记作m∶n。设有两个实体集A和B,如果实体集A与实体集B之间具有多对多联系,则对于实体集A的每一个实体,实体集B中有一个或多个实体与之联系;反之,对于实体集B中的每一个实体,实体集A中也有一个或多个实体与之联系。

例如,工厂里的一个职工可以参加多种体育组织,而一个体育组织也可以有多名职工,体育组织与职工之间具有多对多联系。

由上易知,一对一联系是一对多联系的特例,而一对多联系又是多对多联系的特例。图2-4中是用E-R图表示两个实体集之间的1∶1、1∶n或m∶n联系的例子。

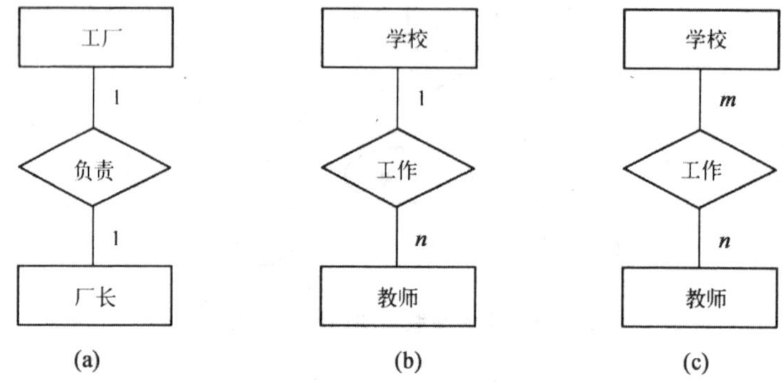

图2-4 两个实体集联系

(a)1∶1联系;(b)1∶n联系;(c)m∶n联系

4. 条件联系

条件联系是指仅在某种条件成立时,实体集A中有一个实体对应于实体集B中的一个实体,当条件不成立时没有这种对应关系。例如,职工姓名与子女姓名,仅当该职工有子女这个条件成立时,才有确定的子女姓名,对于没有子女的职工,其子女姓名为空。

2.2.5 概念模型实例

此节将根据一个比较完整的实例建立概念数据模型,以期对概念模型建立一个比较完整的认识。

目标是为某企业设计一个库存—订购数据库，为此首先根据库存和订购两项业务确定相关的实体。

库存是指在仓库中存放器件，具体工作是由仓库的职工来管理的。这样，根据库存业务找到了三个实体：仓库、器件和职工，具体管理模式用语义描述如下：

①在一个仓库中可以存放多种器件，一种器件也可以存放在多个仓库中。

②一个仓库有多个职工，而一个职工只能在一个仓库工作。

③一个职工可以保管一个仓库中的多种器件，由于一种器件可以存放在多个仓库中，当然也可以由多名职工保管。

根据以上语义可画出描述库存业务的局部 E-R 简图，具体可如图 2-5 所示。

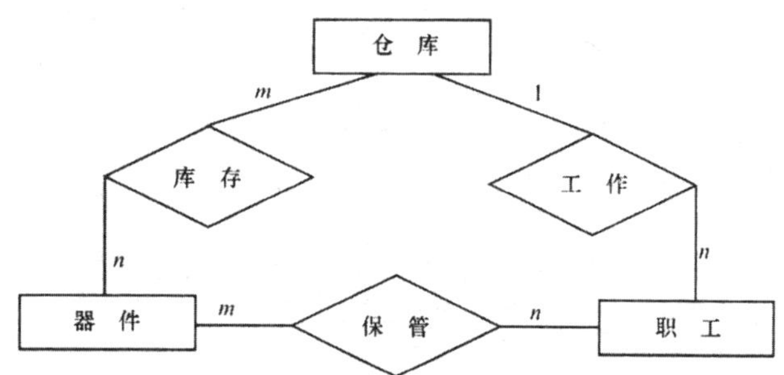

图 2-5 库存业务的局部 E-R 简图

为了不断补充库存器件的不足，仓库的职工需要及时向供应商订购器件，具体订购体现在订购单上。这里除了包含刚才用到的职工和器件实体外，又出现了两个实体：供应商和订购单。关于订购业务的管理模式用语义描述如下：

①一名职工可以经手多张订购单，但一张订购单只能由一名职工经手。

②一个供应商可以接受多张订购单，但一张订购单只能发给一个供应商。

③一个供应商可以供应多种器件，每种器件也可以由多个供应商供应。

④一张订购单可以订购多种器件，对每种器件的订购也可以出现在多张订购单上。

根据以上语义，可以画出描述订购业务的局部 E-R 简图，如图 2-6 所示。

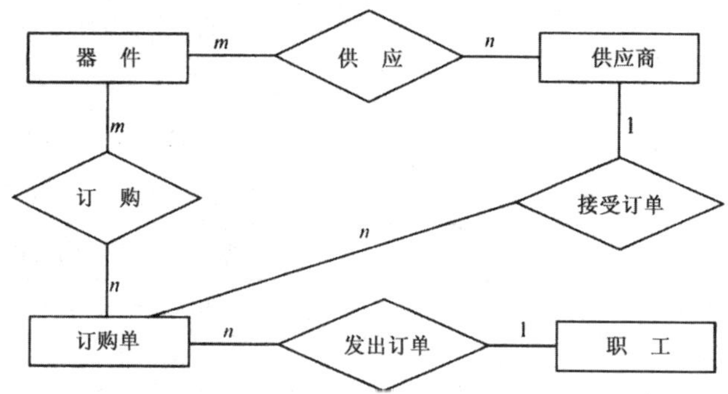

图 2-6 订购业务的局部 E-R 简图

综合图 2-5 和图 2-6，可以得到如图 2-7 所示的整体 E-R 简图，在这张图中共包括 5 个实体和 7 个联系,其中 3 个一对多联系,4 个多对多联系。在表 2-1 中给出了这些实体和联系的特征或属性。

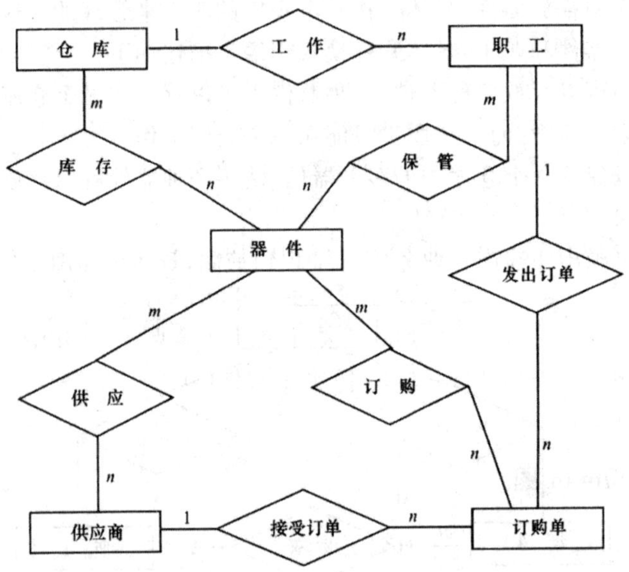

图 2-7 库存和订货模型的整体 E-R 简图

在目前得到的概念模型中,或依据该模型所设计的数据库中,可以提供几乎所有与库存和订购业务有关的信息,即这个概念数据模型有着非常丰富的语义。

表 2-1 库存和订货业务模型的相关属性列表

实体或联系	特征(属性)
仓库	仓库号、城市、面积
职工	职工号、工资
工作	仓库号、职工号
库存	仓库号、器件号、数量
器件	器件号、器件名称
保管	职工号、器件号
供应	供应商号、器件号
供应商	供应商号、供应商名、地点
订购	订购单号、行号、器件号、数量
订购单	订购单号、订购日期
接受订单	供应商号、订购单号
发出订单	职工号、订购单号

2.3　数据模型的构成及分类

模型是对现实世界的抽象，在数据库技术中，模型是一组严格定义的概念的集合。数据库管理系统的一个主要功能就是将数据组织成一个逻辑集合，为系统定义该集合的数据及其联系的过程称为数据建模，其使用技术与工具则称为数据模型。

2.3.1　数据模型的构成要素

数据模型就是关于数据的数学表示，包括数据的静态结构和动态行为或操作，结构又包括数据元素和元素间的关系的表示。这些概念精确地描述了系统的静态特性、动态特性和完整性约束条件(Integrity Constraints)。数据模型通常由三部分组成，它们是数据结构、数据操作和完整性约束，也称为数据模型的三大要素。

1. 数据结构

数据结构规定了如何把基本的数据项组织成较大的数据单位，以描述数据的类型、内容、性质和数据之间的相互关系。它是数据模型最基本的组成部分，规定了数据模型的静态特性。在数据库系统中，通常按照数据结构的类型来命名数据模型。例如，采用层次型数据结构、网状型数据结构、关系型数据结构的数据模型分别称为层次模型、网状模型和关系模型。

数据结构描述的内容有两类：

①与对象的类型、内容、性质有关。例如，关系模型中的域、属性、关系、网状模型中的数据项、记录等。

②与对象之间的联系有关。例如，网状模型中的系型(Set Type)。

数据结构是刻画一个数据模型性质最重要的方面。因此在数据库系统中，人们通常按照其数据结构的类型来命名数据模型。例如层次结构、网状结构和关系结构的数据模型分别命名为层次模型、网状模型和关系模型。

2. 数据操作

数据操作是指对数据库中各种对象(型)的实例(值)允许执行的操作的集合，包括操作及有关的操作规则。

数据库中主要的操作有查询和更新(包括插入、删除、修改)两大类，此外还有数据模型定义的操作。数据模型要给出这些操作确切的含义、操作规则和实现操作的语言。因此，数据操作规定了数据模型的动态特性。

3. 完整性约束

数据的约束条件是一组完整性规则的集合，它定义了给定数据模型中数据及其联系所具有的制约和依存规则，用以限定相容的数据库状态的集合和可允许的状态改变，以保证数据库中数据的正确性、有效性和相容性。

完整性约束的定义对数据模型的动态特性做了进一步的描述与限定。因为在某些情况下，若只限定使用的数据结构及可在该结构上执行的操作，仍然不能确保数据的正确性、有效性和相容性。因此，每种数据模型都规定了通用的和特殊的完整性约束条件。

①通用的完整性约束条件。通常把具有普遍性的问题归纳成一组通用的约束规则，只有在满足给定约束规则的条件下才允许对数据库进行更新操作。例如，关系模型中通用的约束规则是实体完整性和参照完整性。

②特殊的完整性约束条件。把能够反映某一应用所涉及的数据所必须遵守的特定的语义约束条件定义成特殊的完整性约束条件。例如，关系模型中特殊的约束规则是用户定义的完整性。

此外，数据模型还应该提供定义完整性约束条件的机制，以反映具体应用所涉及的数据必须遵守的特定的语义约束条件。例如，学生成绩一般只能介于 0～100 分之间，年龄也不能超过 40 岁等。

2.3.2 数据模型分类

按照不同的应用层次和抽象级别的由高到低，数据模型可依次划分为概念数据模型、逻辑数据模型和物理数据模型。概念数据模型主要用于数据库的设计，逻辑数据模型主要用于 DBMS 的实现。

1. 概念数据模型

概念数据模型(Conceptual Data Model，CDM)是对信息世界的管理对象、属性及联系等信息的描述形式。概念数据模型不依赖计算机及数据库管理系统，它是对现实世界的真实、全面反映。

概念数据模型独立于任何计算机系统和数据库管理系统，是数据库设计的有力工具，是数据库设计人员与用户之间进行交流的语言。概念数据模型应该简单清晰、语义丰富、易于理解，E-R 模型是概念数据模型的一种典型代表。

2. 逻辑数据模型

逻辑数据模型(Logical Data Model)，面向具体的计算机和数据库管理系统，通过严格的形式化定义描述数据库的逻辑结构，便于在计算机系统中实现。逻辑数据模型是对现实世界的第二层抽象。此类模型通常有一组严格定义的无二义性语法和语义的数据库语言，人们可以用这种语言来定义、操纵数据库中的数据。典型的逻辑模型有：层次模型(Hierarchical Model)、网状模型(Network Model)、关系模型(Relational Model)、面向对象模型(Object Oriented Model)、对象关系模型(Object Relational Model)。目前应用最为广泛的还是关系模型。

3. 物理模型

物理数据模型(Physical Data Model,PDM)是在计算机系统的底层对数据进行抽象,它描述数据在存储介质上的存储方式和存取方法,是面向计算机系统的数据模型。

物理模型的具体实现由数据库管理系统完成,只有数据库设计人员需要了解和选择物理模型,一般用户不必考虑物理模型。

PDM 与具体的 DBMS 有关,还与 DBMS 所依赖的操作系统和硬件有关。每一种逻辑数据模型在实现时都有其对应的物理数据模型。大部分 PDM 的实现工作由系统自动完成,以保证 PDM 的独立性。

2.4　常用的数据模型

目前,在数据库领域中常见的数据模型有 5 种:层次模型(Hierarchical Model)、网状模型(Network Model)、关系模型(Relational Model)、对象-关系模型(Object-Relational Model)、面向对象模型(Object Oriented Model)。其中,层次模型和网状模型统称为非关系模型或格式化模型(由于采用了格式化的数据结构)。基于非关系模型的非关系数据库在早期曾非常流行,现在已逐渐被基于关系模型的关系数据库所取代。

2.4.1　层次模型

层次模型是按照层次结构的形式组织数据库数据的数据模型,是三种传统的逻辑数据模型(层次模型、网状模型和关系模型)之一,是出现最早的一种数据库管理系统的数据模型。基于该模型的层次数据库系统的典型代表是 IBM 公司于 1968 年推出的第一个大型的商用数据库管理系统——IMS(Information Management System)。

现实世界中很多客观对象之间都具有很自然的层次联系,呈现树形结构,如行政机构、家族关系等。层次模型采用树形结构来表示实体及实体之间的联系,数据被组织成由“根”开始的“树”,每个实体由根开始沿着不同的分支放在不同的层次上。树中的每一个结点代表实体型,连线则表示它们之间的关系。根据树形结构的特点,要建立数据的层次模型需要满足两个条件:第一,有且只有一个结点没有双亲结点,这个结点就是根结点;第二,根结点以外的其他结点有且仅有一个双亲结点,这些结点称为从属结点。

1. 层次模型的表示

在层次模型中,实体用记录表示(如图 2-8 中的学院、教研室、教员和学生记录),记录的每一个数据项(或字段)对应于实体的每一个属性,实体之间的联系就由记录之间的两两联系来表示(如图 2-8 中的学院-教研室、教研室-教员和学院-学生联系)。如中,学院-教研室、教研室-教员和学院-学生都是一对多联系,从而使教员-学生数据库具有很自然的树形结构,层次模型非常适合于表示这样的联系。

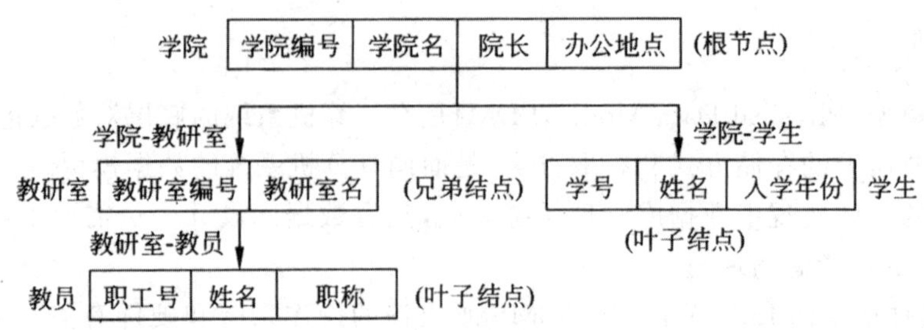

图 2-8 教员-学生数据库的层次模型

图 2-9 是图 2-8 所示层次模型的一个取值，即数据库的一个具体状态。该数据库记录了信息学院的基本情况，信息学院的编号为 07，院长为张庆，在 4 号教学楼办公，下属有 3 个教研室(软件、网络和信管教研室)，其中，软件教研室有两名教员(李明和王强)，信管教研室有 3 名教员(王大明、冯灵和孟勇)，此外，信息学院还有若干名学生。

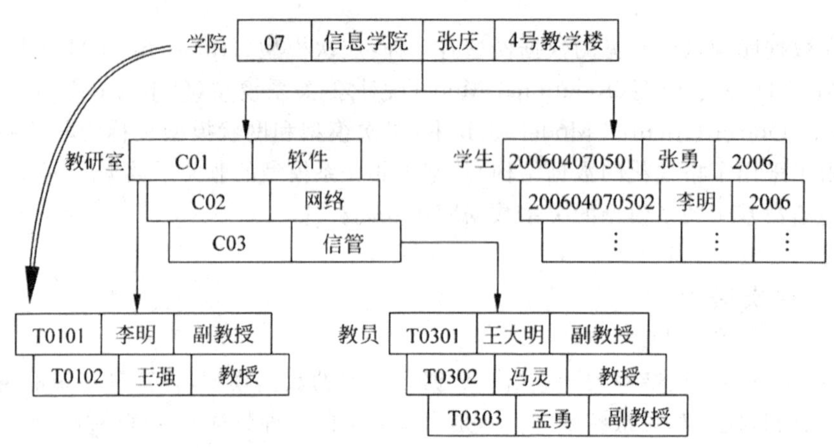

图 2-9 教员一学生数据库

从树形结构的特点可以看出，层次模型只能直接表示一对多(包括一对一)联系，而无法直接表示实体间的多对多联系。假设李明不仅属于软件教研室，而且还属于信管教研室，也就是说，教研室和教员之间具有多对多联系，由树形结构的特点所限，层次模型无法直接表示这样的联系。

在层次模型中，对于任何一个给定的记录值(表示一个具体的实体)，只有按其路径查看时，才能获得它的全部含义。例如，李明是一位教员，具有副教授职称，但如果想知道他到底属于哪个学院的哪个教研室，还需要从根节点开始按其路径进行查看。

由数据的树形结构决定了层次模型中对数据的查询和更新操作及其完整性约束条件具有相应的特点。

2. 层次模型的分解

为了能表示多对多联系，进而真实地模拟现实世界，需要将其分解成两个一对多联系。分解方法主要有冗余节点法和虚拟节点法两种。

(1)冗余结点法

采用冗余结点法就是增加两个结点，将多对多的联系转换成两个一对多的联系，具体如图 2-10所示。

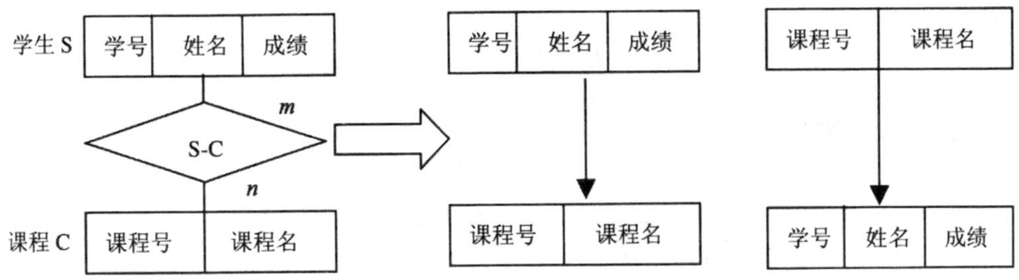

图 2-10　冗余结点法

(2)虚拟结点法

采用虚拟结点法就是将冗余结点法中的冗余结点换为虚拟结点，这个结点存放指向该虚拟结点所代表的结点的指针，具体如图 2-11 所示。

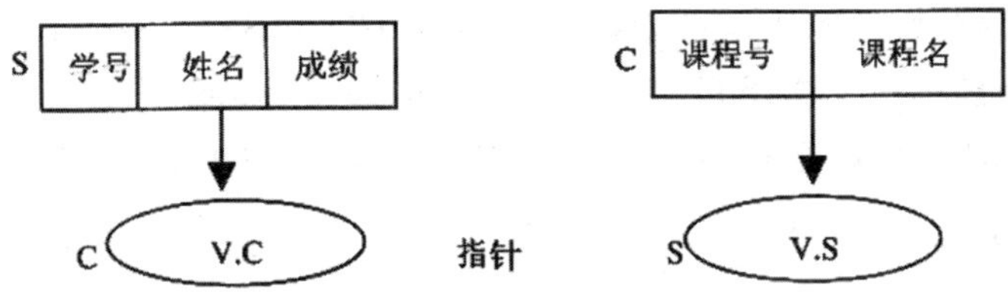

图 2-11　虚拟结点法

一般来说，冗余结点法结构清晰，允许结点改变存储位置，但是占用存储空间大，有潜在的不一致性；虚拟结点法占用存储空间小，能够避免潜在的不一致问题，但是改变存储位置时可能会引起虚拟结点指针的改变。

3. 层次模型的特点

层次模型的优点如下：

①层次数据模型本身比较简单，层次分明，便于在计算机内实现。

②在层次数据结构中，从根结点到树中任一结点均存在一条唯一的层次路径，为有效地进行数据操纵提供了条件。

③层次数据模型提供了良好的完整性支持。

④由于层次结构规定除根结点以外所有结点有且仅有一个父亲，故实体集之间的联系可用父结点唯一地表示，并且层次模型中总是从父记录指向子记录，因此记录型之间的联系名可省略。由于实体集之间的联系固定，因此层次模型 DBMS 对层次结构的数据有较高的处理效率。

层次模型的缺点如下：

①现实世界中的很多联系是非层次性的，如多对多联系、一个节点具有多个双亲等，在层

次模型中表示这类联系比较难，只能通过引入冗余数据（易产生不一致）或创建非自然组织（引入虚拟节点）来解决。

②对插入或删除操作有较多的限制。

③查询子结点必须通过父结点。

④由于结构严密，层次命令趋于程序化。

2.4.2 网状模型

现实世界中客观对象之间的联系更多的是非层次联系，层次模型虽然可以表示，但表示起来并不直接，而网状模型则可以避免这一问题。

所谓网状模型是指利用网状结构表示实体及其之间联系的模型。网状模型（也称 DBTG 模型）是一个比层次模型更具普遍性的数据结构，是层次模型的一个特例。

网状数据模型中各结点之间的联系不受层次的限制，可以任意发生联系。网状模型中的结点的特点是：允许有一个以上的结点无双亲结点；至少有一个结点有多于一个的双亲结点；允许两个结点之间有两种或两种以上的关系。

网状数据模型的典型代表是 DBTG 系统，也称为 CODASYL 系统，它是 20 世纪 70 年代美国数据系统语言研究会 CODASYL（Conference on Data System Languages）下属的数据库任务组 DBTG 提出的一个系统方案，对当时的数据库系统产生了巨大的影响。

1. 网状模型的表示

广义地讲，任何一个连通的基本层次联系的集合都是网状模型。图 2-12 所示为一个简单的网状模型。由于每一个基本层次联系都代表一对多的联系，因此，若将图形倒置也不可能变成层次模型。图 2-12(a)中的每一个结点为一个记录类型，图 2-12(b)是图 2-12(a)的一个具体示例。其中用单向环形链接指针实现联系。可以看出，如果零件和配件数量较多，链接将非常复杂。

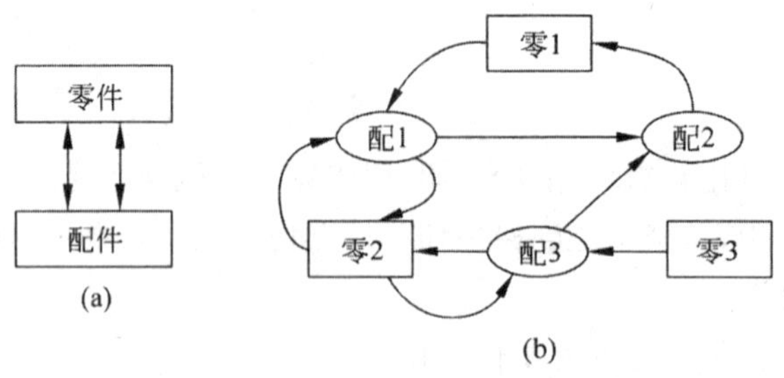

图 2-12　网状模型示意图

和层次模型一样，网状模型的数据访问也采用"导航式"，即需要详细指明数据访问的存取路径，按路径对数据进行访问。不过，层次模型中的存取路径都从唯一的根节点开始，记录之间的联系也是固定的，因此，在访问数据时无须对存取路径进行选择。然而，网状模型没有根节点，记录之间的联系也是多种多样的，相应地也就存在多条存取路径，因此，在访问数据时需要从中选择一条适当的存取路径（“数据结构”中介绍了很多成熟高效的算法），从而削弱了数据的独立性。

2. 网状模型的特点

网状模型一般没有层次模型那样严格的完整性约束条件，但具体的网状数据库系统（如DBTG），其数据操纵都加了一些限制，提供了一定的完整性约束条件。

①支持记录键的概念，键即唯一标识记录的数据项的集合，因此数据库的记录中不允许出现相同的键。

②保证一个联系中父记录和子记录之间是一对多的联系。

③可以支持父记录和子记录之间的某些约束条件。例如，有些子记录要求父记录存在才能插入，父记录删除时也连同删除。

网状模型的主要优点是能更为直接地描述现实世界，具有良好的性能，存取效率高。主要缺点是结构复杂。例如，当应用环境不断扩大时，数据库结构就变得很复杂，不利于最终用户掌握，编制应用程序的难度比较大，DBTG 模型的 DDL、DML 语言复杂，记录之间的联系是通过存取路径来实现的，因此程序员必须了解系统结构的细节，增大了编写应用程序的难度。

网状模型和层次模型在本质上是一样的。从逻辑上看，它们都是基本层次联系的集合，用结点表示实体，用有向边表示实体间的联系。从物理结构上看，它们的每一个结点都是一个存储记录，用链接指针来实现实体之间的联系。当存储数据时这些指针就固定下来了，检索数据时必须考虑存取路径问题；数据更新时，涉及链接指针的调整，缺乏灵活性；系统扩充相当麻烦。网状模型中的指针更多，纵横交错，从而使数据结构更加复杂。

2.4.3 关系模型

1970 年，美国 IBM 公司的研究员 E. F. Codd 在关系代数的基础上提出了一种相对简单的数据模型——关系模型。关系模型是一种逻辑数据模型，该数据模型的产生开创了数据库的新模式，为目前市场上主流的关系数据库系统奠定了理论基础。

20 世纪 80 年代以来，新推出的数据库管理系统几乎都支持关系模型，非关系系统的产品也都加上了关系接口，关系数据库成为市场上最流行、也最重要的数据库类型。目前，数据库领域的研究和开发工作也几乎都以关系方法为基础。

1. 关系模型的表示

关系模型建立在严格的数学基础上，在关系模型中，数据的组织方式或其逻辑结构是关系，在用户的眼中，一个关系就是一张二维表。在以往的格式化模型中，实体用记录表示，实体之间的联系用记录之间的两两联系表示，而在关系模型中，无论实体还是实体之间的联系统一用关系表示。

关系中的每一行称为一个元组，对应于一个具体的实体或实体之间的联系。关系中的每一列称为一个属性，在关系中需要给每一个属性起一个名称即属性名，属性名给相应的属性值以一定的解释。如前所述，在关系的所有属性中，可以唯一确定一个元组的属性或属性的最小组合就是该关系的候选码。如果候选码多于一个,则选取其中一个候选码作为主码。在关系模型中,每一个关系都应有一个主码(尽管很多实际的数据库管理系统允许没有主码的关系存在)。

图 2-13 所示为一个简单的关系模型,其中图 2-13(a)给出了关系模式。

(a)

部门关系框架

部门编号	名称	经理	人数

员工关系框架

员工编号	姓名	性别	部门编号

(b)

部门关系框架

部门编号	名称	经理	人数
01	人事	A001	8
02	销售	B001	56

员工关系框架

员工编号	姓名	性别	部门编号
A001	张三	男	01
B003	李四	女	02

图 2-13 简单的关系模型

2. 关系模型中关系的规范化要求

随着对数据的插入、删除和修改,关系是不断变化的,但关系的结构及其特征却是相对稳定的。对关系的结构及其特征的抽象描述称为关系模式,一般表示为

关系名(属性 1,属性 2,……,属性 n)

关系模型要求关系必须是规范化的,即要求关系必须满足一定的规范条件,其中最基本的规范条件就是关系的每一列都是不可再分的,也就是说,不允许大表之中还套有小表。如表 2-2所示的工资表就不符合关系模型的要求,因为工资列又分为基本工资、奖金、扣税和实发工资 4 列,故而不能称其为关系。将其规范化为关系的方法很简单,用基本工资、奖金、扣税和实发工资 4 列取代工资列即可。

表 2-2 不规范的工资表

职工号	姓名	职称	工资			
			基本工资	奖金	扣税	实发工资
T0101	李明	副教授	1500	500	100	1900
⋮	⋮	⋮	⋮	⋮	⋮	⋮

和以往的格式化模型一样,关系模型中的数据操作主要也包括查询和更新(插入、删除和修改)两大类,同样也须满足相应的完整性约束条件。

关系模型中的数据操作是集合操作方式,每次操作的操作对象和操作结果都可以是若干元组的集合(一次一集合方式),例如,一次可以查询或更新多个元组。

关系模型中,实体及其联系统一用关系表示,以文件的形式存储在计算机存储设备上,有

的系统将每一个关系都保存成一个文件,而有的系统则将整个数据库保存成一个或若干个文件。

3. 关系模型的特点

①与非关系模型不同,它有较强的数学理论根据。关系及其系统的设计和优化有数学理论指导,容易实现且性能较好。

②关系模型中的数据结构简单、清晰,从而使数据操作也非常统一,用户易懂易用,不仅用关系描述实体,而且用关系描述实体间的联系。

③关系模型中的数据联系是靠数据冗余实现的,关系数据库中不可能完全消除数据冗余。由于数据冗余,使得关系的空间效率和时间效率都比较低。

④数据操作高度非过程化,使数据具有更高的独立性和更好的安全保密性,也简化了程序员的工作和数据库的创建工作。

关系模型的缺点主要是:由于存取路径对用户透明,查询效率往往不如非关系模型,因此,为了提高性能,必须对用户的查询表示进行优化,增加了开发数据库管理系统的负担。

2.4.4 面向对象模型和对象-关系模型

由于关系模型比层次模型、网状模型简单灵活,因此,在数据处理领域中,关系数据库的使用已相当普遍。但是,现实世界存在着许多含有复杂数据结构的应用领域,例如 CAD 数据、图形数据等,它们需要更高级的数据库技术表达这类信息。面向对象的概念最早出现在程序设计语言中,随后迅速渗透到计算机领域的每一个分支,现已使用在数据库技术中。

面向对象数据模型(Object Oriented Data Model,OO 数据模型)是面向对象程序设计方法与数据库技术相结合的产物,用以支持非传统应用领域对数据模型提出的新需求。它的基本目标是以更接近人类思维的方式描述客观世界的事物及其联系,且使描述问题的问题空间和解决问题的方法空间在结构上尽可能一致,以便对客观实体进行结构模拟和行为模拟。

1. 面向对象模型的相关概念

①对象。定义为包括现实世界中客观对象的属性及其相关联的活动的实体。

②属性。属性是指一个对象所具有的各种特征。

③方法。方法是对象中的函数,用来定义该对象的行为。

④消息。消息对象通过消息进行通信。

⑤类。类是具有相同属性和方法的一组对象的集合。

⑥多态性。当提供不同的信息(以参数的形式)时,对象应能做出不同的反应。

⑦封装性。数据和处理数据的程序代码被封装在一起,即在对象中封装了对象具有的所有属性和方法。

⑧继承。允许一个类从另一个类中继承一些属性,并增加属于自己的更多的属性。

2. 面向对象数据模型的定义

而目前面向对象数据模型还没有一个统一的定义，大概可归纳为：

①面向对象数据模型的数据结构描述工具是对象、类和继承，其对应的约束条件可以包括每一个对象具有唯一的由系统定义的标识，每一个对象标识仅标识一个对象。

②面向对象数据模型的操作集包括与对象相关的方法。

通常，若一个数据库管理系统是建立在面向对象数据模型基础上，并能够向用户提供定义面向对象数据库的模式的功能以及将一个面向对象数据库转换为另一个相同模式的面向对象数据库的操作，则称其为面向对象数据库管理系统。

3. 对象-关系模型

由于面向对象数据库系统并不支持 SQL 语言，在通用性方面丢失了关系数据库的优势。因此，高级 DBMS 功能委员会于 1990 年发表了“第三代数据库系统宣言”，提出第三代数据库系统必须保持关系数据库系统的非过程化数据存储方式和数据独立性，支持原有的数据管理。对象-关系数据库系统就是按照这样的目标，将面向对象技术和关系数据库技术有机地结合起来，并对关系模型进行了适当的扩展。

对象-关系数据模型从关系数据模型出发，转向对象思维，以关系数据库和 SQL 为基础扩展关系模型，具有扩展数据类型和允许用户自定义函数，同时具备面向对象特征。满足关系数据库用户的要求，同时支持具有复杂数据管理需要的应用，加强查询功能，有很多大的数据库厂商支持。除了具备原来关系数据模型的各种特点外，还应提供以下特点：扩充数据类型；支持复杂对象管理（组合、集合、引用）；支持继承（子类/超类，单继承/多继承）；提供通用规则系统（事件和动作为任意 SQL 语句的主动性规则、自定义函数、规则的继承）。

由于对象-关系数据库系统既能适应新应用领域的需求，也能继续满足关系数据库应用发展的需要，目前几乎所有的关系数据库厂商都在不同程度上对关系模型进行了扩展，推出了对象-关系数据库管理系统产品，对象-关系数据库系统的应用也日趋广泛。

第3章 关系数据理论

3.1 关系的形式化定义

关系模型与层次、网状模型不同，它是建立在严格的数学概念基础上的。通常把关系称为二维表，这是对关系的直观描述。关系模型的数据操作是以关系代数和关系演算为理论基础的。关系演算是和关系代数等价的关系运算数理逻辑表示方式。

了解关系模型的数学基础，对于理解关系模型、设计数据模式和实现应用会有很大帮助。所以有必要从数学的角度给出关系的形式化定义，并对有关概念做一论述。

1. 域

域是一组有相同数据类型的值的集合。例如，自然数、整数、实数、长度小于 25 字节的字符串集合、{0,1}、大于等于 0 且小于 50 的正整数等，都可以是域。

例如下面三个集合表示的域。

D_1 = 学生集合 = {天天，朵朵，贝贝，田橙}，表示学生姓名的集合。

D_2 = 性别集合 = {男，女}，表示性别的集合。

D_3 = 专业集合 = {模特，飞行员，主持，运动员}，表示专业的集合。

域中所包含的所有值的个数称为域的基数。关系模型中域通常用于表示属性的取值范围。

2. 笛卡儿积

笛卡儿积是域上面的一种集合运算。

给定一组域 $D_1, D_2, \cdots, D_n$，这些域中可以是相同的域。$D_1, D_2, \cdots, D_n$ 的笛卡儿积为

$$D_1 \times D_2 \times \cdots \times D_n = \{(d_1, d_2, \cdots, d_n) \mid d_i \in D_i, i=1,2,\cdots,n\}$$

其中每一个元素 $(d_1, d_2, \cdots, d_n)$ 叫作一个 n 元组(n-tuple)或简称元组(Tuple)。

元素中每一个值 d_i 叫作一个分量，这些域中可以存在相同的域，例如，D_1 和 D_2 可以是相同的域。

若 $D_i(i=1,2,\cdots,n)$ 为有限集，其基数为 $m_i(i=1,2,\cdots,n)$，则 $D_1 \times D_2 \times \cdots \times D_n$ 的基数 M 为

$$M = \prod_{i=1}^{n} m_i$$

笛卡儿积可表示为一个二维表，表中的每行对应一个元组，表中的每一列的值来自一

个域。

3. 关系

根据笛卡儿积的定义可以给出一个关系的形式化定义：笛卡儿积 $D_1 \times D_2 \times \cdots \times D_n$ 的任意一个子集称为 $D_1, D_2, \cdots, D_n$ 上的一个 n 元关系。

在关系模型中，数据以二维表（见表 3-1）的形式存在，这个二维表称为关系（Relation）。但是，关系与传统的二维表又有区别。

表 3-1 课程基本信息

课程编号	课程名称	课程类别	学分
0001001	马克思主义基本原理	通识课	3
0001004	中国近现代史纲要	通识课	2
0001006	形势与政策（一）	通识课	2
0001007	形势与政策（二）	通识课	2
0001008	大学英语（一）	基础课	4
…	…	…	…

严格来说，关系是一种规范化的二维表，它满足以下三个条件：

①关系中的每一列都是不可再分的基本属性。

②关系中各属性不能重名。

③关系中的行列次序并不重要，即可以交换行、列的前后顺序。

4. 元组

关系中的行被称为元组（Tuple）或记录。元组中的每一个属性值称为元组的一个分量（Component），n 元关系的每个元组有 n 个分量。在表 3-1 中，元组（0001001，马克思主义基本原理，通识课，3）中对应“课程编号”属性的分量是“0001001”，对应“课程名”属性的分量是“马克思主义基本原理”。

3.2 关系的码

关系模式中一个重要概念就是码。在给定的关系中，需要用某个或某几个属性来唯一地标识一个元组，称这样的属性或属性组为指定关系的码（key）。通常码分为超码、候选码、主码、外码。

超码（super key）：在一个关系中，若某一个属性或属性集合的值可唯一地标识元组，则称该属性或属性集合为该关系的超码。如教学管理数据库的学生关系中的学号、姓名所组成的属性集合即为该关系的一个超码。在一个表中可能有多个超码。

候选码(candidate key):如果一个属性或属性集合的值能唯一标识一个关系的元组而又不含有多余的属性,则称该属性或属性集合为该关系的候选码,如学生关系中的学号。候选码可能包含一个属性,也可能包含多个属性。如果关系的全部属性构成关系的候选码,则称为全码(all-key)。构成候选码的诸属性称为主属性(prime attribute)。不包含在任意候选码中的属性称为非主属性(non-prime attribute)。

主码(primary key):有时一个关系中有多个候选码,此时可以选择一个作为插入,删除或检索元组的操作变量。被选用的候选码称为主码。每一个关系都有一个并且只有一个主码。

外码(foreign key):关系 R 中的属性 A 不是关系 R 的主码,但 A 是另一个关系 S 的主码,则属性 A 就是关系 R 的外码。其中 R 是参照关系,S 是被参照关系。外码在关系 R 中的取值有两种可能:或为空值,或必须是被参照关系 S 中已有的属性值。外码值是否允许为空值,主要依赖于应用环境的语义。

码是关系中非常重要的概念,为了帮助大家准确理解其含义,具体可见以下例子。

【例 3.1】在高校学生管理系统中,其数据库包含学生表、学院表、课程表、学生选课表等关系。其关系模式如下:

学生(学号,姓名,性别,出生年月,学院号,入学时间,身份证号)

学院(学院号,学院名称,院长)

课程(课程号,课程名,类型,学分,学时)

学生选课(学号,课程号)

这 4 张表的内容分别如表 3-2～表 3-5 所示。

表 3-2　学生表

学号	姓名	性别	出生年月	学院号	入学时间	身份证号
20140001	柳丹	女	1996.03.04	S10	2014.09	51302419920304 ****
20140002	章华	男	1996.06.12	S11	2014.09	51219719920612 ****
20140003	李力	男	1995.10.05	S12	2014.09	41612819911005 ****

在学生表中,属性"学号"和"身份证号"都能唯一标识一个关系的元组,并且不含有多余的属性,即每个学生的学号都是唯一的,每个学生的身份证号也是唯一的。所以学生表的候选码有两个:"学号"和"身份证号"。"学号"和"身份证号"是主属性,其他属性如姓名、性别、出生年月、学院号、入学时间都是非主属性。

在我们创建学生表时,一般将(学号)设置为主码,一张表中,只能有一个主码,主码的值不能为空值。

对于学生表而言,超码有很多,因为超码是能唯一地标识元组的一个属性或属性集合,可能含有多余属性。首先候选码就是超码,另外候选码和其他非主属性的集合也是超码。比如,(学号)、(身份证号)、(学号,姓名)、(学号,性别)、(学号,出生年月)、(学号,姓名,出生年月)等都是超码。

表 3-3 学院表

学院号	学院名称	院长
S10	软件学院	周军
S11	数理学院	刘梅
S12	机械工程学院	吴芳菲
…		

属性“学院号”不是学生表的主码，但在学院表中，“学院号”是主码。可以将“学院号”定义为学生表的外码，在学生表中，学院号的取值有两种可能：为空值，表示该学生尚未分配到任何学院中；若为非空值，则必须是学院表中某个元组的学院号值，表示该学生不可能分配到一个不存在的学院中。

表 3-4 课程表

课程号	课程名	类型	学分	学时
14000001	数据库原理	必修	3	48
14000002	多媒体技术	选修	2	32
14000003	数据结构	必修	3	48

对于课程表，属性“课程号”是课程表的候选码，也是主码，而在学生选课表中，“学号”和“课程号”均为外码，根据语义，学号和课程号均不能为空值，学号的取值必须是学生表中某个元组的学号值；课程号的取值必须是课程表中某个元组的课程号值，表示只有正常注册的学生才能选择学校开设的课程。“学号”和“课程号”合在一起构成候选码，也是主码，因为选课关系的全部属性构成关系的候选码，所以“学号，课程号”也称为全码。

表 3-5 学生选课表

学号	课程号	学号	课程号
20140001	14000002	20140002	14000002
20140001	14000003	…	…
20140002	14000001		

3.3 关系代数

任何一种运算都是将一定的运算符作用于一定的运算对象上得到预期的运算结果，因此运算对象、运算符、运算结果是运算的三大要素。

关系代数是一种抽象的查询语言，它通过对关系的运算来表达查询要求。关系代数用到的运算符包括 4 类：集合运算符、专门的关系运算符、算术比较符和逻辑运算符，具体可如表 3-6 所示。

表 3-6　关系代数运算符

运算符		含义
集合运算符	$\cup$	并
	$-$	差
	$\cap$	交
	$\times$	广义笛卡儿积
专门的关系运算符	σ	选择
	$\prod$	投影
	$\oplus$或 $\bowtie$	连接
	$\div$	除
算术比较符	$>$	大于
	$\geqslant$	大于等于
	$<$	小于
	$\leqslant$	小于等于
	$=$	等于
	$\neq$	不等于
逻辑运算符	$\neg$	非
	$\wedge$	与
	$\vee$	或

关系代数的运算对象是关系，运算结果也是关系。

关系代数的运算按运算符的不同可分为传统的集合运算和专门的关系运算两类。其中，传统的集合运算将关系看成元组的集合，其运算是从关系的“水平”方向即行的角度来进行的，但专门的关系运算不仅涉及行而且涉及列。比较运算符和逻辑运算符是用来辅助专门的关系运算符进行操作的。

3.3.1　传统的集合运算

传统的集合运算是二目运算，包括并、差、交和笛卡儿积四种运算，它们是在关系的水平方向上进行运算，即只对元组进行运算。

1. 并

两个关系的并运算(Union)是指将一个关系的元组加到第二个关系中,生成新的关系。元组在新的关系中出现的顺序是无关紧要的,但是必须消除重复元组。

【定义 3.1】设关系 R 和关系 S 具有相同的元数,且相应的属性取自相同的域,t 是元组变量,$t\in \mathbf{R}$ 表示 t 是 R 的一个元组。则关系 R 和关系 S 的并记作 $R\cup S=\{t|t\in \mathbf{R}\vee t\in S\}$。

结果集合由属于 R 或属于 S 的元组组成,R 和 S 中重复出现的记录只在结果集合 $R\cup S$ 中出现一次。要注意,R 和 S 的属性一定要相同,否则无法进行运算。

已知 $R\cup S$ 为 R 中的元组加上 S 中除去和 R 中共有的元组之外所有元组的集合,即会消除重复的元组。所以 $R\cup S$ 可以表示为图 3-1 所示的形成。

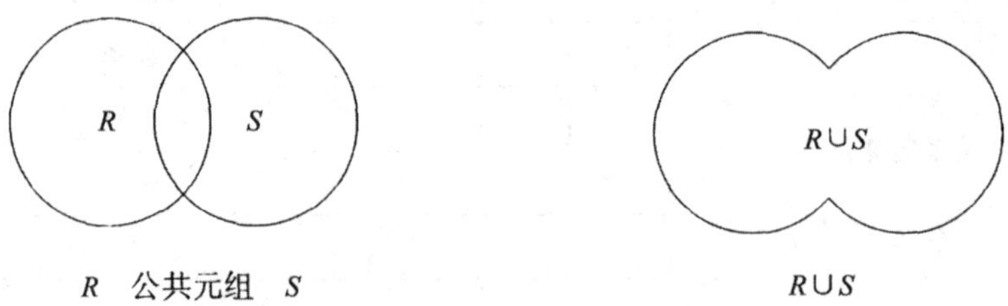

图 3-1 关系 **R** 和 **S** 做并操作的过程示意

2. 差

差是计算两个关系的区别的集合。

【定义 3.2】设关系 R 和关系 S 具有相同的元数,且相应的属性取自相同的域,t 是元组变量,$t\in \mathbf{R}$ 表示 t 是 R 的一个元组。则关系 R 和关系 S 的差记作 $R-S=\{t|t\in \mathbf{R}\wedge t\notin S\}$。

结果集合由属于 R 但不属于 S 的元组组成。即 $R-S$ 是在 R 里面但是不在 S 里面的记录的集合。要注意,R 和 S 的属性一定要相同,否则无法进行运算。

$R-S$ 可以表示为图 3-2 所示的形成。

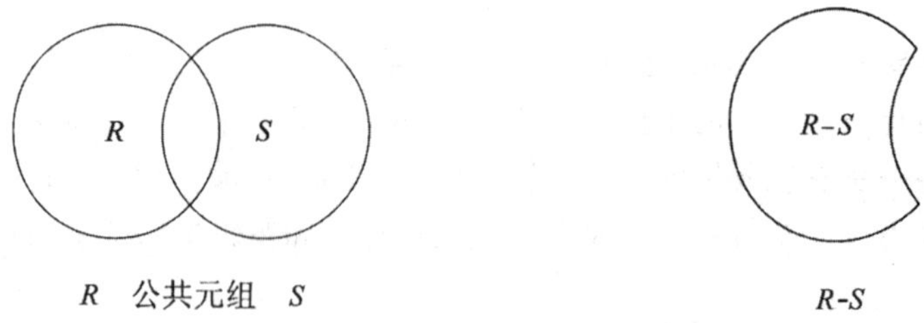

图 3-2 关系 **R** 和 **S** 做差操作的过程示意

3. 交

交就是计算两个关系集合理论上的交集。

【定义 3.3】设关系 R 和关系 S 具有相同的元数,且相应的属性取自相同的域,t 是元组变量,$t\in \mathbf{R}$ 表示 t 是 R 的一个元组。则关系 R 和关系 S 的交记作 $R\cap S=\{t|t\in \mathbf{R}\wedge t\in S\}$。

结果集合由既属于 R 又属于 S 的元组组成。关系的交也可以用差来表示，即 $R\cap S=R-(R-S)$。要注意，R 和 S 的属性一定要相同，否则无法进行运算。

$R\cap S$ 可以表示为图 3-3 所示的形成。

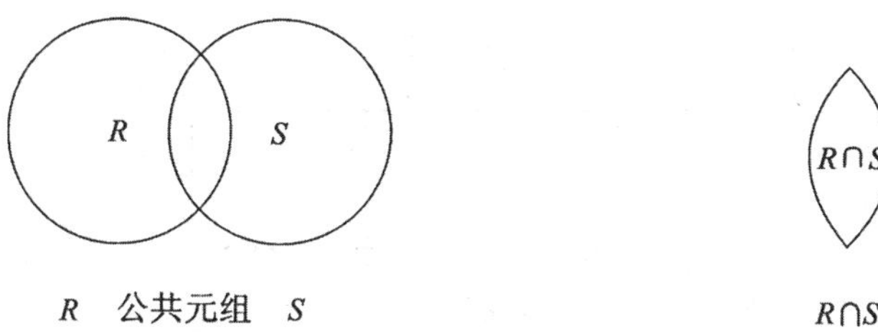

图 3-3 关系 R 和 S 做交操作的过程示意

【例 3.2】关系 R 和关系 S 具有相同的关系模式，其数据如图 3-4 所示。

关系 R

A	B	C
1	a	2
2	b	2
1	b	1
3	d	3

关系 S

A	B	C
2	b	2
3	b	1
1	a	2
3	c	2

图 3-4 关系 R 和关系 S 数据

$R\cup S$、$R\cap S$ 和 $R-S$ 的运算结果如图 3-5 所示。

R∪S

A	B	C
1	a	2
2	b	2
1	b	1
3	d	3
3	b	1
3	c	2

图 3-5 R∪S、R∩S 和 R－S 的运算结果

R∩S

A	B	C
1	a	2
2	b	2

R−S

A	B	C
1	b	1
3	d	3

图 3-5 （续）

4.笛卡儿积

笛卡儿积是计算两个关系的笛卡儿乘积。

【定义 3.4】设关系 R 和 S 是任意两个关系，t 是元组变量，$t\in \mathbf{R}$ 表示 t 是 R 的一个元组。R 是 m 目关系，有 j 个元组；S 是 n 目关系，有 k 个元组，关系 R 和 S 的笛卡儿积，其结果集合是一个$(m+n)$目的新关系，有$(j\times k)$个元组，其中，每个元组的前 m 个分量来自 R 的一个元组，后 n 个分量来自 S 的一个元组，记作

$$R\times S=\{t_r t_s \mid t_r\in \mathbf{R}\wedge t_s\in S\}$$

即结果是 R 中的每一个元组分别与 S 中的所有元组连接构成新关系 $R\times S$ 的元组。

【例 3.3】学生表（见表 3-7）和课程表（见表 3-8）两个表做广义笛卡儿积运算得到的是一个每个学生必须学习所有的课程的表。其中学生表有两个属性，课程表有三个属性，则其广义笛卡儿积结果为由五个属性构成的元组的集合。学生表有两个元组，课程表有 3 个元组，所以其广义笛卡儿积的结果由 2×3=6 个元组组成，如表 3-9 所示。

表 3-7 *R*

学号	姓名
2017101	王兵
2017102	刘勇

表 3-8 *S*

课程号	课程名	学分
C1	C 语言	4
C2	数据库	4
C3	英语	5

表 3-9　$R\times S$

学号	姓名	课程号	课程名	学分
2017101	王兵	C1	C 语言	4
2017101	王兵	C2	数据库	4
2017101	王兵	C3	英语	5
2017102	刘勇	C1	C 语言	4
2017102	刘勇	C2	数据库	4
2017102	刘勇	C3	英语	5

3.3.2　专门的关系运算

关系代数的另外一类运算是专门为关系数据库环境而设计的，例如，投影运算是对关系进行垂直分解；选择运算是对关系进行水平分解；连接运算是将两个关系结合。这些运算可以方便地描述对数据库的操作，从已有的关系构造出新的关系。它们是在关系的水平和垂直两个方向上进行运算，即对元组也可以对属性进行运算。

1. 选择

从关系中找出满足给定条件的所有元组称为选择(Selection，SL)。它也是一种一元关系运算，作用于一个关系。这是从行的角度进行的运算。经过选择运算得到的结果可以构成一个新的关系，其关系模式不变。新关系是原关系的一个子集。

选择条件用表达式 F 表示。

运算对象：常数(用引号括起来)，元组分量(属性名或列的序号)。

运算符：算术比较运算符($<,\leqslant,\geqslant,>,=,\neq$)，逻辑运算符($\wedge,\vee,\neg$)。

【定义 3.5】设 R 是一个 n 元关系，F 为条件表达式，则关系 R 关于 F 的选择定义为

$$\sigma_F(R)=\{t\mid t\in \mathbf{R}\wedge F(t)=\text{true}\}$$

其中，σ 为选择运算符，$\sigma_F(R)$表示从关系 R 中选择满足条件 F(即能使 F 为“真”)的元组所构成的关系。

【例 3.4】设有两个关系 R 和 S 分别如表 3-10 和表 3-11 所示，求 R 和 S 的选择运算 $\sigma_{B='b'}(R)$的结果。

表 3-10　关系 R

A	B	C
a	*b*	*c*
d	*a*	*f*
c	*b*	*d*

表 3-11　关系 S

A	B	C
b	g	a
d	a	f

表 3-12　$\sigma_{B='b'}(R)$选择

A	B	C
a	b	c
c	b	d

2. 投影

投影是对关系的垂直分解运算，即从关系的属性集中选择属性子集，由关系的部分列构成的元组组成一个新关系。

投影是一种一元关系运算，作用于一个关系。这是从列的角度进行运算。经过投影运算可以得到一个新关系。

【定义 3.6】设 R 是一个 n 元关系，$A_1,A_2,\cdots,A_n$ 为其属性，则 R 在分量 $A_{i1},A_{i2},\cdots,A_{im}$（$m<n$，$A_{i1},A_{i2},\cdots,A_{im}$ 为属性名）上的投影定义为

$$\pi_{A_{i1},A_{i2},\cdots,A_{im}}(R)=\{t\mid t=[t_{i1},t_{i2},\cdots,t_{im}]\wedge[t_1,t_2,\cdots,t_n]\in R\}$$

其中，π 是投影运算符；$A_{i1},A_{i2},\cdots,A_{im}$ 是属性表，属性之间用逗号分开；R 是关系名。该运算的含义是从关系 R 中取出由属性表 $A_{i1},A_{i2},\cdots,A_{im}$ 指定的 m 列，构成一个新的 m 元关系。

这里指出：在属性表中的属性也可以用其序号来表示；在有的文献中投影运算符使用符号“Π”或“PJ”，它们具有相同的含义。投影之后不仅取消了原关系中的某些列，而且还可能取消某些元组，这是由于取消了某些属性之后，就可能会出现重复行，应将这些完全相同的行取消。

【例 3.5】对学生表（见表 3-13）进行投影操作，列出所有学生的专业，记为$\Pi_{专业}(R)$，如表 3-14所示。

表 3-13　R

学号	姓名	专业	入学年份
2014101	王平	计算机	2014
2014102	李军	计算机	2014
2015101	李芳	会计	2015
2015102	张平	计算机	2015
2014103	王树	法学	2014

表 3-14　$\Pi_{专业}(R)$

专业
计算机
会计

可以同时对某个关系就行选择和投影操作，得出想要的结果，即进行所谓的查询操作。要对某一关系进行选择和投影操作时，一定要先选择后投影，因为投影是对列的筛选，如果先投影，就会把要进行选择的条件属性切除掉，使得选择操作无法进行。

3. 连接

连接(Join，JN)是一种二元关系运算，它作用于两个关系。其作用是从关系 R 和 S 的笛卡儿积中选取 R 的第 i 个属性值和 S 的第 j 个属性值之间满足给定条件的元组，这些元组构成的关系是笛卡儿积 $R\times S$ 的一个子集。

连接运算中有两种最为重要的也是常用的连接，一种是等值连接；另一种是自然连接。

(1)θ 连接

【定义 3.7】θ 连接是从关系 R 和 S 的笛卡儿积中选取 R 的第 i 个属性值和 S 的第 j 个属性值之间满足某一个 θ 运算的元组，记为 $R \underset{i\theta j}{\bowtie} S$，即：

$$R \underset{i\theta j}{\bowtie} S=\sigma_{i\theta(r+j)}(R\times S)$$

其中，r 是关系 R 的元数。

注意：$R \underset{i\theta j}{\bowtie} S$ 是在 R 和 S 的笛卡儿积中选择第 i 个分量和第 $i+j$ 个分量满足 θ 运算的元组。这里 i 和 j 分别为关系 R 和 S 中第 i 个分量和第 j 个分量的序号；θ 是比较运算符，它可以是$<$、$\leqslant$、$>$、$\geqslant$、$=$和$\neq$。特别地，如果 θ 是等号($=$)，则该连接运算称为等值连接；如果 θ 是其他的比较运算符，则均称为不等值连接。

(2)自然连接

自然连接是一种特殊的等值连接，它要求两个关系中进行比较的分量必须是相同的属性组。如果等值连接的连接属性是相同属性(或属性组)，即 R 和 S 具有相同的属性组，并且该组属性具有相同的列值，则称该等值连接为自然连接。

自然连接在结果中要把重复的属性去掉。自然连接可记为 $R\bowtie S$。假定 R 和 S 具有的相同属性 A，且 R 有 n 个属性，S 有 m 个属性，自然连接的结果有$(n+m-1)$个属性。可见，自然连接的作用是从两个关系的笛卡儿积中选择出公共属性值相等的那些元组构成的关系。

【定义 3.8】设关系 R 和 S 具有相同的属性集 U：

$$U=\{A_1,A_2,\cdots,A_m\}$$

从 $R\times S$ 中选择满足 $R.A_1=S.A_1,R.A_2=S.A_2,\cdots,R.A_m-S.A_m$ 的那些元组，然后去掉 $S.A_1,S.A_2,\cdots,S.A_m$ 列，保留 $R.A_1,R.A_2,\cdots,R.A_m$ 列，就可以得到 R 和 S 的自然连接，即

$$R\bowtie S=\pi_{i_1,i_2,\cdots,i_m}(\sigma_{R.A_1=S.A_1\wedge R.A_2=S.A_2\wedge\cdots\wedge R.A_m=S.A_m}(R\times S))$$

【例 3.6】设关系 R 和 S 分别为图 3-6(a)和图 3-6(b)，则自然连接运算 $R \bowtie S$ 的结果如图 3-6(c)所示。

A	B	C
1	a	b
3	b	c
5	b	d
2	a	c

(a) 关系 R

B	C	D
a	b	3
b	d	2
a	d	2
a	c	3

(b) 关系 S

A	B	C	D
1	a	b	3
5	b	d	2
2	a	c	3

(c) 自然连接运算 $R \bowtie S$ 的结果

图 3-6 自然连接运算的例子

4. 除法

除法(division)也是一种二元关系运算。除法操作是用一个$(m+n)$元的关系 R 除以一个 n 元关系 S，操作结果产生一个 m 元的新关系。

【定义 3.9】设 R 是 m 元关系，S 是 n 元关系，且 S 的属性是 R 属性的一部分(为了方便计算，这里假设 S 的属性为 R 的后 n 个属性)，则 R 与 S 的除(记为 $R \div S$)是满足下列条件的最大关系：其中每个元组 t 与 S 中的每个元组 u 组成的新元组$[t,u]$必在关系 R 中。

通过上述定义可知，除法运算的结果产生一个$(m-n)$元的关系，关系 R 的第$(m-n+i)$个属性与关系 S 的第 i 个属性定义在同一个域上$(i=1\sim n)$，每一个元组包含属于 R 但不属于 S 的属性，S 中的元组在 R 中有对应的元组存在且剩余的属性相同。

可以用投影和差运算来表示 R 与 S 的除法，即

$$R \div S = \pi_{1,2,\cdots,m-n}(R) - \pi_{1,2,\cdots,m-n}((\pi_{1,2,\cdots,m-n}(R) \times S) - R)$$

除法运算较为复杂，按照运算的优先级和括号规则，可以把它的计算过程具体分解为如下几个步骤：

①$U = \pi_{1,2,\cdots,m-n}(R)$。

②$V = (U \times S) - R$。

③$W = \pi_{1,2,\cdots,m-n}(V)$。

④$R \div S = U - W$。

【例 3.7】假设有两个关系：学生学习成绩与课程成绩，如表 3-15 和表 3-16 所示，则学生学习成绩与课程成绩除法运算的结果是满足一定课程成绩条件的学生的表，结果如表 3-17所示。

表 3-15 学生学习成绩关系

姓名	性别	课程名	成绩
曲波	男	数据库原理	优
高天	男	数据结构	优
曲波	男	数据结构	优
张新	女	程序设计	良
高天	男	数据库原理	优
高天	男	操作系统	中
王乐	男	数据结构	优

表 3-16 课程成绩关系

课程名	成绩
数据库原理	优
数据结构	优

表 3-17 学生学习成绩÷课程成绩

姓名	性别
曲波	男
高天	男

3.4 关系演算

所谓关系演算(*relational calculus*)是指除了使用关系代数表示关系的操作之外,还可以使用谓词运算来表示关系的操作。关系演算是一种非过程化语言。

在关系演算中,用谓词表示运算的要求和条件。由于用关系演算表示关系的操作只需描述所要得到的结果,而无须说明操作的过程,因而基于关系演算的数据库语言是说明性语言。目前,面向用户的关系数据库语言人都是以关系演算为基础的。

关系演算又分为元组关系演算和域关系演算两类。元组关系演算以元组为谓词变量,域关系演算则是以域(即属性)为谓词变量。

3.4.1 元组关系演算

关系 R 可以用谓词 $\varphi(t)$ 表示，它们之间的关系如下：

$$R=\{t|\varphi(t)\}$$

上式的含义为 R 是所有使 $\varphi(t)$ 为真的元组 t 的集合。$\varphi(t)$ 是由关系名、元组变量、常量以及运算符组成的公式。在这里采用关系的元组变量 t 进行运算，也就是说，元组关系演算的结果是符合给定条件的元组的集合，也就是一个关系。

在元组关系演算中，一般把 $\{t|\varphi(t)\}$ 称为一个演算表达式，把称 $\varphi(t)$ 为一个公式。公式是由原子公式组成的。原子公式有下列三种形式。

①$R(s)$，其中 R 是关系名，s 是元组变量。它表示这样的一个命题：s 是关系 R 的一个元组，即 $s\in R$。

②$s[i]\theta u[j]$，其中 s 和 u 都是元组变量，θ 是算术比较运算符。该原子公式表示这样的命题：元组 s 的第 i 个分量与元组 u 的第 j 个分量之间应满足 θ 运算关系。例如，$s[1]<u[2]$ 表示元组 s 的第一个分量必须小于元组 u 的第二个分量。

③$s[i]\theta a$ 或 $a\theta s[i]$，这里 a 表示一个常量。该原子公式表示这样的命题：元组 s 的第 i 个分量与常量 a 之间满足 θ 关系。

∃为存在量词，表示“至少有一个……”的含义；∀为全称量词，表示“对所有的……”的含义。在一个公式中，如果一个元组变量的前面没有代表存在量词∃或全称量词∀的符号，那么称为自由元组变量，否则称为约束元组变量。

元组关系演算的公式中也可使用∧、∨、¬等逻辑运算符，还可用 $(\exists x)$ 和 $(\forall x)$ 形成新的公式，其中，x 是元组变量。在关系演算公式中，各种运算符的优先级如下：

①算术比较运算符最高。

②量词次之，且按∃、∀的先后次序进行。

③逻辑运算符优先级最低，且按¬、∧、∨、→(蕴含)的先后次序进行。

④若加括号，括号中的运算优先。

元组关系具有完备性，关系代数的基本运算均可等价地用元组关系演算表达式来表示；反之亦然。关系代数的六种基本运算均可用元组关系演算表达式来表示，其表示如下：

①关系 R 和 S 的并可以表示为：$R\cup S=\{t|R(t)\vee S(t)\}$。

②关系 R 和 S 的差可以表示为：$R-S=\left\{t|R(t)\wedge\neg S(t)\right\}$。

③关系 R 和 S 的交可以表示为：$R\cap S=\{t|R(t)\wedge S(t)\}$。

④笛卡儿积：

$$R\times S=\{t|(\exists u)(\exists v)(R(u))\wedge S(v)\wedge t\wedge t[1]=u[1]\wedge\cdots$$
$$\wedge t[n]=u[n]\wedge t[n+1]=v[1]\wedge\cdots t[n+m]=v[m])\}$$

⑤选择。设 F' 是 F 在元组演算中的等价表示式，则选择可表示为

$$\sigma_F(R)=\{t|R(t)\wedge F'\}$$

⑥投影：$\prod_{i1,i2,\cdots ik}(R)=\{t^{(K)}|(\exists u)(R(u)\wedge t[1]=u[i1]\wedge t[2]=u[i2]\wedge\cdots t[k]=u[ik])\}$

【例 3.8】 已知关系 R(见表 3-18)和关系 S(见表 3-19)。

表 3-18　关系 R

A	B	C
1	2	3
4	5	6
7	8	9

表 3-19　关系 s

	B	C
1	2	3
3	4	6
5	6	9

有关系 R_1,R_2,R_3,R_4 用元组关系演算表示如下。

$R_1=\{t|S(t)\wedge t[1]>2\}$

$R_2=\left\{t|R(t)\wedge\neg S(t)\right\}$

$R_3=\{t|(\exists u)(S(t)\wedge R(u)\wedge t[3]<u[2])\}$

$R_4=\{t|(\forall u)(R(t)\wedge S(u)\wedge t[3]>u[1])\}$

则 R_1,R_2,R_3,R_4 结果分别如表 3-20～表 3-23 所示。

表 3-20　R_1

A	B	C
3	4	6
5	6	9

表 3-21　R_2

A	B	C
4	5	6
7	8	9

表 3-22 R_3

A	B	C
1	2	3
3	4	6

表 3-23 R_4

A	B	C
4	5	6
7	8	9

3.4.2 域关系演算

域关系演算类似于元组演算，不过，域关系演算以元组变量的分量即域变量作为谓词变元的基本对象。

域演算表达式的一般形式为

$$R=\{<x_1,x_2,\cdots,x_n>|\varphi(x_1,x_2,\cdots,x_n)\}$$

其中，$x_1,x_2,\cdots,x_n$ 表示域变量，φ 表示演算公式，是由关系、域变量、常量及运算符组成的公式。

域关系演算的结果是符合条件的域变量值序列的集合，也就是一个关系。域关系演算以元组变量的分量，即域变量作为谓词变量的基本对象。域关系演算允许像元组演算一样定义域演算的原子公式。

在域关系演算中，原子公式有以下两种形式。

①$R(x_1,\cdots,x_k)$，R 是 k 元关系，每个 x_i 是常量或域变量。

②$x\theta y$，其中 x 是域变量，y 是常量或域变量，θ 是算数比较运算符。

域关系演算的公式也可使用 ∧、∨、¬ 等逻辑运算符，还可用($\exists x$)和($\forall x$)形成新的公式，但要注意变量 x 是域变量，不是元组变量。在域演算的公式中，各种运算符的优先级与元组演算相同，安全条件也与元组演算相同。

元组关系演算转换为域关系演算的基本方法如下：设元组关系演算表达式为$\{t|\varphi(t)\}$，域关系演算表达为：$\{<x_1,x_2,\cdots,x_n>|\varphi(x_1,x_2,\cdots,x_n)\}$。

①如果 t 是有 n 个分量的元组变量，则为 t 的每个分量 $t[i]$引进一个域变量 x_i，用 x_i 来替代公式中所有的 $t[i]$。相应的域关系表达式则有 n 个域变量，形式为

$$\{<x_1,x_2,\cdots,x_n>|\varphi(x_1,x_2,\cdots,x_n)\}$$

②出现存在量词($\exists u$)，或者全称量词($\forall u$)时，如果 u 是有 m 个分量的元组变量，则为每个分量 $u[i]$引进一个域变量 u_i，将量词辖域内所有的 u 用 $u_1,u_2,\cdots,u_m$ 替换，所有 $u[i]$用 u_i

替换。

【例 3.9】设关系 R 和 S 如图 3-7 所示，试分布写出下列各域演算表达式表示的关系。

A	B	C
1	5	h
3	6	f
4	2	d
4	6	c

(a) 关系 R

A	B	C
1	5	h
3	6	f
4	2	d
4	6	c

(b) 关系 S

图 3-7　关系 R 和 S

①$R_1=\{x,y,z|R(x,y,z)\wedge x>1\wedge y=6\}$

②$R_2=\{x,y,z|R(x,y,z)\vee S(x,y,z)\wedge =d\}$

解域演算表达式 R_1 和 R_2 的结果如图 3-8(a)和图 3-8(b)所示。

A	B	C
3	6	f
4	6	c

(a) 域演算表达式 R_1 的结果

A	B	C
1	5	h
3	6	f
4	2	d
4	6	c
4	2	d

(b) 域演算表达式 R_2 的结果

图 3-8　域演算表达式的结果

3.5　关系的完整性

由于关系数据库中数据的不断更新，为了维护数据库中的数据与现实世界的一致性，必须对关系数据库加以约束，关系模型的完整性规则是对关系的某种约束条件。

数据库中数据的完整性是指数据的正确性和相容性。例如在“教学管理”数据库的“成绩”表中，成绩字段在设计中采用了“单精度型”数据存储，这个范围是很大的，而且还包括负数，但实际使用中大部分课程的成绩是采用百分制来描述的，这就需要对成绩字段做进一步的范围约束。另外，“成绩”表中字段“学号”的每一个记录值必须是“教学管理”数据库的“学生”表中存在的学号值，否则就意味着数据库中存在着不属于任何一个学生的学习成绩。这些与实际不符的情况，是数据不完整的表现。为了保证数据库中数据的完整性，要求对创建的关系数据库提供约束机制。

3.5.1　关系完整性的类型

关系模型的完整性规则是对关系的某种约束条件。关系模型提供了丰富的完整性控制机制，允许定义三类完整性：实体完整性、参照完整性和用户定义的完整性。其中实体完整性和参照完整性是关系模型必须满足的完整性约束条件，应该由关系系统自动支持。用户定义的完整性是针对某一具体领域的约束条件，它反映某一具体应用所涉及的数据必须满足的语义要求。

1. 实体完整性约束

实体完整性约束是一种关系内部的约束，如果用户在数据模式中说明了主码，则数据库管理系统可以进行实体完整性的检查。

实体完整性规则：若属性 A 是基本关系 R 的主属性，则 A 不能取空值。所谓空值就是“不知道”或“没有确定”，它既不是数值 0，也不是空字符串，是一个未知的量。

实体完整性规则规定了关系的所有主属性都不可以取空值，例如有仓库关系：

仓库(仓库号，城市，面积)

其中仓库号是关键字，不可以取空值。又如有关系：

库存(仓库号，器件号，存放数量)

其中仓库号和器件号共同构成关键字，则仓库号和器件号均不可以取空值。

对于实体完整性规则说明如下：

①实体完整性规则是针对基本关系的约束和限定。一个基本关系通常对应于现实世界中的一个实体集，如课程关系对应于课程的集合。

②现实世界中的实体是可区分的，即它们具有某种唯一性标识——主码。例如每个学生都是独立的个体，是不一样的。

③主属性不能取空值。如果主属性取空值，说明存在某个不可标识的实体，即存在不可区分的实体，这与第②点相矛盾，因此这个规则称为实体完整性规则。

实体完整性规则规定基本关系的所有主属性都不能取空值，而不仅是其中的某个或者某几个主属性不能取空值。例如，在学生选课关系——选课(学号，课序号)中，“学号”与“课序号”为主码，则这两个主属性都不能取空值。

2. 参照完整性约束

实体完整性是针对单个基本关系而言，而参照完整性主要是描述了多个关系间的完整性。

一个关系涉及对另一关系的引用是常有的现象。例如，选课关系经由它的属性学号和课程号，既涉及对学生关系的引用，又涉及对课程关系的引用。很显然，如果选课关系的一个元组含有学号属性的某个值，如“140013”，那么在学生关系中，学号为“140013”的学生元组就应该存在。否则，选课关系的元组显然涉及了一个并不存在的学生，这是不允许的；对于课程情况也是如此。为此，必须引入一定的参照完整性约束规则，要求不引用不存在的实体。

【定义 3.10】设基本关系 R、S、F 是基本关系 R 的一个或一组属性，但不是关系 R 的主码。K_s 是基本关系 S 的主码。如果 F 与 K_s 相对应，则称 F 是 R 的外键，也称为外码，并称基本关系 R 为参照关系(Referencing Relation)，基本关系 S 为被参照关系(Referenced Relation)。关系 R 和 S 不一定是不同的关系。

说明：目标关系 S 的主码 K_s 和参照关系尺的外码 F 必须定义在同一个(或同一组)域上，它们相对应即有引用关系。

参照完整性规则：若属性(或属性组)F 是基本关系 R 的外码，它与基本关系 S 的主码 K_s 相对应(基本关系 R 和 S 不一定是不同的关系)，则对于 R 中每个元组在 F 上的值必须为以下两种中的一种：取空值(F 的每个属性值均为空值)；等于 S 中某个元组的主码值。

参照完整性又称为引用完整性，它定义了外码与主码之间的引用规则。为了描述不同关系之间的联系，外码起了重要的作用。外码与主码提供了一种表示原则之间关系的手段，外码要么空缺，要么引用一个实际存在的主码值。

【例 3.10】表 3-24 中，学生关系中"专业编号"是外码，该列要么全为空，若不为空则必须是专业关系中"专业编号"列的内容之一。空值表示该学生尚未分配专业。

表 3-24 学生-专业关系数据库实例

学生关系

学号	姓名	性别	专业编号	民族
20170407007	张天	男	02	汉
20170407005	王诗	女	03	汉
20170702003	郭子睿	男	07	汉

专业关系

专业编号	专业名称	备　注
02	模特	
03	跳水	
07	古典音乐	

目前，SQL 的数据定义语言为用户提供了说明引用完整性约束的手段，并且具有引用完整性约束检查的功能，从而可以在修改任何关系时，自动地应用已定义的引用完整性约束进行检验。

3. 用户定义完整性约束

实体完整性和参照完整性规则适用于任何关系数据库系统，它们是关系数据模型必须要满足的，或者说是关系数据模型固有的特性。

另外，根据应用环境的不同，往往还需要一些特殊的约束条件。其他与应用逻辑密切相关的数据完整性约束条件，例如某个属性值必须取唯一值、某个属性的取值必须在某个范围内，某些属性值之间应该满足一定的函数关系，等等。类似这些方面的约束不是关系数据模型本身所要求的，反映了某一具体的应用所涉及的数据必须满足的语义要求。这些完整性需求是由用户来定义的，所以称为自定义完整性规则，或用户定义完整性规则。现有的大部分数据库管理系统都提供定义和检验这类完整性的机制，以便由系统统一地进行处理，而不需要由应用程序来处理。

在用户定义完整性中最常见的是限定属性的取值范围，即对值域的约束，这包括说明属性的数据类型、精度、取值范围、是否允许空值等。对取值范围又可以分为静态定义和动态定义两种，静态取值范围是指属性的值域范围是固定的，而动态取值范围是指属性值域的范围动态依赖于其他属性的值。

3.5.2 完整性约束的作用

数据完整性的作用就是要保证数据库中的数据是正确的，这种保证是相对的，例如在域完整性中规定了属性的取值范围在 15～30 之间，如果将 20 误写为 22，这种错误靠数据模型或关系系统是无法控制的。

但是通过数据完整性规则还是大大提高了数据库的正确度，通过在数据模型中定义实体完整性规则、参照完整性规则和用户定义完整性规则，数据库管理系统将检查和维护数据库中数据的完整性。

1. 执行插入操作时检查完整性

执行插入操作时需要分别检查实体完整性规则、参照完整性规则和用户定义完整性规则。

首先检查实体完整性规则，如果插入元组的主关键字的属性不为空值、并且相应的属性值在关系中不存在(即保持唯一性)，则可以执行插入操作，否则不可以执行插入操作。

接着再检查参照完整性规则，如果是向被参照关系插入元组，则无须检查参照完整性；如果是向参照关系插入元组，则要检查外部关键字属性上的值是否在被参照关系中存在对应的主关键字的值，如果存在则可以执行插入操作，否则不允许执行插入操作。另外，如果插入元组的外部关键字允许为空值，则当外部关键字是空值时也允许执行插入操作。

最后检查用户定义完整性规则，如果插入的元组在相应的属性值上遵守了用户定义完整性规则，则可以执行插入操作，否则不可以执行插入操作。

综上所述，在插入一个元组时只有满足了所有的数据完整性规则，插入操作才能成功，否则插入操作不成功。

2. 执行删除操作时检查完整性

执行删除操作时一般只需要检查参照完整性规则。

如果删除的是参照关系的元组，则不需要进行参照完整性检查，可以执行删除操作。

如果删除的是被参照关系的元组，则检查被删除元组的主关键字属性的值是否被参照关系中某个元组的外部关键字引用，如果未被引用则可以执行删除操作；否则可能有以下 3 种情况：

①不可以执行删除操作，即拒绝删除。

②可以删除，但需同时将参照关系中引用了该元组的对应元组一起删除，即执行级联删除。

③可以删除，但需同时将参照关系中引用了该元组的对应元组的外部关键字置为空值，即空值删除。

采用以上哪种方法进行删除，用户是可以定义的。

3.执行更新操作时检查完整性

执行更新操作可以看作是先删除旧的元组,然后再插入新的元组。所以执行更新操作时的完整性检查综合了上述两种情况。

第4章　关系数据库标准语言SQL

4.1　SQL语言概述

SQL结构化查询语言是Structured Query Language的缩写，它是一种结构化查询语言，是数据库操作的工业化标准语言。

SQL语言是一种基于关系运算理论的、通用的功能极强的关系数据库标准语言，是一种介于关系代数与关系演算之间的语言。由于SQL具有功能丰富、语言简洁、使用灵活等优点，因而受到广泛的应用，目前几乎所有的关系数据库管理系统软件都采用SQL语言，使其成为一种通用的国际标准数据库语言。如今无论是像Oracle、Sybase、Informix、SQL Server这些大型的数据库管理系统，还是像Visual FoxPro、PowerBuilder、Access这些微机上常用的数据库开发系统，都支持SQL语言作为查询语言。

可以预见，在未来一段相当长的时间内，SQL仍将是关系数据库的主流语言，而且在知识发现、人工智能、软件工程等领域也具有广阔的应用前景。

4.1.1　SQL的主要功能

在前面章节介绍的关系代数和关系演算虽然可以执行数据库的查询操作，但是它们都是一种形式化的语言，即只表示了从数据库中提取数据的过程，从数据库中真正地提取数据的操作是没有进行的。换句话说，它们都是理论上的查询语言，是实际查询语言的理论技术。

而SQL语言则是一种介于关系代数与关系演算之间的实际查询语言。它不仅仅能够实现数据查询，对于数据定义、数据查询、数据更新、数据控制等功能都能够一一完成。SQL的命令动词及其功能如表4-1所示。

表4-1　SQL的命令动词

SQL的功能	命令动词
数据定义	CREATE、DROP、ALTER
数据操作	SELECT、INSERT、UPDATE、DELETE
数据控制	GRANT、REVOKE

1. 数据定义功能

通过数据定义语言(Data Definition Language,DDL)能够实现 SQL 的数据定义功能,它用来定义数据库的逻辑结构,包括定义基本表、视图和索引。基本的 DDL 包括三类操作,即定义、修改和删除。

2. 数据操作功能

SQL 的数据操作功能通过数据操作语言(Data Manipulation Language,DML)实现,数据查询和数据更新两大类操作都包括在内,其中,数据查询指对数据库中的数据进行查询、统计、分组、排序等操作,数据更新包括插入、删除和修改三种操作。

3. 数据控制功能

SQL 的数据控制功能通过数据控制语言(Data Control Language,DCL)实现,它包括对基本表和视图的授权、完整性规则的描述以及事务开始和结束等控制语句。

4.1.2　SQL 的特点

SQL 语言集数据查询、数据操作、数据定义和数据控制功能于一体,语言风格统一,使用 SQL 语句就可以独立完成数据管理的核心操作。SQL 还具有高度的非过程化,在对数据库进行存取操作时无须了解存取路径,在很大程度上减轻了用户负担,且对于提高数据的独立性非常有利。另外,SQL 语言采用集合操作方式,其操作对象、操作结果均可以是元组的集合。

SQL 语言除上述特点外,还具有下列特点。

1. SQL 具有交互式和嵌入式两种形式

SQL 既是独立的语言,又是嵌入式语言。作为独立的语言,它能够独立地用于联机交互的使用方式,用户可以在终端键盘上直接键入 SQL 命令对数据库进行操作;作为嵌入式语言,SQL 语句能够嵌入到高级语言(例如 Java、C++)程序中,供程序员设计程序时使用。而在两种不同的使用方式下,SQL 的语法结构基本上是一致的,所有用 SQL 写的程序都是可移植的。用户可以轻易地将使用 SQL 的技能从一个 RDBMS 转到另一个 RDBMS。这种以统一的语法结构提供两种不同的使用方式的做法,提供了极大的灵活性与方便性。

2. SQL 具有语言简洁、易学易用的特点

虽然 SQL 的语言功能比较强,但其语言十分简洁,其核心功能的实现只需借助于 9 个动词即可实现。另外,SQL 语言的语法简单,与英语口语的风格类似,易学易用。

3. SQL 支持三级模式结构

SQL 语言支持关系数据库三级模式结构,如图 4-1 所示。其中外模式对应于视图和部分基表,模式对应于基本表,内模式对应于存储文件。

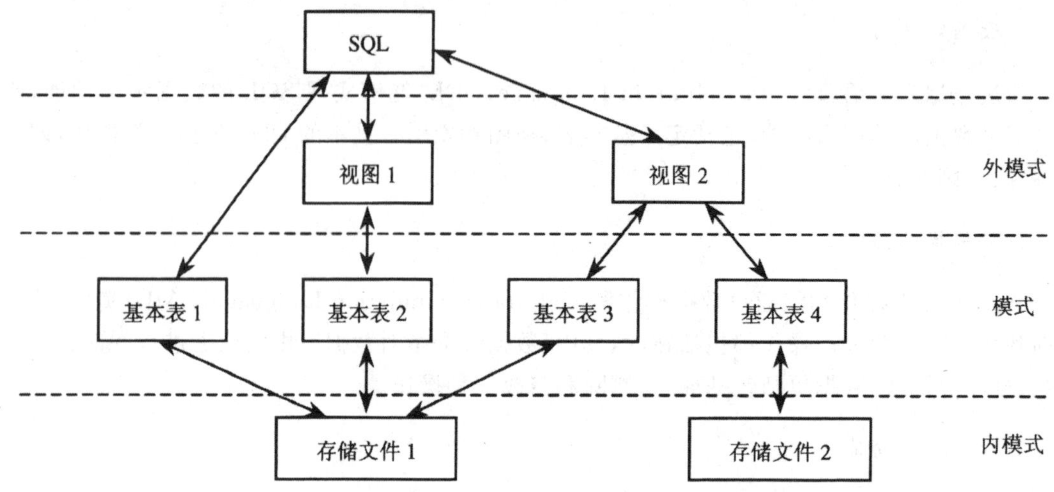

图 4-1 SQL 对关系数据库三级模式的支持

4.1.3 SQL 中的语法规则及数据类型

1. 基本规则

在 SQL 语句格式中，有下列约定符号和相应的语法规定。

(1)语句格式约定符号

- <>：其中的内容为必选项，表示实际语义，不能为空。
- []：其中的内容为任选项。
- {}或. 必选其中的一项。
- [,…n]：表示前面的项可以重复多次。

(2)语法规定

①一般语法规定：

- 字符串常数的定界符用单引号“'”表示。
- SQL 中数据项(列项、表和视图)的分隔符为“,”。

②SQL 特殊语法规定：

- SQL 语句的结束符为“;”。
- SQL 采用格式化书写方式。
- SQL 的关键词一般使用大写字母表示。

2. 数据类型

数据类型是一种属性，是数据自身的特点，主要是指定对象可保存的数据的类型。数据类型用于给特定的列提供数据规则，数据在列中的存储方式和给列分配的数据长度，并且决定了此数据是字符、数字还是时间日期数据。

每一个 SQL 的实施方案都有自己特有的数据类型，因此有必要使用与实施方案相关的数据类型，它能支持每个实施方案有关数据存储的理论。但要注意，所有的实施方案中的基本数据类型都是一样的。

在 SQL 中规定了 3 类数据类型：预定义数据类型、构造数据类型、用户定义数据类型。SQL 的数据类型说明及其分类如表 4-2 所示。

表 4-2　SOL 的数据类型及其分类表

分类	类型	类型名	说　　明
预定义数据类型	数值型	INT	整数类型(也可写成 INTEGER)
		SMALLINT	短整数类型
		REAL	浮点数类型
		DOUBLE PRECISION	双精度浮点数类型
		FLOAT(n)	浮点数类型，精度至少为 n 位数字
		NUMBERIC(p,q)	定点数由 p 位数字组成，但不包括符号和小数点，小数点后面有 q 位数字，也可写成 DECIMAL(p,q)或 DEC(p,q)
	字符串型	CHAR(n)	长度为 n 的定长字符串类型
		VARCHAR(n)	具有最大长度为 n 的变长字符串类型
	位串型	BIT(n)	长度为 n 的二进制位串类型
		BIT VARYING(n)	最大长度为 n 的变长二进制位串类型
	时间型	DATE	日期类型：年-月-日(形如 YYYY-MM-DD)
		TIME	时间类型：时：分：秒(形如 HH：MM：SS)
		TIMESTAMP	时间戳类型(DATE 加 TIME)
	布尔型	BOOLEAN	值为 TRUE(真)、FALSE(假)、UNKNOWN(未知)
	大对象	CLOB 与 BLOB	字符型大对象和二进制大对象数据类型值为大型文件、视频、音频等多媒体数据
构造数据类型	由特定的保留字和预定义数据类型构造而成，如用“ARRAY”定义的聚合类型，用“ROW”定义的行类型，用“REF99”定义的引用类型等		
自定义数据类型	是一个对象类型，是由用户按照一定的规则用预定义数据类型组合定义的自己专用的数据类型		

说明：许多数据库产品还扩充了其他一些数据类型，如 TEXT(文本)、MONEY(货币)、GRAPHIC(图形)、IMAGE(图像)、GENERAL(通用)、MEMO(备注)等。

在 SQL 中有不同的数据类型，允许不同类型的数据存储在数据库中，不管是简单的字母还是小数，不管是日期还是时间。数据类型的概念在所有的语言中都一样。

4.2 数据定义

SQL 的数据定义功能包括模式定义、表定义、视图定义和索引定义，如表 4-3 所示。由于视图是基于基本表的虚表，索引是依附于基本表的，因此 SQL 通常不提供修改视图定义和修改索引定义的操作。用户如果想修改视图定义或索引定义，只能先将它们删除掉，然后再重建。不过有些产品如 Oracle 允许直接修改视图定义。

表 4-3 SQL 的数据定义语句

操作对象	操作方式		
	创建	删除	修改
模式	CREATE SCHEMA	DROP SCHEMA	
表	CREATE TABLE	DROP TABLE	ALTER TABLE
视图	CREATE VIEW	DROP VIEW	
索引	CREATE INDEX	DROP INDEX	

4.2.1 模式的定义与维护

模式也称逻辑模式或概念模式，是数据库中全体数据的逻辑结构和特征的描述，是所有用户的公共数据视图。模式实际上是数据库数据在逻辑级上的视图。一个数据库只有一个模式。定义模式时不仅要定义数据的逻辑结构，而且要定义数据之间的联系，定义与数据有关的安全性、完整性要求。

1. 定义模式

在 SQL 中，模式定义语句如下：

CREATE SCHEMA＜模式名＞ AUTHORIZATION ＜用户名＞

如果没有指定＜模式名＞，那么＜模式名＞隐含为＜用户名＞。

要创建模式，调用该命令的用户必须拥有 DBA 权限，或者获得了 DBA 授予的 CREATE SCHEMA 的权限。

例如，定义一个班级-课程模式 C-T

CREATE SCHEMA“C-T”AUTHORIZATION ME；

为用户 ME 定义了一个模式 C-T。

若语句是：

CREATE SCHEMA AUTHORIZATION ME；

该语句没有指定＜模式名＞，所以＜模式名＞隐含为用户名 ME。

定义模式实际上定义了一个命名空间，在这个空间中可以进一步定义该模式包含的数据库对象，例如基本表、视图、索引等。

在 CREATE SCHEMA 中可以接受 CREATE TABLE，CREATE VIEW 和 GRANT 子句。也就是说用户可以在创建模式的同时在这个模式定义中进一步创建基本表、视图，定义授权。即

CREATE SCHEMA<模式名>AUTHORIZATION<用户名>[<表定义子句>|<视图定义子句>|<授权定义子句>]

2. 删除模式

在 SQL 中，删除模式语句如下：

DROP SCHEMA <模式名><CASCADE|RESTRICT>

其中 CASCADE 和 RESTRICT 两者必选其一。

选择了 CASCADE(级联)，表示在删除模式的同时把该模式中所有的数据库对象全部一起删除。

选择了 RESTRICT(限制)，表示如果该模式中已经定义了下属的数据库对象(如表、视图等)，则拒绝该删除语句的执行。只有当该模式中没有任何下属的对象时才能执行 DROP SCHEMA 语句。

例如，DROP SCHEMA YOU CASCADE;

该语句删除了模式 YOU，并且该模式中已经定义的表 TAB1 也一并删除了。

4.2.2　基本表的定义与维护

基本表(Base Table)是独立存放在数据库中的表，是实表。在 SQL 中，一个关系就对应一个基本表。基本表的创建操作并不复杂，复杂的是表应该包含哪些内容，这是在数据库设计阶段的主要任务。创建表时，需要考虑的主要问题包括：表中包含哪些字段，字段的数据类型、长度、是否为空，建立哪些约束，等等。

1. 定义表

创建了一个模式，就建立了一个数据库的命名空间、一个框架。在这个空间中首先要定义的是该模式包含的数据库基本表。

SQL 语言使用 CREATE TABLE 语句定义基本表，其基本格式如下：

CREATE TABLE<表名>(<列名><数据类型>[列级完整性约束条件]

[,<列名><数据类型>[列级完整性约束条件]]

…

[,<表级完整性约束条件>]);

说明：

①建表时可以定义与该表有关的完整性约束条件。约束条件被存入 DBMS 的数据字典中。当用户操作表中数据时，由 DBMS 自动检查该操作是否违背这些完整性约束条件。如果

完整性约束条件涉及该表的多个属性列，则必须定义在表级上，称为表级完整性约束条件，否则完整性约束条件既可以定义在列级，也可以定义在表级。定义在列级的完整性约束条件称为列级完整性约束条件。

SQL 的列级完整性条件有以下几种。

· NOT NULL 或 NULL 约束。NOT NULL 约束不允许列值为空，而 NULL 约束允许列值为空。列值为空的含义是该分量“不详”、“含糊”、“无意义”或“无”。对于关系的主属性，必须限定是“NOT NULL”，以满足实体完整性；而对于一些不重要的列，如学生的爱好、特长等，则可以不输入列值，即允许为 NULL 值。

· UNIQUE 约束(唯一性约束)。即不允许该关系的该列中出现有重复的列值。

· DEFAULT 约束(默认值约束)。将列中的使用频率最高的值定义为 DEFAULT 约束中的默认值，可以减少数据输入的工作量。DEFAULT 约束的格式如下：

DEFAULT＜约束名＞＜默认值＞FOR＜列名＞

· CHECK 约束(检查约束)。通过约束条件表达式设置列值应满足的条件。列级约束的约束条件表达式中只涉及一个列的数据。如果约束条件表达式涉及多列，则它就成为表级的约束条件，应当作为表级完整性条件表示。CHECK 约束的格式如下：

CONSTRAINT＜约束名＞CHECK(＜约束条件表达式＞)

②在为对象选择名称时，特别是表和列的名称，最好使名称反映出所保存的数据的含义。比如学生表名可定义为 students，姓名属性可定义为 name 等。

③表中的每一列的数据类型可以是基本数据类型，也可以是用户预先定义的数据类型。

2. 更新表

随着应用环境和需求的变化，有时需要修改已建立好的基本表(即修改关系模式)。对基本表的修改允许增加新的属性，但是一般不允许删除属性，确实要删除一个属性，必须先将该基本表删除掉，再重新建立一个新的基本表并装入数据。增加一个属性不用修改已经存在的程序，而删除一个属性必须修改那些使用了该属性的程序。

SQL 语言使用 ALTER TABLE 命令来完成这一功能，其一般格式如下：

ALTER TABLE＜表名＞
[ADD＜新列名＞＜数据类型＞[完整性约束]]
[DROP＜完整性约束名＞]
[ALTER COLUMN＜列名＞ ＜数据类型＞]；

其中，ADD 子句用于增加新列和新的完整性约束条件；DROP 子句用于删除完整性约束；DROP COLUMN 子句用于删除列；ALTER COLUMN 子句用于修改原有的列定义，包括修改列名和数据类型。

注意，使用 ALTER 方式有如下限制：

①不能改变列名。

②不能将含有空值的列的定义修改为 NOT NULL 约束。

③若列中已有数据，则不能减少该列的宽度，也不能改变其数据类型。

④只能修改 NULL|NOT NULL 约束，其他类型的约束在修改之前必须先将约束删除，

然后再重新添加修改过的约束定义。

3. 删除表

基本表的删除使用 DROP TABLE 命令，删除表时会将与表有关的所有对象一起删掉。基本表一旦删除，表中的数据、在此表上建立的索引都将自动被删除掉，而建立在此表上的视图虽仍然保留，但已无法引用。如果重新恢复该表，这些视图可重新使用。

执行删除操作一定要格外小心。具体的语法格式如下：

DROP TABLE <表名>[RESTRICT | CASCADE]

若使用了 RESTRICT 选项，并且表被视图或约束引用，DROP 命令不会执行成功，会显示一个错误提示。如果使用了 CASCADE 选项，删除表的同时也将全部引用视图和约束删除。

4.2.3 视图的创建与维护

视图实际上就是给查询语句指定一个名字，将查询语句定义为一个独立的对象保存。

1. 视图的创建

创建视图的方法有三种：第一种是使用 SQL Server Management Studio 创建视图；第二种是使用 T-SQL 语句创建视图；第三种是利用模板管理器建立视图。

SQL 语言中使用 CREATE VIEW 命令来创建视图，其一般语法格式如下：

CREATE VIEW<视图名>[(<列名>[,<列名>]…)]
AS <SQL 子查询语句>
[WITH CHECK OPTION]

其中，视图名的命名规则与基本表的命名规则相同。<SQL 子查询语句>可以是任意复杂的 SELECT 语句，但通常不允许含有 ORDER BY 子句和 DISTINCT 短语。

WITH CHECK OPTION 表示对视图进行 UPDATE、INSERT 和 DELETE 操作时要保证更新、插入或删除的行满足<SQL 子查询语句>中的条件表达式的条件。

2. 视图的修改

使用 T-SQL 语句修改视图，首先必须拥有使用视图的权限，然后才能使用 ALTER VIEW 语句，该语句的语法格式如下：

ALTERVIEW[SCHEMANAME.]VIEW_NAME|(COLUMN|, … n[)]
|WITH|ENCRYPTION[[SCHEMABINDING]]VIEW_METADATA]]
AS SELECT_STATEMENT[;]
[WITH CHECK OPTION]

3. 视图的删除

对于不具备存在意义的视图，可以通过 DROP VIEW 语句把视图的定义从数据库中删除。删除视图，就是将其定义和赋予它的全部权限全部删除掉。在 DROP VIEW 语句中，多个不再需要的视图也可同时删除。

删除视图的语法格式如下：

DROP VIEW＜视图名＞[CASCADE]；

可以使用该命令同时删除多个视图，只需在要删除的各视图名称之间用逗号隔开即可。

删除视图仅仅是从系统中的数据字典中删除了视图的定义，并没有删除数据，不会影响基本表中的数据。只有视图的拥有者或有 DBA 权限的用户才能删除。若该视图被其他视图引用，删除后引用视图将不能正常使用。此时可以带上 CASCADE 来级联删除本视图和导出引用的所有视图。

4.2.4 索引的创建与维护

索引能够提供以一列或多列的值为基础迅速查找或存取表中行的能力。检索时首先通过搜索索引找到特定的值，然后跟踪指针到达包含该值的行。可以为表中的单个列建立索引，也可以为若干列建立索引。

1. 创建索引

在基本表上建立一个或多个索引，可以提供多种存取路径，加快查找速度。SQL 新标准不主张使用索引，而是以在创建表时直接定义主键，一般系统会自动在主键上建立索引。有特殊需要时，建立与删除索引由数据库管理员 DBA（或表的属主）负责完成。

在基本表上可建立一个或多个索引，目的是提供多种存取路径，加快查找速度。建立索引的一般格式如下：

CREATE [UNIQUE][CLUSTER]INDEX＜索引名＞

ON＜表名＞(＜列名 1＞[＜次序＞][,＜列名 2＞[＜次序＞]]…)

其中，＜表名＞指定要建索引的基本表的名字。索引可以建立在该表的一列或多列上，各列名之间用逗号分隔。每个＜列名＞后面还可以用＜次序＞指定索引值的排列次序，包括 ASC（升序）和 DESC（降序）两种，默认值为 ASC。

2. 删除索引

索引一经创建，就由系统使用和维护，无须用户进行干预。建立索引是为了减少查询操作的时间，若如果数据增、删、改频繁，系统会花费许多时间来维护索引。因此，在必要的时候，可以使用 DROP INDEX 语句撤销一些不必要的索引。其格式如下：

DROP INDEX ＜索引名＞[,…*n*]

其中，＜索引名＞是要撤销的索引的名字。撤销索引时，系统会同时从数据字典中删除有关对该索引的描述。一次可以撤销一个或多个指定的索引，索引名之间用逗号间隔。

4.3　数据查询

数据查询是数据库的核心操作，是 SQL 数据操纵功能的重要组成部分。在数据库的实际应用中，用户最经常使用的操作就是查询操作。其功能是指根据用户的需要以一种可读的方式从数据库中提取所需的数据，由 SQL 数据操纵语言的 SELECT 语句实现。SELECT 语句是 SQL 中用途最广泛的语句，具有灵活的使用方式和十分强大的功能。

SQL 的数据查询语句(SELECT)之所以功能强大，是由于该语句的成分丰富多样，有许多可选的形式。灵活地运用 SELECT 语句可从数据库中查询到你所需要的各种信息。

4.3.1　SELECT 查询语句

一个完整的 SELECT 语句包括 SELECT、FROM、WHERE、GROUP BY 和 ORDER BY 子句，它具有数据查询、统计、分组和排序的功能。SQL 的所有查询都是利用 SELECT 语句完成的，它对数据库的操作十分方便灵活，原因在于 SELECT 语句中的成分丰富多彩，有许多可选形式，尤其是目标列和条件表达式。

SELECT 语句及各子句的一般格式如下：

SELECT[ALL|DISTINCT][＜目标列表达式＞[,…n]]

FROM＜表名或视图名＞[,＜表名或视图名＞,…]

[WHERE＜条件表达式＞]

[GROUP BY＜列名 1＞[HAVING＜条件表达式＞]]

[ORDER BY＜列名 2＞[ASC|DESC],…]；

通过以上语句可从指定的基本表或视图中，选择满足条件的元组，并对其进行分组、统计、排序和投影，形成查询结果集。其中，SELECT 和 FROM 语句为必选子句，其他子句为任选子句。

上述整个 SELECT 语句的含义是根据 WHERE 子句的条件表达式，从 FROM 子句指定的表或视图中找出满足条件的元组，再按 SELECT 子句的目标列表达式，选出元组中的属性值形成结果表。如果有 GROUP 子句，则将结果按(列名 1)的值进行分组，该属性列的值相等的元组为一个组。如果 GROUP 子句带 HAVING 短语，则只有满足指定条件的组才予以输出。如果有 ORDER 子句，则结果表还要按(列名 2)的值的升序(ASC)或降序(DESC)排列。

1. SELECT 子句

SELECT 子句主要用于指明查询结果集的目标列。其中，＜目标列表达式＞是指查询结果集中包含的列名，可以是直接从基本表或视图中投影得到的字段、与字段相关的表达式或数据统计的函数表达式，目标列还可以是常量；DISTINCT 说明要去掉重复的元组；ALL 表示所有满足条件的元组。＜SELECT 表达式＞可以是字段名，也可以是与字段有关的系统函数；列名用于指定输出时使用的列标题，它不同于字段名；在 SELECT 子句中，省略＜目标列表达式＞表示结果集中包含＜表名或视图名＞中的所有列也可以用 * 号来表示查询表达式。

若目标列中使用了两个基本表或与视图中相同的列名，则要在列名前加表名限定，即使用“＜表名＞.＜列名＞”表示。

2. FROM 子句

FROM 子句用于指明要查询的数据来自哪些基本表或视图。查询操作需要的基本表或视图名之间用“,”间隔。

若查询使用的基本表或视图不在当前的数据库中，则需要在表或视图前加上数据库名进行说明，即“＜数据库名＞.＜表名＞”的形式。

若在查询中需要一表多用，则每种使用都需要一个表的别名标识，并在各自使用中用不同的基本表别名表示。定义基本表别名的格式为“＜表名＞＜别名＞”。

3. WHERE 子句

WHERE 子句通过条件表达式描述对基本表或视图中元组的选择条件。DBMS 处理语句时，以元组为单位，逐个考察每个元组是否满足 WHERE 子句中给出的条件，将不满足条件的元组筛选掉，因此 WHERE 子句中的表达式也称为元组的过滤条件，它比关系代数中的公式更加灵活。

4. GROUP BY 子句

GROUP BY 子句作用是将结果集按＜列名 1＞的值进行分组，即将该列值相等的元组分为一组，每个组产生结果集中的一个元组，可以实现数据的分组统计。当 SELECT 子句后的＜目标列表达式＞中有统计函数，且查询语句中有分组子句时，则统计为分组统计，否则为对整个结果集的统计。

5. HAVING 子句

HAVING 子句用在 GROUP BY 子句中，增加限制条件。一般情况下，如果没有 GROUP BY 子句，即不分组，则限制条件写在 WHERE 子句中。WHERE 子句与 HAVING 子句的区别在于：WHERE 子句的作用对象是表，SELECT 语句依据 WHERE 子句限定的条件，筛选出满足条件的记录；HAVING 子句的作用对象是由 GROUP BY 子句所分组产生的列表，HAVING 子句从列表中选择出满足条件的记录。

6. ORDER BY 子句

ORDER BY 子句是对结果集按＜列名 2＞的值的升序(ASC)或降序(DESC)进行排序。查询结果集可以按多个排序列进行排序，根据各排序列的重要性从左向右列出。

整个过程是：根据 WHERE 子句的条件表达式，从 FROM 子句指定的基本表或视图中找出满足条件的元组，再按 SELECT 子句中的目标列表达式选出元组中的列值形成结果集。如果有 GROUP 子句，则将结果集按＜列名 1＞的值进行分组，该列值相等的元组为一个组，每个组产生结果集中的一个元组。如果 GROUP BY 子句后带 HAVING 短语，则只有满足指定条件的组才予以输出。如果有 ORDER BY 子句，则结果集还要按<列名 2>的值的升序或降序进行排序。

此外，SQL 还提供了为属性重新命名的机制，这对从多个关系中查出的同名属性以及计算表达式的显示非常有用。它是通过使用具有如下形式的 AS 子句来进行的：

<原名>AS<新名>

在实际应用中有的 DBMS 可省略“AS”。

4.3.2　简单查询

1. 简单查询语句

(1)选择所有字段

SELECT 语句后的第一个子句，即 SELECT 关键字开头的子句，用于选择进行显示的列。如果要显示数据表中的所有列时，SELECT 子句后用星号(*)表示。

(2)选择部分字段

在查询表时，大多数情况下只显示所需要的字段。这时在 SELECT 子句后分别列出各个字段名称即可。

(3)不显示重复记录

DISTINCT 关键字主要用来从 SELECT 语句的结果集中去掉重复的记录。如果没有 DISTINCT 关键字，系统将返回所有符合条件的记录组成结果集，重复的记录也会包括在内。

2. 对查询结果排序

对查询结果进行的排序可通过在 SELECT 语句中加入 ORDER BY 子句来实现。其语法形式如下：

ORDER BY 次序表达式[ASC|DESC]

其中，默认为 ASC 表示升序，DESC 表示降序。

3. 对查询结果分组

GROUP BY 子句可以将表的行划分为不同的组。分别总结每个组，这样就可以控制想要看到的详细信息的级别。其语法形式如下：

GROUP BY 分组表达式

(1)按单列分组

GROUP BY 子句可以基于指定某一列的值将数据集合划分为多个分组，同一组内所有记录在分组属性上具有相同值。

(2)按多列分组

GROUP BY 子句可以基于指定多列的值将数据集合划分为多个分组。

(3)与 HAVING 一起用

分组之前的条件要使用 WHERE 关键字，而分组之后的条件要使用关键字 HAVING

子句。

使用 GROUP BY 子句需要注意以下事项：

①在 SELECT 子句的字段列表中，除了聚合函数外，其他字段出现的前提是一定要 GROUPBY 子句中有定义才可以。例如“GROUP BY X,Y”，那么“SELECT SUM (X),Z”就有问题，因为 Z 不在 GROUPBY 子句中，但是 SUM(X)是可以的。

②SELECT 子句的字段列表中至少要用到 GROUP BY 子句列表中的一个项目。如有“GROUP BY X,Y,Z”，则“SELECT X”是可以的。

③在 SQL Server 中 text、ntext、image 等数据类型的字段不能作为 GROUP BY 子句的分组依据。

4. 使用聚合函数进行查询

SQL Server 提供一组聚合函数，通过这些聚合函数能够有效实现数据统计等功能，用于对一组值进行计算并返回一个单一的值。聚合函数常与 SELECT 语句的 GROUP BY 子句一起使用。常用的聚合函数如表 4-4 所示。

表 4-4　常用的聚合函数

函数名	功　能
SUM(列名)	对指定列中的所以非空值求和
AVG(列名)	对指定列中的所有非空值求平均值
MAX(列名)	返回指定列中的最大数字、最大的字符串和最近的日期时间
MIN(列名)	返回指定列中的最小数字、最小的字符串和最小的日期时间
COUNT(列名)	统计指定列的数据记录的行数

4.3.3　条件查询

WHERE 子句是用来选取需要检索的记录。一个表通常有数千条记录，在查询结果中，用户往往需要的仅是其中的一部分记录，这时需要使用 WHERE 子句指定一系列的查询条件。WHERE 子句基本语法如下：

WHERE 查询限定条件

1. 比较查询条件

由比较运算符连接表达式组成了比较查询条件。系统根据查询条件的真假来决定某一条记录是否满足该查询条件，只有满足该查询条件的记录才会出现在结果集中。SQL Server 的比较运算符如表 4-5 所示。

表 4-5　比较运算符

运算符	说明	运算符	说明
＝	等于	＜＝	小于等于
＞	大于	！＞	不大于
＜	小于	！＜	不小于
＞＝	大于等于	＜＞或！＝	不等于

需要注意的是：搜索满足条件的记录行，要比消除所有不满足条件的记录行快，所以，将否定的 WHERE 条件改写为肯定的条件将会提高性能。

2. 范围查询条件

当需要返回位于两个给定的值之间的某一个数据值时，可使用范围条件进行查询。通常使用 BEWEEN…AND…和 NOT…BETWEEN…AND…来将范围条件制定出来。

使用 BETWEEN…AND…查询条件时，指定的第一个值必须小于第二个值，等价于比较运算符（＞＝…＜＝）。

NOT…BETWEEN…AND…语句返回在两个指定值的范围之外的，但两个指定值的某个数据值并不包括在内。

3. 列表查询条件

当要测试一个数据值是否匹配一组目标值中的一个时，通常使用关键字 IN 来指定列表搜索条件。其语法形式如下：

IN（目标值 1，目标值 n）

IN 运算符可以与 NOT 配合使用排除特定的行，并需要对一个数据值是否不匹配任何目标值进行测试。

4. 模糊 LIKE 查询

有时用户对要查询的数据表中数据还缺少全面了解，如不能确定所要查询图书的确切名称而只知道书名里包含“数据库”等，这时需要使用 LIKE 关键字来进行模糊查询。LIKE 关键字需要使用通配符在字符串内查找指定的模式。通配符的含义如表 4-6 所示。

表 4-6　通配符

通配符	说明
%	由零个或更多字符组成的任意字符串，能匹配 0 个或更多个字符的任意长度的字符串
_	任意单个字符，该符号只能匹配一个字符
[]	用于指定范围，例如[A－F]，表示 A～F 范围内的任何单个字符，包括两端数据
[^]	表示指定范围之外的，例如[^A－F]表示 A～F 范围以外的任何单个字符，它不包括两端数据

在很多情况下，在 WHERE 子句中仅仅使用一个条件想要准确地检索到数据几乎是不可能的，可以使用逻辑运算符 NOT、AND 和 OR。

4.3.4 嵌套查询

在 SQL 语言中，WHERE 子句可以包含另一个称为子查询的查询，即在 SELECT 语句中先用子查询查出某个(些)表的值，主查询根据这些值再去查另一个(些)表的内容。

其中，外层的 SELECT 查询语句叫外部查询，内层的 SELECT 查询语句叫子查询。子查询也可以再嵌套子查询。

子查询总是括在圆括号中，作为表达式的可选部分出现在条件比较运算符的右边，并且可有选择地跟在 IN、SOME(ANY)、ALL 和 EXIST 等谓词后面。

1. 带有 IN 谓词的子查询

带有 IN 谓词的子查询是指父查询与子查询之间用 IN 进行连接，判断某个属性列值是否在子查询的结果中。由于在嵌套查询中，子查询的结果往往是一个集合，所以谓词 IN 是嵌套查询中最经常使用的谓词。

【例 4.1】查询价格在 850 元以上的物资入库信息。

使用的查询语句如下：

SELECT Rq，Rkh，Wzbm，Gms，Srs，Price FROM Wzrkb

WHERE Wzbm IN f SELECT Wzbm FROM Wzbmb WHERE Price>850；

得到的结果如下：

Rq	Rkh	Wzbm	Grns	Srs	Price
2002/12/01	0003	010301	80	80	1000

此命令先在 Wzbmb 表中进行子查询得到价格大于 850 元的物资的 Wzbm 集合，再从 Wzrkb 表中查找 Wzbm 字段值在此集合中的所有记录，从而得到以上执行结果。

2. 带有谓词 ANY 或 ALL 的嵌套查询

谓词 ANY 和 ALL 的一般格式如下：

<比较运算符>ANY 或 ALL<子查询>

子查询返回单值时可以用比较运算符，但返回多值时要用 ANY(有的系统用 SOME)或 ALL 谓词修饰符。将<比较运算符>与谓词 ANY 或 ALL 一起使用，可以表达值与查询结果中的一些或所有的值之间的比较关系。而使用谓词 ANY 或 ALL 时必须与比较符配合使用。ANY 和 ALL 与比较符结合后的语义如下：

• >ANY　大于子查询结果中的某个值，即大于查询结果中的最小值。

• >ALL　大于子查询结果中的所有值，即大于查询结果中的最大值。

• <ANY　小于子查询结果中的某个值，即小于查询结果中的最大值。

• <ALL　小于子查询结果中的所有值，即小于查询结果中的最小值。

• >=ANY　大于等于子查询结果中的某个值，即表示大于等于查询结果中的最小值。

• ＞＝ALL　　大于等于子查询结果中的所有值，即表示大于等于查询结果中的最大值。

• ＜＝ANY　　小于等于子查询结果中的某个值，即表示大于等于查询结果中的最大值。

• ＜＝ALL　　小于等于子查询结果中的所有值，即表示大于等于查询结果中的最小值。

• ＝ANY　　等于子查询结果中的某个值。

• ＝ALL　　等于子查询结果中的所有值(通常没有实际意义)。

• ！＝(或＜＞)ANY　　不等于子查询结果中的某个值。

• ！＝(或＜＞)ALL　　不等于子查询结果中的任何一个值。

有时聚集函数实现子查询通常比直接用 ANY 或 ALL 查询效率要高。具体的聚集函数与 ANY、ALL 的对应关系见表 4-7 所示。

表 4-7　ANY(或 SOME)、ALL 谓词与聚集函数、IN 谓词的等价转换关系

	＝	＜＞或！＝	＜	＜＝	＞	＞＝
ANY	IN	——	＜MAX	＜＝MAX	＞MIN	＞＝MIN
ALL	——	NOT IN	＜MIN	＜＝MIN	＞MAX	＞＝MAX

从表 4-7 可知，＝ANY 等价于 IN 谓词，＜ANY 等价于＜MAX，＜＞ALL 等价于 NOT IN 谓词，＜ALL 等价于＜MIN，等。

【例 4.2】查询物资价格小于任何一种型号规格为“25×1000”的物资价格的物资信息。

使用的查询语句如下：

```
SELECT *
FROM Wzbmb
WHERE Price<ANY(SELECT Price FROM Wzbmb WHERE Xhgg='25×1000');
```

得到的结果如下：

```
Wzbm      Wzmc       Xhgg       Jldw   Price
020102    20 铜管材   20×1000     根     80
020103    15 铜管材   15×1000     根     70
020201    25 铝管材   25×1000     根     70
```

此命令先进行子查询得到型号规格为“25×1000”的物资的价格集(90，70)，再从 Wzbmb 表中查找价格低于 90 元或者低于 70 元的所有物资记录。

3. 带有 EXISTS 谓词的查询

谓词 EXISTS 的格式如下：

EXISTS ＜子查询＞

带有 EXISTS 谓词的子查询不返回任何数据，主要用于判断子查询结果是否存在，只产生逻辑真值“true”或逻辑假值“false”。当子查询结果集非空，即至少有一个元组时，会返回逻辑真值“true”，结果集为空时返回逻辑假值“false”。

【例 4.3】查询没有领取任何物资的单位编码及名称。

使用的查询语句如下：

```
SELECT Dwbm,Dwmc
FROM Dwbmb
WHERE NOT EXISTS(SELECT * FROM Wzlkb WHERE Dwbmb.Dwbm=Dwbm);
```

得到的结果如下：

Dwbm	Dwmc
0121	一分厂生产科
0201	二分厂一车间
0202	二分厂二车间
0221	二分厂生产科

此命令表示从单位编码表中除去那些在物资出库表中有记录的单位，也就是说得到的查询结果中不存在这样的单位，它在物资出库表中有领取物资的记录。

使用存在量词 EXISTS 后，若内层查询结果非空，则外层的 WHERE 子句返回真值，否则返回假值。由 EXISTS 引出的子查询，其目标列表达式通常都用 *，因为带 EXISTS 的子查询只返回真值或假值，给出列名无实际意义。

与 EXISTS 谓词行对应的是谓词 NOT EXISTS，在使用谓词 NOT EXISTS 后，若内层查询结果集为空，则外层的 WHERE 子句返回真值，否则返回假值。

某些带 EXISTS 或 NOT EXISTS 谓词的子查询不能被其他形式的子查询等价替换，但所有带 IN 谓词、比较运算符、ANY 和 ALL 谓词的子查询都能用带 EXISTS 谓词的子查询等价替换。

由于带 EXISTS 量词的相关子查询只关心内层查询是否有返回值，并不需要查具体值，因此其效率并不一定低于不相关子查询。

4. 带有比较运算符的子查询

当能肯定子查询的返回值为单值时，则可以直接使用条件比较运算符来构造查询命令。

【例 4.4】查询物资价格不等于“25 铝管材”价格的物资信息。

使用的查询语句如下：

```
SELECT *
FROM Wzbmb
WHERE Price<>(SELECT Price FROM Wzbmb WHERE Wzmc='25 铝管材');
```

得到的结果如下：

Wzbm	WzrIlc	Xhgg	Jldw	Price
010101	铍铜合金	铍铜合金	kg	800
010201	铅钙合金	铅钙合金	kg	750
010301	铅锑合金	铅锑合金	kg	1000

010401	锆镁合金	锆镁合金	kg	1200
020101	25 铜管材	25x1 000	根	90
020102	20 铜管材	20x1 000	根	80

此命令先进行子查询得到“25 铝管材”的价格为 70 元，再从 Wzbmb 表中查找价格不等于 70 元的所有物资记录。

4.3.5　连接查询

在数据库的应用中，从多个相关的表中查询数据的操作比较频繁，如果多个表之间存在关联关系，则可以通过连接查询同时查看各表的数据。连接查询主要包括内连接、外连接和交叉连接。

可在 FROM 或 WHERE 子句中指定连接条件。连接条件与 WHERE 和 HAVING 搜索条件组合，用于控制 FROM 子句中的基表所选定的行。

在 FROM 子句中指定连接条件，有助于将这些连接条件与 WHERE 子句中可能指定的其他搜索条件分开。这种方法的使用建议在指定连接时使用。简单的子句连接语法如下：

FROM 表 1 连接类型 表 2 [ON 连接条件]

其中，连接类型指定所执行的连接方式，包括内连接、外连接或交叉连接。

1. 内连接

内连接一般是最常使用的，还可以称为自然连接，它是用比较运算符比较要连接列的值的连接。它是通过(INNER JOIN 或者 JOIN)关键字把多表进行连接。语法如下：

SELECT 列名 1，列名 *n*

FROM 表 1 INNER JOIN 表 2

ON 表 1.列名＝表 2.列名

内连接就是将参与的数据表中的每列与其他数据表的列相匹配，形成临时数据表，并将满足数据项相等的记录从临时数据表中选择出来。

2. 外连接

外连接(Outer Join)是连接(Join)的扩展。外连接允许在结果表中保留非匹配记录，其作用是避免连接操作时丢失信息。

外连接表示方法是在连接谓词的某一边加符号冰(有的 DBMS 中用＋)，它分为三类：如果外连接符出现在连接条件的右边称为右外连接；如果连接符出现在连接条件的左边称为左外连接；如果两边均出现则称为全外连接，其结果保留左右两边关系的所有记录。

左外连接的语法如下：

SELECT 列名 1，列名 *n*

FROM 表 1 LEFTOUTER JOIN 表 2

ON 表 1.列名＝表 2.列名

其中，OUTER 可省略。

右外连接的语法为：

SELECT　列名 1,列名 n

FROM　表 1　RIGHTOUTERJOIN 表 2

ON 表 1. 列名＝表 2. 列名

类似于左外连接,OUTER 也可省略。

全外连接的语法如下：

SELECT　列名 1,列名 n

FROM　表 1 FULLOUTERJOIN　表 2

ON　表 1. 列名＝表 2. 列名

类似于前两个连接,OUTER 可省略。

3. 交叉连接

交叉连接(Cross Join)的结果集中,两个表中每两个可能成对的行占一行。WHERE 子句在交叉连接中并未使用。在数学上,交叉连接就是表的笛卡儿积,即它查询出来的记录行数为两张表记录行数的乘积,对应记录也就是表 1×表 2。

4.3.6　集合查询

集合查询属于 SQL 关系代数运算中的一个重要部分,是实现查询操作的一条新途径。由于 SELECT 语句执行结果是记录的集合,所以多个 SELECT 的结果可以进行集合操作,主要包括 UNION(并)、INTERSECT(交)、EXCEPT/MINUS(差)。

SELECT＜语句 1＞

　UNION[INTERSECT|EXCEPT][ALL]

SELECT＜语句 2＞

或 SELECT{

FROM TABLE＜表名 1＞UNION[INTERSECT|EXCEPT][ALL]TABLE＜表名 2＞;

用此命令可实现多个查询结果集合的并、交、差运算。

1. UNION

UNION 用于实现两个基表的并运算。UNION 操作的结果表中,不存在两个重复的行,若在 UNION 后加 ALL 则可以使两个表中相同的行在合并后的结果表中重复出现。

并操作 UNION 的格式：

＜查询块＞

UNION [ALL]

＜查询块＞

注意:参加 UNION 操作的各结果表的列数必须相同;对应项的数据类型也必须相同。

2. INTERSECT

INTERSECT 用于实现两个基表的交运算。标准 SQL 中没有提供集合交操作，但可用其他方法间接实现。

商用系统中提供的交操作，形式同并操作：

＜查询块＞

INTERSECT

＜查询块＞

注意：参加交操作的各结果表的列数必须相同；对应项的数据类型也必须相同。

3. EXCEPT/MINUS

EXCEPT/MINUS 用于实现两个基表的差运算。标准 SQL 中没有提供集合差操作，但可用其他方法间接实现。

商用系统中提供的差操作，形式同并操作：

＜查询块＞		＜查询块＞
MINUS	或	EXCEPT
＜查询块＞		＜查询块＞

注意：要求参加差操作的各结果表的列数必须相同；对应项的数据类型也必须相同。

集合运算作用于两个表，这两个表必须是相容可并的，即字段数相同，对应字段的数据库类型必须兼容（相同或可以互相转换），但这也不是要求所有字段都对应相同，只要用 CORRESPONDING BY 指明做操作的对象字段（共同字段）的字段名即可运算。

4.4　数据更新

数据更新是指向关系中插入数据，修改或删除关系中已有的数据。想要这些操作的话，需要使用 SQL 的更新语句：插入（INSERT）、修改（UPDATE）和删除（DELETE）。

4.4.1　数据的插入

SQL 的数据插入语句不外乎以下两种使用形式：一种是使用常量，一次插入一个元组；另一种是使用常量一次插入多个元组（SQL3 的新增功能）或使用子查询的结果，一次插入多个元组。

1. 插入单个元组

使用常量插入单个元组的 INSERT 语句格式如下：

INSERT

INTO(＜表名＞[＜列名 1＞[,＜列名 2＞…])

VALUES(＜常量1＞[,＜常量2＞]…);

上述语句的功能是将新元组插入指定表中，新记录＜列名1＞的值为＜常量1＞，＜列名2＞的值为＜常量2＞，……如果INTO子句中有列名项，则没有出现在子句中的列将取空值，假如这些列已定义为NOT-NULL，将会出错。如果INTO子句中没有指明任何列名，则新插入的记录必须在每个列上均有值。

要注意以下几点：

①VALUES后的元组值中列的顺序务必要同基本表的列名表保持一一对应的关系，它们的数据类型必须一致。

②如果基本表后不跟列名表，则表示在VALUES后的元组值为基本表的每个列提供了要插入的值(可以为空)，值的顺序和基本表中定义列的顺序务必要保持一致。

③如果基本表后有列名表，则在定义关系模式时被定义为主键，非空的属性列，必须出现在列名表中，否则在插入数据时会出错。

④如果基本表后有列名表，则表示在VALUES后的元组值中只提供了列名表对应属性要插入的值，并且值的顺序与列名表的顺序是相同的，插入该元组后，列名表中没有列出的属性值则取空值(NULL)。

2.插入多个元组

插入多个元组的INSERT语句有两种形式。其中一种是SQL3提供的使用常量一次插入多个元组，其语句格式如下：

INSERT

INTO＜基本表名＞[(＜列名表＞)]

VALUES(元组值),(元组值)…

如果插入的数据需要经过查询才能得到，另一种形式的一次插入多个元组的INSERT语句就会被使用到，即使用带子查询的INSERT语句。SQL允许将查询语句嵌到数据插入语句中，以便待查询得到的结果集作为批量数据插入到表中。其语句格式如下：

INSERT

INTO＜基本表名＞[＜列名表＞]

SELECT 语句

4.4.2 数据的修改

SQL修改数据操作语句是UPDATE语句，一般格式如下：

UPDATE ＜表名＞

SET ＜列名1＞=＜表达式1＞[,＜列名2＞=＜表达式2＞…]

[WHERE＜条件＞]

SQL的修改数据语句一次只能对一个表中的数据进行修改，其功能是将＜表名＞中那些符合WHERE子句条件的元组的某些列，用SET子句中给出的表达式的值替代。如果UPDATE语句中无WHERE子句，则表示要修改指定表中的全部元组。在UPDATE的

WHERE 子句中，也可以嵌入查询语句。

在 SET 子句中可以使用表达式，而表达式中可以包含子查询。这样就可以用子查询从其他表中取出数据，作为 SET 子句中的新值，修改表的内容，使 UPDATE 的能力更为灵活。这样的 UPDATE 语句格式如下：

UPDATE<表名>

SET(<列名 1>,<列名 2>,…=)(<子查询>)

[WHERE<条件表达式>]

注意，如果 SET 子句含有一个子查询，则只能返回一行(行子查询)，而且在子查询的 SELECT 语句返回的值将赋给括号中列表所指定的列；如果括号内列表只含一列，则不需要括号。

4.4.3　数据的删除

当关系表中的某些记录数据的存在不再必要时，可以使用 DELETE 语句进行删除，其语句格式如下：

DELETE

FROM<基本表名>

[WHERE<条件表达式>]

DELETE 语句的功能是从指定表中删除满足 WHERE 子句条件的所有元组。如果在 DELETE 语句中 WHERE 子句不存在的话，则表示删除表中全部元组。注意：DELETE 语句删除的是表中的数据，不涉及表的结构定义。

与 UPDATE 语句一样，DELETE 语句中可以嵌入 SELECT 的查询语句。一个 DELECT 语句只能删除一个表中的元组，它的 FROM 子句中只能有一个表名，而不允许有多个表名。如果需要删除多个表的数据，就需要用多个 DELETE 语句。

第5章　关系模式的规范化设计理论

5.1　关系模式的设计问题

关系数据库的设计主要是关系模式的设计。关系模式设计得好坏将直接影响到数据库设计的成败。目前，在指导关系模式的设计中规范化设计占有主导地位，它是在数据库几十年的长期发展中产生并成熟的。将关系模式规范化，使之达到较高的范式是设计好关系模式的唯一途径。否则，所设计的关系数据库会产生一系列的问题。

在将建立的数据库模型转变为关系模式时经常会出现数据冗余的问题，即客观世界中的一个事实在关系元组中重复出现。此类问题影响了关系模式的设计和使用，所以需要采取合适的方法来消除这一设计过程中出现的问题。本章将要介绍的关系模式的规范化设计就能很好地解决这些问题。

5.1.1　不合理的关系模式存在的存储异常问题

关系数据库设计是对数据进行组织化和结构化的过程，关系模型的设计是其核心问题。关系模式是指一个关系的属性名表，即二维表的表框架。其设计是关系模型设计的灵魂。关系模式的设计直接决定着关系数据库的性能，可以说，是关系数据库设计的重中之重。

为什么要遵循一定的规范化理论来对设计数据库的逻辑呢？什么是好的关系模式？某些不好的关系模式可能导致哪些问题？在进行数据库的操作时，会出现以下几方面的问题。

①数据冗余。

②插入异常。

③删除异常。

④更新异常。

5.1.2　关系模式应满足的基本要求

关系数据库是根据关系模式设计的。好的关系模式不但要满足用户对信息存储和查询的基本要求，还应当使其数据库满足以下要求。

1.元组的每个分量必须是不可分的数据项

关系数据库严格规定，关系中的属性必须是基本项，不能是组合属性，这一要求还被规定为鉴别表格是否为“关系”的标准。如果表格结构中含有组合项，必须先使之转换为基本数据项；如果表格结构的数据项都是基本项，则该表格为关系，它服从关系模式的第一范式，以后可以在此基础上进一步规范化。因为关系的一切数学理论都是建立在关系服从于第一范式的基础之上的。

2. 应尽可能减少数据库中的数据冗余

数据冗余即数据库中重复的数据过多。数据库中大量的冗余数据不但使系统负担过重，还浪费大量的存储空间；数据冗余还可能造成数据的不完整，增加数据维护的代价；另外，数据冗余还会造成数据查询和统计的困难，导致结果的错误。

我们知道关系数据库是根据外键建立关系之间的连接运算的，外键数据是关系数据库不可消除的“数据冗余”，尽管如此，在设计数据库时应想尽办法将数据冗余控制在最小的范围内，坚决消除不必要的数据冗余。

3. 执行数据插入操作时不能产生插入异常现象

插入异常即插入信息时由于不能满足数据完整性的某种要求信息不能正常地被插入到数据库的异常问题。出现数据插入异常问题的主要原因是数据库设计时没有按“一事一地”的原则进行。导致信息不能独立插入的关键，是由于多种信息混合放在一个表中，因此可能造成因一种信息被捆绑在其他信息上而产生的信息之间相互依附存储的问题。

4. 执行数据删除操作时不能产生删除异常问题

删除异常即在删除某种信息的同时其他信息也被删除。与插入异常一样，如果关系中多种信息捆绑在一起，当被删除信息中含有关系的主属性时，由于关系要满足实体完整性，整个元组将全部从数据库中被删除，即出现删除异常。删除异常也是因为数据库结构不合理引起的。

5. 不因数据更新操作引起数据不一致

不好的数据模式设计，就可能造成不必要的数据冗余，一个信息就会多次地在多地重复存储。对于“数据冗余大”的关系数据库，当执行数据修改时，这些冗余数据就可能出现有些被修改，有些没有修改，从而造成数据不一致问题。数据的完整性因数据不一致问题受到影响，降低数据库中数据的可信度。

6. 数据库设计应考虑查询要求，数据组织应合理

在设计数据库时，要同时考虑到数据自身的结构完整性和数据的使用要求。为了使数据查询和数据处埋高效简洁，特别是对那些查询实时性要求高、操作频度大的数据，有必要通过视图、索引和适当增加数据冗余的方法，来增加数据库的方便性和可用性。

5.2 关系模式的函数依赖

5.2.1 函数依赖的定义

【定义 5.1】设 $R(U)$ 是一个属性集 U 上的关系模式。X,Y 是 U 的子集。若对于 $R(U)$ 的任意一个可能的关系 r,r 中不可能存在两个元组在 X 上的属性值相等,而在 Y 上的属性值不等,则称 X 函数确定 Y 或 Y 函数依赖于 X,记作 $X \rightarrow Y$。这里称 X 为决定因素,Y 为依赖因素。

函数依赖是语义范畴的概念,这和别的数据依赖是一样的。我们只能根据语义来确定一个函数依赖,而不能按照其形式化定义来证明一个函数依赖是否成立。例如,姓名→年龄这个函数依赖只有在该部门没有同名人的条件下成立。如果允许有同名人,则年龄就不再函数依赖于姓名了。设计者也可以对现实世界做强制的规定。例如,规定不允许同名人出现,这样就会使姓名→年龄函数依赖成立。这样当插入某个元组时这个元组上的属性值必须满足规定的函数依赖,如果发现有同名人存在,那么拒绝插入该元组。

需要注意,函数依赖不是指关系模式 R 的某个或某些关系满足的约束条件,而是指 R 的一切关系均要满足的约束条件。

下面对一些相关的术语和记号做一个简单介绍。

①若 $X \rightarrow Y$,但 $Y \not\subset X$ 则称 $X \rightarrow Y$ 是非平凡的函数依赖。

②若 $X \rightarrow Y$,但 $Y \subseteq X$ 则称 $X \rightarrow Y$ 是平凡的函数依赖。对于任一关系模式,平凡函数依赖都是必然成立的,它不反映新的语义。若不特别声明,总是讨论非平凡的函数依赖。

③若 $X \rightarrow Y$,则 X 称为这个函数依赖的决定属性组,也称为决定因素(Determinant)。

④若 $X \rightarrow Y$,并且 $Y \rightarrow X$,则记作 $X \longleftrightarrow Y$。

⑤若 Y 不函数依赖于 X,则记作 $X \not\rightarrow Y$。

【定义 5.2】在 $R(U)$ 中,如果 $X \rightarrow Y$,并且对于 X 的任何一个真子集 X',都有 $X' \not\rightarrow Y$,则称 Y 对 X 完全函数依赖,记作 $X \xrightarrow{F} Y$。

若 $X \rightarrow Y$,但 Y 不完全函数依赖于 X,则称 Y 对 X 部分函数依赖(partial functional dependency),记作 $X \xrightarrow{P} Y$。

【定义 5.3】在 $R(U)$ 中,如果 $X \rightarrow Y$,$(Y \not\subset X)$,$Y \not\rightarrow X$,$Y \rightarrow Z$,$Z \notin Y$,则称 Z 对 X 传递函数依赖(transitive functional dependency)。记作 $X \xrightarrow{传递} Z$。

定义中之所以加上条件 $Y \not\rightarrow X$,是因为如果 $Y \rightarrow X$,则 $X \longleftrightarrow Y$,实际上是 Z 直接依赖于 X,即 $X \xrightarrow{直接} Z$,是直接函数依赖而不是传递函数依赖。

5.2.2　函数依赖的基本性质

1. 投影性

由平凡的函数依赖定义可知，一组属性函数决定它的所有子集。

说明：投影性产生的是平凡的函数依赖，需要时也能使用的。

2. 扩张性

若 $X\to Y$ 并且 $W\to Z$，则 $(X,W)\to(Y,Z)$。

3. 合并性

若 $X\to Y$ 并且 $X\to Z$，则必有 $X\to(Y,Z)$。

说明：决定因素相同的两函数依赖的被决定因素可以合并。

4. 分解性

若 $X\to(Y,Z)$，则 $X\to Y$ 并且 $X\to Z$。很容易看出，分解性为合并性的逆过程。

说明：决定因素能决定全部，当然也能决定全部中的部分。

由合并性和分解性，很容易得到以下事实：

$X\to A_1,A_2,\cdots,A_n$ 成立的充分必要条件是 $X\to A_i(i=1,2,\cdots,n)$ 成立。

5.2.3　函数依赖的逻辑蕴含

在讨论函数依赖时，经常会需要判断从已知的一组函数依赖是否能够推导出另外一些函数依赖。例如，设 R 是一个关系模式，A、B、C 为其属性，如果在 R 中函数依赖 $A\to B$ 和 $B\to C$ 成立，函数依赖 $A\to C$ 是否一定成立？函数依赖的逻辑蕴含就是要研究这方面的内容。

【定义 5.4】假定 F 是关系模式 R 上的一个函数依赖集，X、Y 是 R 的属性子集，如果从 F 的函数依赖能够推导出 $X\to Y$，则称 F 逻辑地蕴含 $X\to Y$，或称 $X\to Y$ 可以从 F 中导出，或称 $X\to Y$ 逻辑蕴含于 F，记作 $P\Rightarrow X\to Y$。

【定义 5.5】函数依赖集合 F 所逻辑蕴含的函数依赖的全体称为 F 的闭包(closure)，记作 F^+，即 $F^+=\{X\to Y|\ P\Rightarrow X\to Y\}$。

5.2.4　Armstrong 公理系统

1. Armstrong 公理的内容

设 U 为属性集总体，F 是 U 上的一组函数依赖，于是有关系模式 $R<U,F>$。$R<U,F>$ 具有以下推理规则：

①增广律(augmentation rule)。如果 $X \rightarrow Y$ 为 F 所蕴含,并且 $Z \subseteq U$,那么 $XZ \rightarrow YZ$ 为 F 所蕴含。

②自反律(reflexivity rule)。如果 $Y \subseteq X \subseteq U$,那么 $X \rightarrow Y$ 为 F 所蕴含。

③传递律(transitivity rule)。如果 $X \rightarrow Y$ 及 $Y \rightarrow Z$ 为 F 所蕴含,那么 $X \rightarrow Z$ 为 F 所蕴含。

【定理 5.1】Armstrong 推理规则是正确的。

证明:①设 $Y \subseteq X \subseteq U$。

对于 $R<U,F>$的任一关系 r 中任意两个元组 t,s:

如果 $t[X]=s[X]$,因为 $Y \subseteq X$,则有 $t[Y]=s[Y]$,所以 $X \rightarrow Y$ 成立,因而自反律得证。

②设 $X \rightarrow Y$ 为 F 所蕴含,并且 $Z \subseteq U$。

设 $R<U,F>$的任一关系 r 中任意的两个元组 t,s:

如果 $t[XZ]=s[XZ]$,从而有 $t[X]=s[X]$和 $t[Z]=s[Z]$;

因为 $X \rightarrow Y$,所以有 $t[Y]=s[Y]$,因此 $t[YZ]=s[YZ]$,从而有 $XZ \rightarrow YZ$ 为 $XZ \rightarrow YZ$ 所蕴含,增广律得证。

③设 $X \rightarrow Y$ 及 $Y \rightarrow Z$ 为 F 所蕴含。

对 $R<U,F>$的任一关系 r 中任意两个元组 t,s:

如果 $t[X]=s[X]$,因为 $X \rightarrow Y$,则有 $t[Y]=s[Y]$;

根据 $Y \rightarrow Z$,则有 $t[Z]=s[Z]$为 F 所蕴含,传递律得证。

根据上述 3 条推理规则可得到下面 3 条推理规则:

①合并规则(union rule)。因为 $X \rightarrow Y, X \rightarrow Z$,所以有 $X \rightarrow YZ$。

②伪传递规则(pseudo transitivity rule)。因为 $X \rightarrow Y, WY \rightarrow Z$,所以有 $XW \rightarrow Z$。

③分解规则。由 $X \rightarrow Y$ 及 $Z \subseteq Y$,有 $X \rightarrow Z$。

【引理 5.1】$X \rightarrow A_1 A_2 \cdots A_k$ 成立的充分必要条件是 $X \rightarrow A_i$ 成立$(i=1,2,\cdots,k)$。

自反律、传递律和增广律称为 Armstrong 公理系统。

2. 公理的有效性和完备性

【定理 5.2】Armstrong 公理系统是有效的、完备的。

证明:由于 Armstrong 公理系统的有效性可由定理 5.1 得到证明。因此在这里我们仅给出完备性的证明。

①如果 $V \rightarrow W$ 成立,并且 $V \subseteq X_F^+$,则 $W \subseteq X_F^+$。

证明:由于 $V \subseteq X_F^+$,因而 $X \rightarrow V$ 成立;所以 $X \rightarrow W$ 成立,所以可知 $W \subseteq X_F^+$ 成立。

②构造一张二维表 r,它由以下两个元组构成,可以证明 r 必为 $R<U,F>$的一个关系,也就是说 F 中的全部函数依赖在 r 上成立。

X_F^+	$U - X_F^+$
11……1	00……0
11……1	11……1

如果 r 不是 $R<U,F>$的关系,那么一定因为 F 中有某一个函数依赖 $V \rightarrow W$ 在 r 上不成立而导致。根据 r 的构成易知,V 一定是 X_F^+ 的子集,然而 W 不是 X_F^+ 的子集,可是由第①步可

知，这与 $W \subseteq X_F^+$ 相互矛盾。因此 r 必是 $R<U,F>$ 的一个关系。

③如果 $X \to Y$ 不能由 F 从 Armstrong 公理导出，则 Y 不是 X_F^+ 的子集，所以一定有 Y 的子集 Y' 满足 $Y' \subseteq U - X_F^+$，那么 $X \to Y$ 在 r 中不成立，也就是 $X \to Y$ 一定不为 $R<U,F>$ 蕴含。

3. 函数依赖集的等价和最小依赖集

从蕴含(或导出)的概念出发，引出了两个函数依赖集等价和最小依赖集的概念。

【定义 5.6】若 $F^+ = G^+$，即函数依赖集 F 覆盖 G 或 F 与 G 等价。

【引理 5.2】$F^+ = G^+$ 的充分必要条件是 $F \subseteq G^+$ 和 $G \subseteq F^+$。

证明：由于必要性显然，因此这里只证明充分性。

①如果 $F \subseteq G^+$，则 $X_F^+ \subseteq X_G^+$。

②任取 $X \to Y \in F^+$，则有 $Y \subseteq X_F^+ \subseteq X_G^+$。

因此 $X \to Y \in (G^+)^+ = G^+$，即 $F^+ \subseteq G^+$。

③同理可证 $G^+ \subseteq F^+$，所以 $F^+ = G^+$。

【定义 5.7】若函数依赖集 F 满足下列条件，则称 F 为一个极小函数依赖集，也称为最小依赖集或最小覆盖(minimal cover)。

①F 中任一函数依赖的右部仅含有一个属性。

②F 中不存在这样的函数依赖 $X \to A$，使得 F 与 $F - \{X \to A\}$ 等价。

③F 中不存在这样的函数依赖 $X \to A$，X 有真子集 Z 使得 $F - \{X \to A\} \cup \{Z \to A\}$ 与 F 等价。

【定理 5.3】每一个函数依赖集 F 均等价于一个极小函数依赖集 F_m。该 F_m 称为 F 的最小依赖集。

证明：这是一个构造性的证明，分三步对 F 进行“极小化处理”，找出 F 的一个最小依赖集。

①逐个检查 F 中各函数依赖 FD_i:$X \to Y$，如果 $Y = A_1 A_2 \cdots A_k$，$k > 2$，那么用 $A\{X \to A_j | j = 1, 2, \cdots, k\}$ 来取代 $X \to Y$。

②逐一检查 F 中各函数依赖 FD_i:$X \to A$，设 $G = F - \{X \to A\}$，如果 $A \in X_G^+$，则从 F 中去掉此函数依赖。

③逐一取出 F 中各函数依赖 FD_i:$X \to A$，设 $X = B_1 B_2 \cdots B_m$，逐一考察 $B_i (i = 1, 2, \cdots, m)$，如果 $A \in \mathbf{Z}_F^+$，则以 $X - B_i$ 取代 X。

最后剩下的就一定是极小依赖集，而且与原来的 F 等价。因为对 F 的每一次“改造”都保证了改造前后的两个函数依赖集等价。

【例 5.1】已知有关系 $R(A,B,C,D,E,G)$，有函数依赖集：$A \to B$、$A \to C$、$A \to E$、$CE \to G$。求 R 所有属性集合的闭包 $F+$。

解：根据自反律，$A \to A$，因此 $F \to A$，可将 A 加入 $F+$ 中；

因为 $A \to B$、$A \to C$、$A \to E$，根据传递律，$F \to B$、$F \to C$、$F \to E$，可将 B、C、E 加入 $F+$ 中；

根据合并律，$F \to CE$；

因为 $CE \to G$，根据传递律，$F \to G$，可判定 $F+$ 包括 G；

因此，$F+=ABCEG$。

属性集的闭包可用于帮助确定候选关键字。

如集属性或属性集 F 的闭包为 $F+$，且 $F+$ 包括数据表中全部属性，则 F 为该数据表的一个候选关键字。

【例 5.2】已知有关系 $R(A,B,C,D,E,G)$，有函数依赖集：$A\rightarrow B$、$A\rightarrow C$、$A\rightarrow E$、$CE\rightarrow G$。求判断属性集(A,D)为 R 的候选关键字。

由此可知，$A+=ABCEG$，由增补律，$(A,D)+=ABCDEG$，因此，(A,D)为 R 的候选关键字。

5.3 关系模式的分解特性

5.3.1 模式分解的定义

分解是关系向更高一级范式规范化的一种唯一手段。所谓关系模式的分解，是将关系模式的属性集划分成若干子集，并以各属性子集构成的关系模式的集合来代替原关系模式，则该关系模式集就叫原关系模式的一个分解。

下面给分解一个形式定义：

关系模式 $R(U)$中有如下的一个集合：$\rho=\{R_1(U_1),R_2(U_2),\cdots,R_n(U_n)\}$，其中 $U=U_1\cup U_2\cup\cdots\cup U_n$，且对于任何 $1\leqslant i,j\leqslant n,i\neq j,U_i\subseteq U_j$ 都不成立。则称 ρ 为关系模 R 的一个分解。

由于关系模式的分解方案并不是唯一的，在分解时、分解后的关系模式是否能够准确反映原关系模式的所有信息，并且不会增加任何不存在的信息是其主要关系的问题。由于关系模式的分解直接引起关系(体)的分解，它是在对应模式分解上的投影所得到的一组关系。因此，一方面要求分解后的关系模式经过某种连接操作后与元组相同，既没有增加也没有减少；另一方面要求分解后的关系模式保持原关系模式中的函数依赖。以上这两个方面是进行关系模式分解时必须要遵守的原则。

针对关系模式分解原则的第一个要求，即保证模式分解不丢失原关系模式中的信息，本书引入分解的无损连接性的概念；针对关系模式分解的第二个要求，即保证模式分解不丢失原关系模式中的函数依赖，本书又引入保持函数依赖性的概念。

5.3.2 无损连接分解和保持函数依赖分解

关系模式的规范化过程是通过对关系模式的分解来实现的，但把低一级的关系模式分解成为若干个高一级的关系模式的方法并不是唯一的。判断一个分解是否与原关系模式等价可以有 3 种不同的标准：

①分解具有无损连接性。

②分解要保持函数依赖。

③分解既要保持函数依赖，又要具有无损连接性。

如果一个分解具有无损连接性，则它能够保证不丢失信息。如果一个分解保持了函数依赖，则它可以减轻或解决各种情况。

分解具有无损连接性和分解保持函数依赖是两个互相独立的标准。保持函数依赖的分解也不一定具有无损连接性。同样，具有无损连接性的分解不一定能够保持函数依赖。

1. 无损连接分解

【定义 5.8】设 $R(U)$ 是一关系模式，F 是 $R(U)$ 满足的一个函数依赖集，将 $R(U)$ 分解成关系模式 $\rho=\{R_1(U_1),R_2(U_2),\cdots,R_k(U_k)\}$，$U=U_1\cup U_2\cup\cdots\cup U_k$。如果对 $R(U)$ 中满足 F 的每一个具体关系 r 都存在

$$r=\pi_{U_1}(r)\bowtie\pi_{U_2}(r)\bowtie\cdots\pi_{U_k}(r)$$

则称这个分解 ρ 相对于 F 具有无损连接性(lossless join decomposition)，简称 ρ 为无损连接分解，即 r 为它自己在 U_i 上投影的自然连接。

r 的投影连接表达式为 $\pi_{U_1}(r)\bowtie\pi_{U_2}(r)\bowtie\cdots\pi_{U_k}(r)$，一般用 $m_\rho(r)$ 表示，即 $m_\rho(r)=\mathop{\bowtie}\limits_{i=1}^{k}\pi_{U_k}(r)$，称为关系 r 的投影链接变化式。在一般情况下，r 和 $m_\rho(r)$ 未必会相等。对于关系模式 $R(U)$ 关于 F 的无损连接条件是：任何满足 F 的关系 r，有 $r=m_\rho(r)$。

与无损连接分解相反的为有损连接分解(loss-join decomposition)，或称有损分解。所谓"有损连接"，其实并未损失什么，反而是"更多"点什么了。就是这个"更多"使原来一些确定的信息变成不确定了，从这个意义上讲，是损失了(确定性)。将一个关系的两个投影分解再作自然连接，其结果会包含一些非原关系的元组。图 5-1 给出了这种例子。

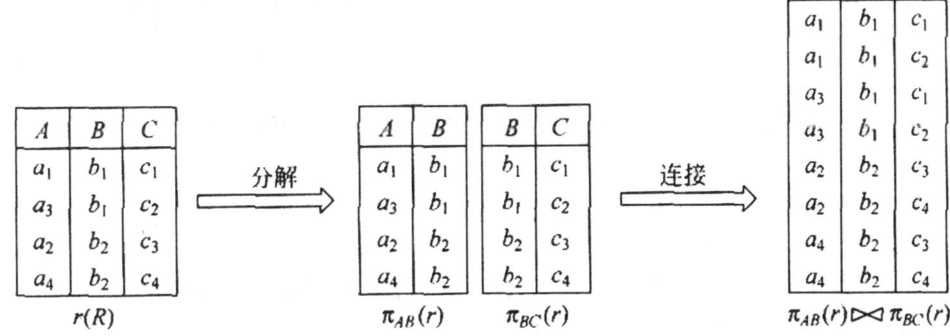

A	B	C
a_1	b_1	c_1
a_3	b_1	c_2
a_2	b_2	c_3
a_4	b_2	c_4

A	B
a_1	b_1
a_3	b_1
a_2	b_2
a_4	b_2

B	C
b_1	c_1
b_1	c_2
b_2	c_3
b_2	c_4

A	B	C
a_1	b_1	c_1
a_1	b_1	c_2
a_3	b_1	c_1
a_3	b_1	c_2
a_2	b_2	c_3
a_2	b_2	c_4
a_4	b_2	c_3
a_4	b_2	c_4

图 5-1 有损分解的例子

【定理 5.4】设 $R(U)$ 是一关系模式，$\rho=\{R_1(U_1),R_2(U_2),\cdots,R_k(U_k)\}$ 是 $R(U)$ 的一个分解，r 是 $R(U)$ 的任一具体关系，设 $r_i=\pi_{U_i}(r)(i=1,2,\cdots,k)$，那么有

①$r\subseteq m_\rho(r)$。

②若令 $s=m_\rho(r)$，则 $\pi_{U_i}(s)=r_i(i=1,2,\cdots,k)$。

③$m_\rho(m_\rho(r))=m_\rho(r)$。

证明：①设 t 为关系 r 中的任一元组，则 $t_i=t[U_i]$ 在关系 $r_i(i=1,2,\cdots,k)$ 中，按照自然连

接的定义来推理，可知 $t_1t_2\cdots t_k$ 在$\bowtie_{i=1}^{k}\pi_{U_k}(r)$中，所以 $t\in m_\rho(r)$，即 $r\subseteq m_\rho(r)$。

②由于 $r\subseteq m_\rho(r)$，可得 $\pi_{U_i}(r)\subseteq\pi_{U_i}(m_\rho(r))$。因为 $s=m_\rho(r)$，所以 $r_i\subseteq\pi_{U_i}(s)$，因此只需证明 $\pi_{U_i}(s)\subseteq r_i$ 即可。

任取元组 $u_i\subseteq\pi_{U_i}(s)$，则存在元组 $t\in s$，使得 $t[U_i]=u_i$，由于 $s=\bowtie_{i=1}^{k}\pi_{U_k}(r)$，因此 $t[U_i]\in r_i(i=1,2,\cdots,k)$，即 $u_i\in r_i$，由 u_i 的任意性不难得知 $\pi_{U_i}(s)\in r_i$。所以，$\pi_{U_i}(s)=r_i$ 得证。

③$\pi_{U_i}(s)=r_i(i=1,2,\cdots,k)$，故 $m_\rho(m_\rho(r))=m_\rho(s)=\bowtie_{i=1}^{k}\pi_{U_k}(s)=\bowtie_{i=1}^{k}r_i=m_\rho(r)$。

那么如何判断一般情况分解的无损连接性呢？这里介绍一种检测方法。设有关系模式 $R=(A_1,A_2,\cdots,A_n)$，F 为其 FD 集，$\rho=\{R_1,R_2,\cdots,R_k\}$为 R 的分解，其检测算法描述如下：

【算法 5.1】 LOSSLESS_DECOMP( )

输入：R 的 FD 集 F 及分解 ρ。

输出：确定 ρ 是否为 R 的无损分解。

步骤：

①构造一个以 R_i 为行、A_j 为列的 $k\times n$ 矩阵 $\boldsymbol{M}\{m_{ij}\}$，其中，若 $A_j\in R_i$，则 $m_{ij}=a_j$；否则 $m_{ij}=b_{ij}(a_j$，$\mathrm{b_{ij}}$仅是一种符号，无专门含义)。

②自 F 中取下一个 $FDX\rightarrow Y$；在矩阵中寻找对应于 X 中属性的所有列上符号 a_j 或 b_{ij} 全相同的那些行，按下列情况分别进行处理：

若找到两个(或多个)这样的行，则让这些行中对应于 Y 中属性的所有列的符号相同：若符号中有一个 a_j，则全为 a_j；否则全为其中的某一符号 b_{ij}；

若未找到两个这样的行，则转下一步。

③对 F 集中所有 FD 重复执行步骤②，直至不再对矩阵 $\boldsymbol{M}\{m_{ij}\}$引起任何变动；

④寻找矩阵 $\boldsymbol{M}\{m_{ij}\}$中全为“a”，即形如$(a_1,a_2,\cdots,a_n)$的行，若存在这样的行，则 ρ 为无损分解，否则为有损分解。

现对该算法进行举例说明。

【例 5.3】设有关系模式 R，其函数依赖集 F 和 R 的一个分解 ρ 如下：

$R=(A,B,C,D,E)$

$F=\{A\rightarrow C,B\rightarrow C,C\rightarrow D,DE\rightarrow C,CE\rightarrow A\}$

$\rho=(R_1,R_2,R_3,R_4,R_5)$

$R_1=(A,D)$，$R_2=(A,B)$，$R_3=(B,E)$，$R_4=(C,D,E)$，$R_5=(A,E)$

执行步骤 1：建立矩阵 $\boldsymbol{M}$，如图 5-2 所示。

执行步骤 2：取 $A\rightarrow C$，在第 1,2,5 行中，对应于 A 的列全为 a_1，对应于 C 的列中无任何一个 a_i；选取 b_{13}，改 b_{23}和 b_{53} 均为 b_{13}，得新的矩阵 $\boldsymbol{M}_1$，如图 5-3 所示。

执行步骤 3：再取 $\mathrm{B}\rightarrow C$，重复执行步骤 2，此时第 2、3 行的 B 列为 a_2，同上步一样，替换 C 列中的b_{33}为 b_{13}得矩阵 $\boldsymbol{M}_2$，如图 5-4 所示。

M:	A	B	C	D	E
$R_1=(A,D)$	a_1	b_{12}	b_{13}	a_4	b_{15}
$R_2=(A,B)$	a_1	a_2	b_{23}	b_{24}	b_{25}
$R_3=(B,E)$	b_{31}	a_2	b_{33}	b_{34}	a_5
$R_4=(C,D,E)$	b_{41}	b_{42}	a_3	a_4	a_5
$R_5=(A,E)$	a_1	b_{52}	b_{53}	b_{54}	a_5

图 5-2　矩阵 M

$\mathbf{M}_1$:	A	B	C	D	E
$R_1=(A,D)$	a_1	b_{12}	b_{13}	a_4	b_{15}
$R_2=(A,B)$	a_1	a_2	b_{13}	b_{24}	b_{25}
$R_3=(B,E)$	b_{31}	a_2	b_{33}	b_{34}	a_5
$R_4=(C,D,E)$	b_{41}	b_{42}	a_3	a_4	a_5
$R_5=(A,E)$	a_1	b_{52}	b_{13}	b_{54}	a_5

图 5-3　矩阵 $\mathbf{M}_1$

$\mathbf{M}_2$:	A	B	C	D	E
$R_1=(A,D)$	a_1	b_{12}	b_{13}	a_4	b_{15}
$R_2=(A,B)$	a_1	a_2	b_{13}	b_{24}	b_{25}
$R_3=(B,E)$	b_{31}	a_2	b_{13}	b_{34}	a_5
$R_4=(C,D,E)$	b_{41}	b_{42}	a_3	a_4	a_5
$R_5=(A,E)$	a_1	b_{52}	b_{13}	b_{54}	a_5

图 5-4　矩阵 $\mathbf{M}_2$

依次取 FD，直至用完 $CE\rightarrow A$ 后，得矩阵 $\mathbf{M}_3$，如图 5-5 所示。此时出现了第 3 行全为“a”。要指出的是，算法到此本来应该结束了，ρ 是无损分解，但按算法的循环控制，可能并未终止。虽然可以修改控制，在第三步进行全“a”测试，但这样做不一定划算，总的代价可能更高。

$\mathbf{M}_3$:	A	B	C	D	E
$R_1=(A,D)$	a_1	b_{12}	b_{13}	a_4	b_{15}
$R_2=(A,B)$	a_1	a_2	b_{13}	a_4	b_{25}
$R_3=(B,E)$	a_1	a_2	a_3	a_4	a_5
$R_4=(C,D,E)$	a_1	b_{42}	a_3	a_4	a_5
$R_5=(A,E)$	a_1	b_{52}	a_3	a_4	a_5

图 5-5　矩阵 $\mathbf{M}_3$

2. 保持函数依赖分解

关系模式分解的无损连接性保证了关系模式的任何一个具体关系能由它自己的那些投影进行自然连接得到恢复，但仅要求关系模式分解具有无损连接性还是远远不够的。如果关系模式在分解后原有的函数依赖依然不能够保持的话，一部分完整性约束信息就会丢失，也就可能导致数据库的不一致性。因此，保持关系模式分解前后的函数依赖集不变，即从关系模式 $R(U)$ 到 $\rho=\{R_1(U_1),R_2(U_2),\cdots,R_k(U_k)\}$ 的分解，应使函数依赖集 F 被所有的 $\pi_{U_i}(F)$ 所蕴含，这就是所谓的保持函数依赖问题。

设 F 是属性集 U 上的函数依赖集，Z 是 U 上的一个子集，F 在 Z 上的一个投影用 $\pi_Z(F)$ 表示，定义为：$\pi_Z(F)=\{X\rightarrow Y\mid(X\rightarrow Y)\in F^+$ 且 $XY\subseteq Z\}$。

【定义 5.9】 设关系模式 $R(U)$ 的一个分解 $\rho=\{R_1(U_1),R_2(U_2),\cdots,R_k(U_k)\}$，$F$ 是 $R(U)$ 满足的函数依赖集，如果 $F^+=(\bigcup_{i=1}^{k}\pi_{U_i}(F))^+$，则称分解 ρ 保持函数集 F，简称 ρ 保持函数依赖。

【例 5.4】假设有关系模式 $R(U,F)$，其中 $U=ABC$，$F=\{AB\rightarrow C,C\rightarrow A\}$，$R$ 的一个分解为 $\rho=\{R_1(B,C),R_2(A,C)\}$，判断 ρ 是否具有保持函数依赖性。

首先检查该分解是否具有无损连接性。

由于 $BC\cap AC=C$，$AC-BC=A$ 满足 $C\rightarrow A$，所以分解 ρ 具有无损连接性。

$\pi U_1(F)=\{$按自反律推出的一些平凡函数依赖$\}$

$\pi U_2(F)=\{C\rightarrow A$ 以及按自反律推出的一些平凡函数依赖$\}$

$\pi U_1(F)\cup\pi U_2(F)=\{C\rightarrow A\}$

分解 ρ 丢掉了函数依赖 $AB\rightarrow C$，所以该模式分解并不具有保持函数依赖性。

由于该分解不保持函数依赖性，所以在 DBMS 中不能保证关系数据的完整性；由于 R_1 中的 B 和 C 之间无函数依赖关系，所以 DBMS 无法检查。假如在 R_1 的关系 r_1 中插入元组 (b_1,c_1) 和 (b_1,c_2)，系统将认为插入了两个不同的元组；再在 R_2 的关系 r_2 中插入元组 (a_1,c_1) 和 (a_1,c_2)。将 r_1 和 r_2 进行自然连接，得到 R 的一个关系 r，如图 5-6 所示。

B	C
b_1	c_1
b_1	c_2

关系 r_1

A	C
a_1	c_1
a_1	c_2

关系 r_2

A	B	C
a_1	b_1	c_1
a_1	b_1	c_2

关系 $r=r_1\bowtie r_2$

图 5-6 不保持函数依赖的分解

由于在分解过程中函数依赖丢失，造成连接以后得到的关系 r 对原关系模式 R 的函数依赖 $AB\rightarrow C$ 造成破坏，无法保证原来关系数据的完整性约束。

由以上定义可知，本质上来说，检验一个分解是否保持函数依赖，就是检验函数依赖集 $G=\bigcup_{i=1}^{k}\pi_{U_i}(F)$ 是否覆盖函数依赖集 F，也就是检验对于任意一个函数依赖 $X\rightarrow Y\in F$ 是否可由 G 根据 Armstrong 公理导出，而由前面的定理可知，即要检验是否有 $Y\subseteq X_G^+$。

根据上面的分析，可以得到如下保持函数依赖的测试算法。

【算法 5.2】函数依赖测试

输入:关系模式 $R(U)$,$R(U)$上的函数依赖集 F,$R(U)$的一个分解 $\rho=\{R_1(U_1),R_2(U_2),\cdots,R_n(U_n)\}$。

输出:如果 ρ 保持 F,输出 True;反之输出 False。

步骤:

①计算 F 在每一个 U_i 上的投影 $\pi U_i(F)(i=1,2,\cdots,n)$,并令 $G=\bigcup_{i=1}^{n}\pi U_i(F)$;

②for 每一个 $X\rightarrow Y\in F$ do

if $Y\not\subset X_G^+$ then return False

③return True,算法结束。

【例 5.5】设有关系模式 $R(A,B,C,D)$,$F=\{A\rightarrow B,B\rightarrow C,C\rightarrow D,D\rightarrow A\}$,模式 R 的一个分解 $\rho=\{R_1(A,B),R_2(B,C),R_3(C,D)\}$。判断 ρ 是否保持 F。

解 由函数依赖集 F 和分解 ρ 不难得出:$F_1=\pi_{\{A,B\}}(F)=\{A\rightarrow B,B\rightarrow A\}$,$F_2=\pi_{\{B,C\}}(F)=\{B\rightarrow C,C\rightarrow B\}$,$F_3=\pi_{\{C,D\}}(F)=\{C\rightarrow D,D\rightarrow C\}$,根据算法:

①$G=\{A\rightarrow B,B\rightarrow A,B\rightarrow C,C\rightarrow B,C\rightarrow D,D\rightarrow C\}$,$F=F-G=\{D\rightarrow A\}$,Result=True。

②对于函数依赖 $D\rightarrow A$,即令 $X=\{D\}$,$Y=\{A\}$有 $X\rightarrow Y$,$F=F-\{D-A\}=\varphi$,$X_G^+=\{A,B,C,D\}$可通过前面给出的算法计算得出。

③因为 $Y=\{A\}\subseteq X_G^+=\{A,B,C,D\}$,则转④。

④由于 Result=True,所以关系模式 R 的分解 ρ 保持函数依赖 F。

5.3.3 模式分解的几点说明

第一,模式分解的结果可能是多种多样的,但并不是任何一种分解都可取,有用的分解应当与原来的模式等价。

这里所说的“等价”并不是指分解前后的模式等同,而是对模式进行分解的准则。由于观察问题的角度不同以及应用的不同,模式分解中的“等价”有三种含义:分解具有“无损连接性”;分解要“保持函数依赖”;分解既要“保持函数依赖”,又要具有“无损连接性”。这三种含义给出了模式分解的三条准则,在分解关系模式时根据需要加以选择。

第二,为了提高规范化程度,通常是通过将低一级的关系模式分解为若干个高一级的关系模式来实现。也就是将 1NF 分解成 2NF;将 2NF 分解成 3NF;还可以进一步地分解成$BCNF$。

规范化理论提供了一套完整的模式分解算法,按照这套算法进行分解,在分解过程中存在以下情况。

①分解具有的无损连接性和保持函数依赖性是两个互相独立的分解标准。也就是说,具有无损连接性的分解不一定保持函数依赖;保持函数依赖的分解不一定具有无损连接性。

②如果要求分解具有无损连接性,那么模式分解一定可以达到 4NF;如果要求分解具有函数依赖保持性,那么模式分解可以达到 3NF,但不一定能达到 $BCNF$。

③如果要求分解既具有无损连接性,又保持函数依赖,则模式分解一定能够达到 3NF,但不一定能够达到 $BCNF$。

5.4 关系模式的范式

为了消除冗余和潜在的更新异常，关系数据库的规范化理论为关系模式确定了多种范式。所谓范式(Noranal Form)是指规范化的关系模式。然而规范化的程度并不相同，从而产生了不同的范式。从1971年起，E. F. Codd相继提出了第一范式(1*NF*)、第二范式(2*NF*)、第三范式(3*NF*)，Codd和Boyce合作提出了Boyce-Codd范式(*BCNF*)。在1976—1978年，Fagin、Delobe以及Zaniolo又定义了第四范式。每种范式都规定了一些限制约束条件，如图5-7所示。

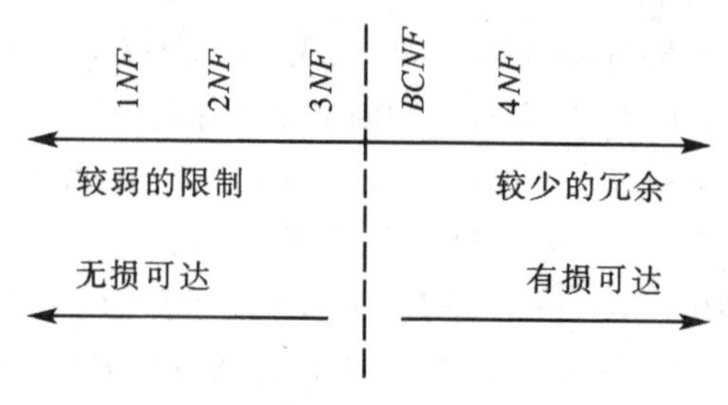

图5-7 范式

到目前为止，第五范式(5*NF*)已经被提出。满足最基本规范化的关系模式叫第一范式，第一范式的关系模式再满足另外一些约束条件就产生了第二范式、第三范式、*BC*范式等。各种范式之间满足如下联系：$5NF \subset 4NF \subset BCNF \subset 3NF \subset 2NF \subset 1NF$，如图5-8所示。

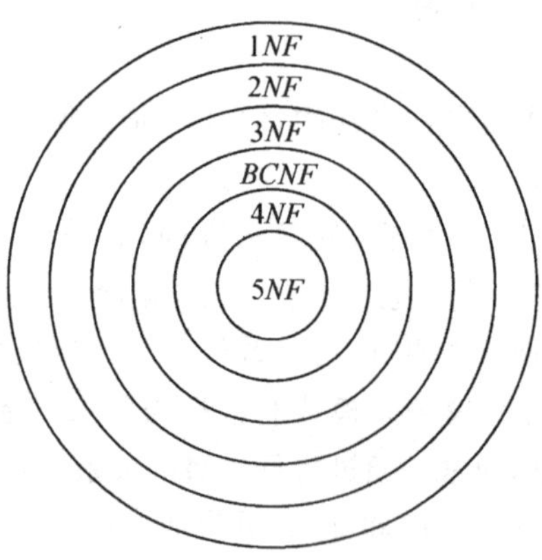

图5-8 各种范式之间的联系

5.4.1 第一范式

【定义5.10】如果关系模式*R*中的所有属性值都是不可再分解的最小数据单位，那么就称关系*R*符合第一范式(first normal form，1*NF*)，记作$R \in 1NF$。

第一范式是最基本的范式。不是1*NF*的关系称为非规范化的关系，满足1*NF*的关系简称为关系。1*NF*是对关系模式的起码要求，在关系型数据库管理系统中，涉及的研究对象都满足 1NF 的规范化关系。

【例 5.6】在表 5-1 中，“电话”不是基本数据项，它包含“手机号码”和“办公号码”两个基本数据项，因而此关系是非规范化关系。

表 5-1　非规范化关系

编号	姓名	电　话	
		手机号码	办公电话
01001	张辉	1881077 ****	8733 ****
02001	王茜	1871056 ****	8656 ****
02002	李燕	1501077 ****	8233 ****

将表 5-1 中所有的属性表示为不可分的数据项，如表 5-2 所示，转化后的关系便符合第一范式。一个关系模式仅满足第一范式是不够的。

表 5-2　规范化关系

编号	姓名	手机号码	办公电话
01001	张辉	1881077 ****	8733 ****
02001	王茜	1871056 ****	8656 ****
02002	李燕	1501077 ****	8233 ****

5.4.2　第二范式

如果想消除 1*NF* 关系的冗余和操作异常，就要消除其关系模式所具有的部分函数依赖，即要满足第二范式。第二范式没有 3*NF* 和 *BCNF* 重要，但是掌握它有助于培养数据库设计人员设计合理关系模式的素质。

【定义 5.11】如果一个关系模式 $R\in 1NF$，且每个非主属性都完全函数地依赖于 R 的每一关键字(或主关键字)，则关系 R 属于第二范式，简称为 2*NF*，记作 $R\in 2NF$。

由于主关键字的任选性，因而定义中“每一关键字”与“主关键字”是等价的。该定义中强调的是“所有”非主属性都必须“完全函数”依赖于关键字，由此可知，第二范式的实质是要从第一范式中去掉所有对主关键字的部分函数依赖。其方法是，将所考虑的关系分解成多个关系，一个由主关键字属性加完全函数依赖于主关键字的所有属性组成。其余则分别由各部分函数依赖中的属性组成，即部分函数依赖于相同主关键字属性的所有属性加上相应的那部分主关键字属性组成的关系，这种关系可能很多。

一个关系模式 R 不属于 2*NF*，就会产生以下几个问题：插入异常、删除异常、修改复杂。

【例 5.7】在图 5-9 中，k_1，k_2，k_3，k_4 是主属性，其他 p_j 是非主属性。如果 k_3 不是关键字，但出现 $k_3\rightarrow p_3$、$k_3\rightarrow p_4$、$k_3\rightarrow p_6$ 的情况(只要出现了其中之一)，那么该关系即使达到第一范

式，也未达到第二范式。要达到第二范式需作分解。由方法可知，将 p_3、p_4、p_6 等函数依赖于 k_3 的非主属性抽出来加上 k_3 组合成新的关系，k_3 是其关键字；剩余非主属性、主属性包括 k_3 维持原有各关系不变。

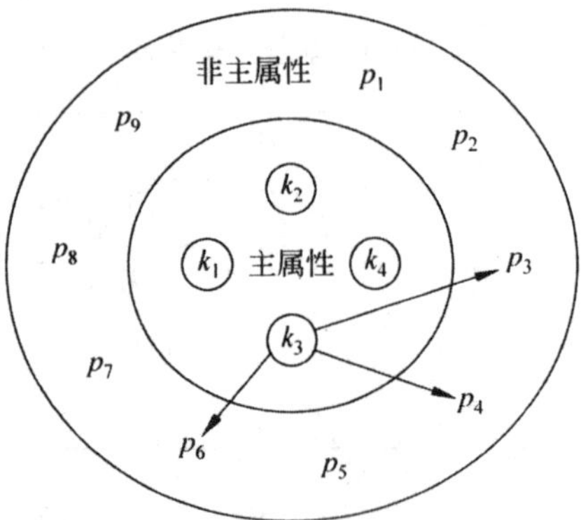

图 5-9　不到第二范式的关系示意

5.4.3　第三范式

【定义 5.12】如关系模式 $R(U) \in 2NF$，且每一个非主属性对于函数依赖于 $R(U)$ 的候选键是不传递的，则称 $R(U)$ 为第三范式，即 $R(U) \in 3NF$。

由以上定义可知，若 $R(U) \in 3NF$，则关系模式 $R(U)$ 的每一个非主属性既不部分依赖于候选键也不传递函数依赖于候选键。

一个关系模式 $R(U)$ 若仅是 $2NF$ 但不是 $3NF$，仍然存在数据冗余过多、删除异常和插入异常等问题。模式分解仍然是其解决办法。

【例 5.8】在图 5-10 中，k_1，k_2，k_3，k_4 是主属性，其他 p_j 是非主属性。如果出现是 $k_3 \rightarrow p_4$、$p_4 \rightarrow p_2$、$p_4 \rightarrow p_3$、$p_4 \rightarrow p_5$ 的情况（只要出现其中之一），那么该关系即使达到第二范式，也未达到第三范式。要达到第三范式需作分解。方法是：将 p_2、p_3、p_5 等函数依赖于 p_4 的非主属性抽出来，加上 p_4 组合成新的关系，p_4 是其关键字；剩余主属性、非主属性包括 p_4 维持原有各关系不变。

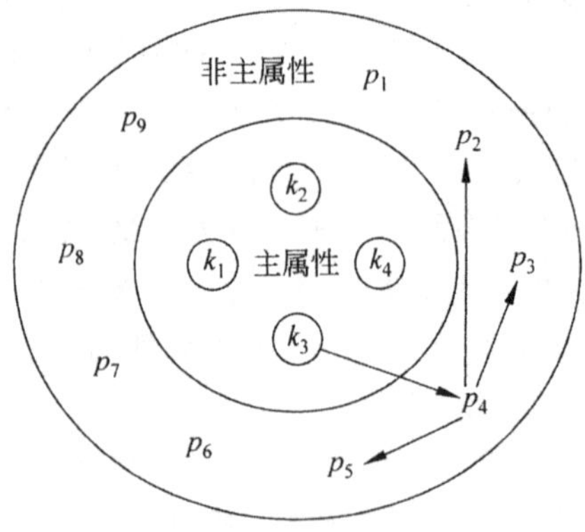

图 5-10　不到第三范式的关系示意

5.4.4 BC 范式

【定义 5.13】如果关系模式 $R \in 1NF$，且所有的函数依赖 $X \rightarrow Y(Y \notin X)$，决定因素 X 都包含了 R 的一个候选键，则称 R 属于 BC 范式(Boyce-Codd Normal Form)，记作 $R \in BCNF$。如果数据库中每个关系模式都属于 $BCNF$，则称为 $BCNF$ 的数据库模式。

$BCNF$ 具有如下性质。

①满足 $BCNF$ 的关系将使得任何属性(主属性或非主属性)对键的部分函数依赖和传递函数依赖得以消除。也就是说，如果 $R \in BCNF$，则 R 也是 $3NF$。

证明：采用反证法。设 R 不是 $3NF$，则如下条件的函数依赖是一定存在着的，$X \rightarrow Y$(Y＜menclose notation=‘downdiagonalstrike’＞ → ＜/menclose＞X)，$Y \rightarrow Z$，其中 X 是键属性，Y 是任意属性组，Z 是非主属性，$Z \notin Y$，这样 $Y \rightarrow Z$ 函数依赖的决定因素 Y 不包含候选键，这与 BCNF 范式的定义存在矛盾，所以如果 $R \in$ BCNF，则 R 也是 3NF。

②如果 $R \in 3NF$，则 R 不一定是 $BCNF$，现举例说明。

【例 5.9】学生和选课表如表 5-3 所示。在表 5-3 中，假定“姓名”有唯一性，没有重复值，因此有两个候选关键字：(学号，课程名称)和(姓名，课程名称)，其中主属性是“学号”、“姓名”及“课程名称”，非主属性是“成绩”。

表 5-3　学生和选课表

学号	姓名	课程名称	成绩
01001	张辉	计算机基础	90
02001	王茜	计算机基础	96
02002	李燕	高等数学	70

由于非主属性不传递依赖于两个候选关键字，这个关系肯定属于第三范式。

但是，主属性“姓名”依赖于“学号”，因此部分依赖于候选关键字(学号，课程名称)，也就是传递依赖于(学号，课程名称)。

虽然没有非主属性对候选关键字的传递依赖，但存在主属性对候选关键字的传递依赖，同样也会带来麻烦。例如，新生入学，因为没有选课，“姓名”就不能加入到表中。

一个关系模式属于第三范式，有可能还存在操作异常现象，但是如果属于 BCNF 范式，就消除了插入、删除和更新的异常。

将表 5-3 分解为两个关系，如表 5-4 和表 5-5 所示，这样两个关系都属于 BC 范式。

表 5-4　学生表

学号	姓名
01001	张辉
02001	王茜
02002	李燕

表 5-5 选课表

学号	课程名称	成绩
01001	计算机基础	90
02001	计算机基础	96
02002	高等数学	70

5.4.5 第四范式

符合 BCNF 的关系模式在函数依赖范畴内是一个完美的关系模式，它最大限度地消除了数据冗余和操作异常的问题。但是数据操作异常问题在函数依赖以外的情况下也是有可能出现的。

【定义 5.14】如果关系模式 $R(U)\in 1NF$，且对 R 的每个非平凡多值依赖 $X\to\to Y$（X 不包含 Y），且 X 包含关键字，则称 $R(U)$ 满足第四范式，记为 $R\in 4NF$。

由此看来，$4NF$ 就是限制关系模式的属性之间不允许有非平凡且非函数依赖的多值依赖。一个满足 $4NF$ 的关系模式的特点如下：

①该关系模式中所有的依赖都满足 $BCNF$。

②该关系模式中可能的多值依赖都是平凡多值依赖。

把一个关系模式分解为 $4NF$ 的方法类似于分解为 $BCNF$ 的方法，就是当把一个关系模式利用投影的方法消去非平凡且非函数依赖的多值依赖，并具有无损连接性。

【算法 5.3】把一个关系模式分解为 $4NF$，并使其具有无损连接性。

输入：关系模式 R 和 R 的数据依赖集 D。

输出：R 关于 D 的一个无损连接分解 $\rho=\{R_1,R_2,\cdots,R_k\}$，每个 R_i 相对于 $\Pi_{R_i}(D)=(i=1,2,\cdots k)$ 是 $4NF$。

具体实现方法：

①令 $\rho=\{R\}$；

②如果 ρ 中所有模式 R_i 都是 $4NF$，则转④；

③如果 ρ 中有一个关系模式 S 不是 $4NF$，则 S 中必能找到一个多值依赖 $X\to\to Y$ 且 X 不包含 S 的候选键，$Y-X\neq\varphi$，$XY\neq S$，令 $Z=Y-X$，设 $S_1=XZ$，$S_2=S-Z$，用分解 $\{S_1,S_2\}=Z$ 代替 S，由于 $S_1\cap S_2=X$，$S_1-S_2=Z$，所以有 $(S_1\cap S_2)\to\to(S_1-S_2)$，分解具有无损连接性，转②；

④分解结束，输出 ρ。

【例 5.10】设有关系模式 $R(A,B,C,D,E,F,G)$，数据依赖集 $D=\{A\to\to BGC,B\to AC,C\to G\}$，将 R 分解为 $4NF$。

解：①令 $\rho=\{R(A,B,C,D,E,F,G)\}$。

②利用 $A\to\to BGC$，利用算法 5.3，可将 R 进一步分解为 $\rho=\{ABCG,AEF\}$。

利用 $B\to AC$ 对 $(ABCG)$ 进一步分解得：$\rho=\{ABC,BG,AEF\}$。

由此得到的三个关系模式(ABC)、(BG)和(AEF)都属于 4NF,但此分解使得函数依赖 $C \to G$ 丢失。若最后一次分解利用函数依赖 $C \to G$ 来做,则 $\rho = \{ABC, BG, AEF\}$,由此得到的三个关系模式(ABC)、(CG)和(AEF)都是属于 4NF 的关系模式,且所有的数据依赖均得以保存。这说明 4NF 的分解结果不是唯一的,结果与选择数据依赖的次序有直接关系。任何一个关系模式都可无损分解成一组等价的 4NF 关系模式,但这种分解不一定具有保持函数依赖性。

5.4.6　第五范式

【定义 5.15】假定 R(U)为一关系模式,当且仅当 R(U)的每个连接依赖都按照它的候选关键字进行连接运算时,则称关系模式 R(U)符合第五范式,记为 5NF。还可以称第五范式为投影连接范式,记为 PJNF。

如图 5-11 所示,关系 R 是一个 5NF,其连接运算是按候选关键字进行的,即 $R = V * W$。

V

A	B
a_1	b_1
a_1	b_2
a_2	b_3

*

W

B	C
b_1	c_1
b_1	c_2
b_3	c_1

=

R

A	B	C
a_1	b_1	c_1
a_1	b_1	c_2
a_2	b_3	c_1

图 5-11　5NF 关系

从原则上说,利用逐步分解的方法可以将任何一个非 5NF 的关系都分解成一组 5NF 的关系,每个关系中不存在任何连接依赖。这就是说 5NF 是可以达到的。

判定一个关系是否为 5NF,需要知道该关系的全部候选关键字和连接依赖,然后判断每个连接是否按照候选关键字进行。不过,正确地判断一个关系是否为 5NF 仍然是一个不完全清楚的过程,因为要想找出一个关系的所有连接依赖是非常困难的。

若一个关系是 3NF 的,并且它的每个关键字都是单属性,则它是 5NF 的。这个结论在实际应用中非常重要,它使得在判断一个关系是否 5NF 时,不必考虑其 MVD 和 JD 问题。

5.5　关系模式的规范化

将一个低级别范式的关系模式,通过模式分解转换为若干个高一级范式的关系模式的过程,就是所谓的规范化(normalization)。

在关系数据库中,对关系模式的最基本的规范化要求就是每个分量不可再分,在此基础上逐步消除不合适的数据依赖。规范化实质上是概念的单一化。关系模式规范化的基本步骤如图 5-12 所示。

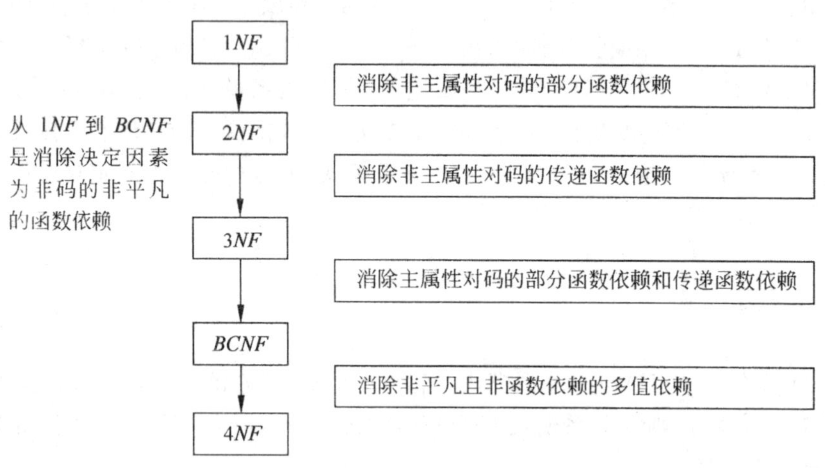

图 5-12 关系模式的规范化过程

其过程如下：

①对 1*NF* 关系进行投影，消除原关系中非主属性对关键字的函数依赖，将 1*NF* 关系转换为若干个 2*NF* 关系。

②对 2*NF* 关系进行投影，消除原关系中非主属性对关键字的传递函数依赖，从而产生一组 3*NF* 关系。

③对 3*NF* 关系进行投影，消除原关系中非主属性对关键字的部分函数依赖和传递函数依赖(也就是说，使决定属性都成为投影的候选键)，得到一组 *BCNF* 关系。

以上三步也可以合并为一步，对关系进行投影，消除决定属性不是候选键的任何函数依赖。

④对 *BCNF* 关系进行投影，消除原关系中非平凡且非函数依赖的多值依赖，从而产生一组 4*NF* 关系。

⑤对 4*NF* 关系进行投影，消除原关系中不是由候选键所蕴含的连接依赖，即可得到一组 5*NF* 关系。

⑥5*NF* 是最终范式。

需要注意的是，规范化过程过低的关系可能会存在插入异常、删除异常、修改复杂、数据冗余等问题，需要对其进行规范化，转换成高级范式。但这并不意味着规范化程度越高的关系模式就越好。在设计数据库模式结构时，必须对现实世界的情况和用户应用需求作进一步分析，确定一个合适的、能够反映现实世界的模式。也就是说，上面的规范化步骤可以在其中任何一步终止。

第 6 章　存储过程与触发器

6.1　存储过程概述

存储过程是数据库中重要的数据对象,一个设计较为理想的数据库应用程序通常都会用到存储过程。

存储过程(Stored Procedure)是一组为了完成特定功能的 SQL 语句集,经编译后存储在数据库中。它可以被客户端应用程序、另一个存储过程或触发器反复调用,它的参数可以被传递和返回。用户通过指定存储过程的名字并给出参数(如果该存储过程会有参数)来执行它。存储过程与一般的程序过程一样,能够接受输入数据,返回结果值,返回操作成功与否的状态值等。

存储过程最早是由 Sybase 在 Sybase SQL Server 产品中推出的,其产生的原因主要是 SQL 在客户服务器数据库体系结构中的执行性能受到了挑战。由于没有存储过程,应用程序发出的每个 SQL 操作请求都要通过网络发送到数据库服务器,并等待通过网络返回的应答消息。而借助于存储过程,这些操作步骤可以被编入一个过程,并存储到数据库中。应用程序只需要请求执行存储过程并等待执行结果即可。

存储过程可以返回值、修改值,将系统欲请求的信息与用户提供的值进行比较。在 SQL Server 硬件配置下,存储过程可以快速运行。它能识别数据库,而且可以利用 SQL Server 优化器在运行时获得最佳性能。

6.1.1　存储过程的类别

存储过程主要有 3 种:系统存储过程、扩展存储过程和用户自定义存储过程。

1. 系统存储过程

SQL Server 中的许多管理活动都是通过一种特殊的存储过程来执行的,这种存储过程被称为系统存储过程。例如,sys. sp_changedbowner 就是一个系统存储过程。

系统存储过程主要是从系统表中获取信息,从而为数据库系统管理员管理 SQL Server 提供支持。通过系统存储过程,SQL Server 中的许多管理性或信息性的活动(如获取数据库和数据库对象的信息)都可以被顺利有效地完成。从物理意义上讲,系统存储过程存储在 Resource系统数据库中,并且带有 sp_前缀。从逻辑上来看,系统存储过程出现在每个系统数据库和用户数据库的 sys 构架中。在 SQL Server 中,可将 GRANT、DENY 和 REVOKE 权限应用于系统存储过程。

SQL Server 支持在 SQL Server 和外部程序之间提供一个接口以实现各种维护活动的系统存储过程。这些扩展存储程序通常是使用 xp_前缀。

在 SQL Server Management Studio 中可以查看系统存储过程。启动 SQL Server Management Studio 后，在对象资源管理器中展开节点“student”→“可编程性”→“存储过程”，在“系统存储过程”下可以看到所有系统存储过程的列表，如图 6-1 所示。

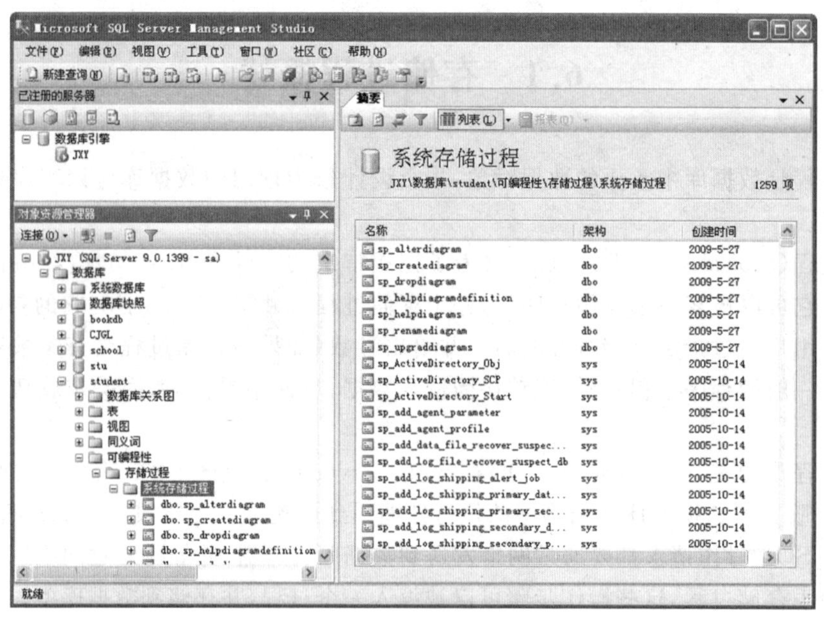

图 6-1　系统存储过程

系统存储过程在 master 数据库中，但在其他数据库中可以直接调用，并且在调用时不必在存储过程名称前加上数据库名称。因为在创建一个新数据库时，系统存储过程会在新的数据库中被自动创建。

2. 扩展存储过程

用户想要使用编程语言(例如 C)创建自己的外部例程的话，这在扩展存储过程中是被允许的。扩展存储过程是指 Microsoft SQL Server 的实例可以动态加载和运行的 DLL。扩展存储过程直接在 SQL Server 的实例的地址空间中运行，可以使用 SQL Server 扩展存储过程 API 完成编程。

有一点需要注意的是，该功能会被后续版本的 Microsoft SQL Server 删除掉。我们应避免在新的开发 IT 作中使用该功能，可以改用 CLR 集成。因为使用 CLR 存储过程可以可靠而又安全地实现扩展存储过程的功能。

3. 用户自定义存储过程

用户自定义存储过程是主要的存储过程类型，是由用户创建并能完成某一特定功能(如查询用户所需数据信息)的存储过程,是封装了可重用代码的 SQL 语句模块。用户自定义存储过程可以接受输入参数;向客户端返回表格或标量结果和消息;调用数据定义语言(DDL)和数据操作语言(DML)语句,以及返回输出参数。用户自定义存储过程虽然既可以有参数又有返回值,但是它与函数不同,存储过程的返回值只是指明了执行是否成功,并不能像函数那样被直接调用,只能用 execute 来执行存储过程。

在 Microsoft SQL Server 中,用户自定义的存储过程有两种类型:T-SQL 存储过程和 CLR(公共语言运行时)存储过程。

(1)T-SQL 存储过程

T-SQL 存储过程是指保存的 Transact-SQL 语句集合,可以接受和返回用户提供的参数。例如,根据客户端应用程序提供的信息在一个或多个表中插入新行所需的语句也可能包含于存储过程。存储过程也可能从数据库向客户端应用程序返回数据。例如,电子商务 Web 应用程序可能使用存储过程根据联机用户指定的搜索条件返回有关特定产品的信息。

(2)CLR 存储过程

CLR 存储过程是指对 Microsoft .NET Framework 公共语言运行时方法(CLR)的引用,可以接受用户提供的参数并返回结果。它们在.NET Framework 程序集中是作为类的公共静态方法实现的。

6.1.2 存储过程优点

1. 存储过程允许标准组件式编程

存储过程在被创建以后可以在程序中被多次调用,而不必重新编写该存储过程的 SQL 语句。而且数据库专业人员可随时对存储过程进行修改,但对应用程序源代码毫无影响(因为应用程序源代码只包含存储过程的调用语句),从而极大地提高了程序的可移植性。

2. 过程在服务器端运行,执行速度快

如果某一操作包含大量的 Transaction-SQL 代码或分别被多次执行,那么存储过程要比批处理的执行速度快很多。因为存储过程是预编译的,在首次运行一个存储过程时,查询优化器对其进行分析和优化,并给出最终被存在系统表中的执行计划。而批处理的 Transaction-SQL 语句在每次运行时都要进行编译和优化,因此速度相对要慢一些。

3. 存储过程可以减少网络通信流量

对于同一个针对数据库对象的操作(如查询、修改),如果这一操作所涉及的 Transaction-SQL 语句被组织成一存储过程,那么当在客户计算机上调用该存储过程时,网络中传送的只是该调用语句,否则将是多条 SQL 语句,从而大大增加了网络流量,降低了网络负载。

4. 存储过程可以强制应用程序的安全性

可以设定只有某些授权用户才可以对指定存储过程使用,而且授权用户只有通过存储过

程才可以访问这些表,否则无法访问。

存储过程虽然既有参数又有返回值,但是它与函数不同。存储过程的返回值只是指明执行是否成功,并且它不能像函数那样被直接调用,也就是在调用存储过程时,在存储过程名字前一定要有 EXEC 保留字。对数据结果进行处理时存储过程能够通过接收参数向调用者返回结果集,结果集的格式由调用者确定;返回状态值给调用者,指明调用是成功或是失败;包括针对数据库的操作语句,并且可以在一个存储过程中调用另一存储过程。

6.1.3 存储过程应用的基本策略

有两种方法可编写存储过程,一是在 SQL Server 等 DBMS 中编写存储过程,然后到高级语言中去调用 T-SQL 中编写的一个存储过程;二是嵌入式的方法编写存储过程。

数据库应用系统中采用存储过程的一些基本策略。

①重复调用的、需要一定运行效率的逻辑与运算处理宜采用存储过程中来实现。

②易于变化的业务规则应放入存储过程中。

③需要集中管理和控制的逻辑与运算处理应放入存储过程中。存储过程只需在数据库服务器中保存一份拷贝,所有的应用子系统均可调用和执行该存储过程,应用子系统只需编写相同的处理逻辑程序,这样也便于应用程序的维护与版本的管理。

④存储过程可作为保证系统数据安全性和数据完整性的一种实现机制。例如,一个用户可以被授予权限去调用存储过程执行修改某特定表的行列子集,即使他对该表没有任何其他权限,也可保证系统数据的安全性。同样,存储过程(触发器)还可使相关的表数据操作在一起发生,从而维护数据的完整性。

⑤需要对基本表的数据进行较复杂的中间逻辑处理过程才能返回所需的结果数据集时,应采用存储过程来完成。在应用程序开发中,经常会遇到这样的情况,应用程序查询分析的结果数据很难直接从基本数据表中处理得到,而需要对基本表进行较复杂的逻辑操作处理或者需要建立若干过渡临时表,才能得到最终的结果数据。如果这样处理操作均在客户端由应用程序完成,则效率是低下的,相反若采用存储过程实现,则诸多问题都会迎刃而解。

⑥在存储过程中使用数据库事务处理。在很多情况下,在存储过程都会遇到需要同时操作多个表的情况,这时就需要避免在操作的过程中由于意外而造成的数据的不一致性。因此,需要将操作多个表的逻辑放入事务中进行处理。但是需要注意的是,不能在事务中使用语句强行退出,这样会引发事务的非正常错误,不能保证数据的一致性。并且,一旦将多个处理放入事务中,系统的处理速度会有所降低,所以应当将频繁操作的多个可分割的处理过程放入多个存储过程当中,这样会大大提高系统的响应速度,但是前提是不违背数据的一致性。

6.2 存储过程的创建

在 SQL Server 中使用 T-SQL 创建存储过程的语法,T-SQL 对标准 SQL 在程序流程控制、错误处理、游标等方面进行了扩展。

在 Microsoft SQL Server 2005 系统中,创建存储过程有两种方法:一是使用 SQL Server Management Studio;二是使用 T-SQL 的 CREATE PROCEDURE 命令。

6.2.1　使用 CREATE PROCEDURE 命令创建存储过程

使用 CREATE PROCEDURE 命令创建存储过程的语法格式如下:

```
CREATE{PROC|PROCEDURE}  [schema_name.]procedure_name [;number]
[{@parameter[type_schema_name.]data_type}
[VARYING][=default][[OUT[PUT]][,…n]
[WITH<procedure_option>[,…n]
[FOR REPLICATION]
AS
{<sql_statement>[;][,…n]|<method_specifier>}[;]
```

其中各参数的意义如下。

• schema_name:过程所属的架构名称。

• procedure_name:用于指定所要创建的存储过程的名称。存储过程的命名必须符合标识符命名规则,在一个数据库中或对其所有者而言,存储过程的名称必须唯一。局部临时过程可在 procedure_name 前面使用一个数字符号(#)(#procedure_name)来实现创建,来创建全局临时过程可通过使用两个数字符号(##procedure_name)来实现创建。其中,存储过程或全局临时存储过程的完整名称(包括##)不能超过 128 个字符。局部临时存储过程的完整名称(包括#)不能超过 116 个字符。

• number:该参数是可选的整数,用来对同名的存储过程分组。想要删除这些分组过程的话,可通过使用一个 Drop Procedure 语句来实现。例如,名为 sales 的应用程序适用的过程可以命名为 salesproce1、salesproce2 等。DROP PROCEDURE salesproce 语句将删除整个组。如果名称中包含定界标识符,则数字不应包含在标识符中,只应在 procedurename 前后使用适当的定界符。

• @parameter:过程中的参数。通过将@用作第一个字符来指定参数名称。参数名称必须符合有关标识符的规则。每个过程的参数仅用于该过程本身;其他过程中可以使用相同的参数名称。在 CREATE PROCEDURE 语句中可以声明一个或多个参数。除非定义了参数的默认值或将参数设置为等于另一个参数,否则用户必须在执行过程时提供每个所声明参数的值(除非定义了该参数的默认值)。存储过程最多可以有 2100 个参数。若 For Replication 已经制定,则无法声明参数。

• [type_schema_name.]data_type:参数以及所属架构的数据类型。除 table 之外的其他所有数据类型均可用作 T-SQL 存储过程参数。可以使用用户定义表类型来声明表值参数作为 T-SQL 存储过程的参数。只能将表值参数指定为输入参数,这些参数必须带有 Readonly 关键字。但是,cursor 数据类型只能用于 OUTPUT 关键字。如果 cursor 数据类型已经指定了的话,则还必须指定 Varying 和 OUTPUT 关键字。可以为 cursor 数据类型指定多个输出参数。

· VARYING:用于指定作为输出 OUTPUT 参数支持的结果集(由存储过程动态构造,内容可以变化)。仅适用于游标参数。

· Default:用于指定参数的默认值。如果定义了默认值,不必指定该参数的值即可执行过程。默认值必须是常量或空值。如果存储过程将对该参数使用 LIKE 关键字,那么默认值中可以包含通配符(%,_,[]和[∧])。

· OUTPUT:表明该参数是一个返回参数。该选项的值可以返回给 EXEC[UTE]。使用 OUTPUT 参数可将信息返回给调用过程的调用方。text、ntext 和 image 参数可用作 OUTPUT 参数。使用 OUTPUT 关键字的输出参数可以是游标占位符。

· FOR REPLICATION:用于指定不能在订阅服务器上执行为复制创建的存储过程。使用 FOR REPLICATION 选项创建的存储过程可用作存储过程筛选,且只能在复制过程中执行。如果指定了 FOR REPLICATION,则无法声明参数。本选项不能和 WITH RECOMPILE 选项一起使用。

· AS:用于指定该存储过程要执行的操作。

· Sql_statement:是存储过程中要包含的任意数目和类型的 T-SQL 语句,但有一些限制。

6.2.2 创建存储过程的注意事项

虽然在 CREATE PROCEDURE 语句中可以包含任意数量和任意类型的 T-SQL 语句,但是,某些特殊的语句是不能包含在存储过程定义中的。这些不能包括在 CREATE PROCEDURE 语句中的特殊语句如下:

· CREATE AGGREGATE

· CREATE DEFAULT

· CREATE FUNCTION

· CREATE PROCEDURE

· CREATE RULE

· CREATE SCHEMA

· CREATE TRIGGER

· CREATE VIEW

· SET PARSEONLY

· SET SHOWPLAN_TEXT

· SET SHOWPLAN_ALL

· SET SHOWPLAN_XML

· USE database_name

除了上面列出的语句之外,其他的数据库对象都可以在存储过程中创建。

默认情况下,创建存储过程的许可归数据库的所有者,数据库的所有者可以把许可授权给其他用户。当创建存储过程时,需要确定存储过程的有以下 3 个组成部分:

· 所有的输入参数以及传给调用者的输出参数。

· 被执行的针对数据库的操作语句，包括调用其他存储过程的语句。

· 返回给调用者的状态值，以指明调用是否成功。

如果在过程定义中为参数指定 OUTPUT 关键字，则存储过程在退出时可将该参数的当前值返回至调用程序。这也是用变量保存参数值以便在调用程序中使用的唯一方法。

使用 T-SQL 语句中的 CREATE PROCEDURE 命令创建存储过程时，应该考虑下列几个事项：

①存储过程是数据库对象，其名称必须遵守标识符规则。

②数据库对象均可在存储过程中创建。可以引用在同一存储过程中创建的对象，只要引用时已经创建了该对象即可。如果在存储过程内创建本地临时表，则临时表仅为该存储过程而存在；退出该存储过程后，临时表将消失。如果执行的存储过程调用另一个存储过程，则被调用的存储过程可以访问由第一个存储过程创建的所有对象，包括临时表在内。

③不能将 CREATE PROCEDURE 语句与其他 SQL 语句组合到单个批处理中。

④如果执行对远程 SQL Server 实例进行更改的远程存储过程，则不能回滚这些更改。远程存储过程不参与事务处理。

⑤存储过程中的局部变量的最大数目仅受可用内存的限制。

⑥根据可用内存的不同，存储过程最大可达 128MB。

⑦在存储过程内，如果用于语句（例如 SELECT 或 INSERT）的对象名称没有限定架构，在架构将默认为该存储过程所在的架构。在存储过程内，如果创建该存储过程的用户没有限定 SELECT、INSERT、UPDATE 和 DELETE 语句中引用的表名或视图名，在默认情况下，通过该存储过程对这些表或视图进行的访问将受到该过程创建者的权限的限制。

⑧如果希望其他用户无法查看存储过程的定义，则可以使用 WITH ENCRYPTION 子句创建存储过程。这样，过程定义将以不可读的形式存储。

⑨不要以 sp_为前缀创建任何存储过程。sp_前缀是 SQL Server 用来命名系统存储过程的，使用这样的名称可能会与以后的某些系统存储过程发生冲突。

6.3　存储过程的管理

SQL Server 中存储过程的管理包括查看存储过程、执行存储过程、修改和删除存储过程等。

6.3.1　查看存储过程

查看存储过程有如下两种方法：一种是在 SSMS 中查看已经存在的存储过程。展开所选数据库，“可编程性”文件夹下的“存储过程”文件夹，即可看到数据库的系统存储过程和用户存储过程；另一种是使用系统存储过程：SQL Server 提供了几个系统存储过程方便用户管理数据库的有关对象。

· sp_help。用于显示存储过程的参数及其数据类型，其语法格式如下：

sp_help [[@objname=]name]

其中，参数 name 为要查看的存储过程的名称。

· sp_helptext。用于显示存储过程的源代码，其语法格式如下：

sp_helptext[[@objname=]name]

其中，参数 name 为要查看的存储过程的名称。

· sp_depends。用于显示和存储过程相关的数据库对象，其语法格式如下：

sp_depends[@objname=]'object'

其中，参数 object 为要查看依赖关系的存储过程的名称。

· sp_stored_procedures。用于返回当前数据库中的存储过程列表，其语法格式如下：

sp_stored_procedure[[@sp_name=]'name']

[,[@sp_owner=]'owner']

[,[@sp_quslifier=]'qualifier']

其中，[@sp_name=]'name'用于指定返回目录信息的过程名；[@sp_owner=]'owner'用于指定过程所有者的名称；[@sp_qualifier=]'qualifier'用于指定过程限定符的名称。

6.3.2 执行存储过程

执行存储过程可使用 EXECUTE 命令。

其语法格式如下：

[EXEC[UTE]]

[@return_status=]{procedure_name [;number]|@procedure_name_var}

[[@parameter=]{value|@variable[OUTPUT]|[DEFAULT]}|[,…n]

[WITH RECOMPILE]

执行命令中的选项含义与创建命令中的选项含义相同。

@return_status 是一个可选的整型变量，用于保存存储过程的返回状态。

procedure_name 是拟执行的存储过程的名称，该名称必须符合标识符命名规则。

number 是可选的整数，用于将相同名称的过程进行组合。DROPPROCEDURE empproc 语句可以用于除去整个组。

如果存储过程含有参数且相关默认值也没有指定的话，则调用存储过程时必须对参数赋值，可以使用两种方式传递参数：按顺序赋值和按名赋值。

①按顺序给参数进行赋值时，参数的名称无须给出，并且调用语句中值的顺序必须和存储过程定义中参数定义的顺序完全相同。如果某参数有默认值，可以使用 Default 指明该参数使用默认值，如果该参数且位于参数列表的末尾，则 Default 可以省略不写。

②采用“参数名=参数值”的方式对参数进行赋值，赋值的顺序跟存储过程定义时的顺序可存在出入。

6.3.3 修改存储过程

要更改先前通过执行 CREATE PROCEDURE 语句创建的过程，可使用 ALTER PROCEDURE 语句，但它不会更改权限，也不影响相关的存储过程或触发器。

在修改存储过程时，需要修改的字段是首选需要考虑的部分，根据这些字段在存储过程中定义相应的参数，通过参数来传递需要修改的数据。

其语法格式如下：

```
ALTER PROCEDURE procedure_name[;number]
[
{@parameter data_type}
[VARYING][=default][OUTPUT]
]
[,…n]
[
WITH{RECOMPILE | ENCRYPTION| RECOMPILE,ENCRYPTION}
]
[FOR REPLICATION]
AS
sql_statement[,…n]
```

所用参数的信息可参考 CREATE PROCEDURE 语句。

6.3.4 删除存储过程

当不再使用存储过程时，可以在 SSMS 中选择相应的数据库和存储过程，单击"删除"按钮即可，也可以使用 DROP PROCEDURE 从当前数据库中永久地删除一个或多个存储过程或过程组。

其语法格式如下：

```
DROP PROCEDURE{procedure}[,…n]
```

其中，参数 PROCEDURE 的作用是删除的存储过程或存储过程组的名称。过程名称必须符合标识符规则。

n 表示可以指定多个过程的占位符。

在删除之前，该存储过程中没有任何函数依赖关系这一点是需要确认的。

6.3.5 返回值和状态值

不管什么时候执行存储过程，最终要返回一个结果码，用以指示存储过程的执行状态。若存储过程执行成功，返回的结果码是 0；如果存储过程执行失败，返回的结果码一般是一个非零值，它和失败的类型有关。

在创建存储过程时，也可以定义自己的返回值和错误信息。

存储过程中，可以利用输出参数和利用 Return 语句向调用程序返回数据。如果在存储过程定义参数时使用了 OUTPUT 关键字，则存储过程执行结束时可以将参数的当前值返回给调用程序。在存储过程中可以使用 Return 语句向调用程序返回一个整数(称为返回代码)，指示存储过程的执行状态。

它的语法格式如下：

RETURN[integer_expression]

参数说明：

Integer_expression 是返回的整型值。存储过程可以给调用过程或应用程序返回整型值。

在执行当前过程的批处理或过程内，可以在后续 Transact-SQL 语句中包含返回状态值，但必须以下列格式输入：

EXECUTE @return_status＝procedure-name

6.4 触发器概述

触发器究其本质而言，它是一种特殊的存储过程。存储过程和触发器在数据库开发过程中，在对数据库的维护和管理等任务中以及在维护数据库参照完整性等方面具有不可替代的作用。

触发器是一组可以由系统自动执行对数据库修改的语句。如图 6-2 所示，通常一个触发器由事件、条件和动作 3 个部分组成。有时触发器也称为主动规则(active rule)，或称为事件→条件→动作规则(event-condition-action rule，ECA 规则)。触发器不同于存储过程，触发器主要是通过事件触发而被执行的，而存储过程可以通过存储过程名字被直接调用。

图 6-2 触发器的结构示意

触发器是与表紧密联系在一起的，可以看作是基本表定义的一部分。只要提及某个具表的触发器，那么就是指某个具体表的触发器。触发器是在特定表上进行定义的，该表也称触发器表。当有操作针对触发器表时，例如，在表中插入(Insert)、删除(Delete)、修改(Update)数据时，触发器就自动触发执行。

触发器基于一个表创建。一般地，对表中数据的操作有 3 种基本类型，即数据插入、修改和删除。因此，触发器也有 3 种类型，即 Insert、Update 和 Delete。

触发器可以针对一个或多个表进行操作；一张表可以有多个触发器，用户可以针对 Insert、Delete 或 Update 语句分别设置触发器，也可以针对一张表上的特定操作设置多个触发器。触发器里可以容纳非常复杂的 SQL 语句，触发器常被用来实现复杂的企业业务规则，设置复杂的完整性约束条件。

例如，在"Teaching"数据库中，存放着学生信息（表 STUDENTS）、课程信息（表 COURSES）以及学生选课信息（表 ENROLLS）。现在，如果有一门课程的信息被删除了，则在表 ENROLLS 中有关选修该课程的信息都应被删除。这种关联到三张表的一致性维护问题，可以使用触发器来实现。可以在 COURSES 表上设置一个 Delete 触发器，当删除一条 COURSES 信息时，触发器自动执行，对 ENROLLS 表进行相应的修改。

触发器在服务器将特定的操作（Insert、Delete、Update）执行结束后才执行。如果在特定数据库操作的过程中，发生了系统错误，则触发器将不会被触发，而且触发器只能作为一个独立的执行单元被执行，被看作是一个事务。如果在执行触发器的过程中发生了错误，则整个事务将自动回滚。

6.4.1　触发器的种类

触发器是一种特殊的存储过程，它可以在数据修改时被执行，称作数据操作语言（DML）触发器；也可以在数据模型操作中被执行，称作数据定义语言（DDL）触发器。触发器是一段附着在特定表上的代码，被设置为通过响应 INSERT，DELETE 或 UPDATE 命令而自动运行。然而，DDL 触发器则可以被附着在数据库中或服务器中所发生的行为上。

1. DML 触发器

如果用户要通过数据操作语言（DML）编辑数据，则 DML 触发器就会被执行。DML 事件是指对表或视图的 INSERT、UPDATE 和 DELETE 语句，即 DML 触发器在数据修改时被执行。系统将触发器和触发它的语句作为可以在触发器内回滚的单个事务对待。如果检测到错误（如磁盘空间不足），则整个事务自动回滚。

（1）DML 触发器的创建

创建 DML 触发器的语法规则如下：

CREATE TRIGGER 触发器名称

ON {table | view}　　——指定操作的对象为表或视图，视图只能被 INSTEAD OF 触发器引用

{FOR|AFTER|INSTEAD OF}　　——触发器的类型

{[INSERT][,][UPDATE][,][DELETE]}　　——指定数据修改操作

AS

SQL 语句[,…n]

说明：

· CREATE TRIGGER 语句必须是批处理中的第一个语句，该语句后面的所有其他语句被解释为 CREATE TRIGGER 语句定义的一部分；

· 只能在当前数据库中创建 DML 触发器，但当前数据库的外部对象可通过触发器来引用；

· 触发器类型可以选择 FOR | AFTER | INSTEAD OF。如果仅指定 FOR 关键字，则 AFTER 为默认值；不能对视图定义 AFTER 触发器；

· DML 支持 INSERT、UPDATE 或 DELETE 操作。这些语句可以在 DML 触发器对表或视图进行相应操作时激活该触发器。必须至少指定一个操作，选择多个操作也没问题；

· 对于含有用 DELETE 或 UPDATE 操作定义的外键表，INSTEAD OF DELETE 和 INSTEAD OF UPDATE 触发器的定义是不被允许的；

· SQL 语句含有触发条件和相应操作。触发器条件用于确定尝试的 DML 事件是否导致执行触发器操作。

(2)DML 触发器的分类

当数据库中发生数据操作语言事件时将调用 DML 触发器。在 Microsoft SQL Server 2005 系统中，按照触发器事件类型的不同，可将 DML 触发器分成 3 种类型：INSERT 类型、UPDATE 类型和 DELETE 类型。当向一个表中插入数据时，如果该表有 INSERT 类型的 DML 触发器，则该 INSERT 类型的触发器就被触发执行；如果该表有 UPDATE 类型的 DML 触发器，则当对该触发器表中的数据执行更新操作时，该触发器就执行；如果该表有 DELETE 类型的 DML 触发器，当对该触发器表中的数据执行删除操作时，该 DELETE 类型的 DML 触发器就被触发执行。也可以将这 3 种触发器组合起来使用。

按照触发器和触发事件的操作时间划分，可以把 DML 触发器分为 AFTER 触发器和 INSTEAD OF 触发器。AFTER 触发器是在记录已经被修改完，完成相关事务提交后，才会被触发执行。主要用于记录变更后的处理或检查，一旦发现错误，可以用 ROLLBACK TRANSACTION 语句来回滚本次操作。对于同一个表的操作，可以定义多个 AFTER 触发器，并定义各种触发器执行的先后顺序。INSTEAD OF 触发器执行的不是其所定义的操作(INSERT、UPDATE、DELETE)，而是触发器本身所定义的操作。这类触发器一般用来取代原本的操作，在记录变更之前被触发。

(3)创建 DML 触发器的注意事项

创建 DML 触发器应该考虑以下几个问题：

①CREATE TRIGGER 必须是批处理中的第一条语句，并且只能应用于一个表。

②触发器只能在当前的数据库中创建，但是可以引用当前数据库的外部对象。

③创建触发器的权限时默认分配给表的所有者，且不能将该权限转给其他用户。

④触发器是数据库对象，其名称必须遵循标识符的命名规则。

⑤虽然不能在临时表或系统表上创建触发器，但是触发器可以引用临时表。

⑥如果一个表的外键包含对定义的 DELETE 或 UPDATE 操作的级联，不能定义 INSTEAD OF 和 INSTEAD OF UPDATE 触发器。

⑦虽然 TRUNCATE TABLE 语句类似于没有 WHERE 子句(用于删除行)的 DELETE 语句，但它并不会引发 DELETE 触发器，因为 TRUNCATE TABLE 语句没有记录。

⑧WRITETEXT 语句不会引发 INSERT 或 UPDATE 触发器。

⑨如果指定了触发器架构名称来限定触发器，则将以相同的方式来限定表名称。

⑩在触发器内可以指定任意的 SET 语句。选择的 SET 选项在触发器执行期间保持有效，然后恢复为原来的设置。

⑪在 DML 触发器中不允许使用下列 T-SQL 语句：ALTER DATABASE、CREATE DATABASE、DROP DATABASE，RECONFIGURE、LOAD LOG、LOAD DATABASE、RESTORE LOG、RESTORE DATABASE。

2. DDL 触发器

为了响应各种数据定义语言（DDL）事件而激发。DDL 事件主要与以关键字 CREATE、ALTER 和 DROP 开头的 T-SQL 语句保持对应关系。它们可用于在数据库中执行管理任务，例如，对数据库操作进行审核和规范。

DDL 触发器是一种特殊的触发器，它在响应数据定义语言（DDL）语句时触发。它们可以用于在数据库中执行管理任务，例如，数据库操作的审核及规范。与 DML 触发器不同的是，它们不会为响应针对表或视图的 UPDATE、INSERT 或 DELETE 语句而被触发。相反，它们会为响应多种数据定义语言（DDL）语句而被触发。这些语句主要是以 CREATE、ALTER 和 DROP 开头的语句。DDL 触发器可用于管理任务，例如，审核以及规范数据库操作。

提示：测试 DDL 触发器，保证它们能够对执行系统存储过程的响应。例如，CREATE TYPE 语句和 sp_addtype 存储过程都将激发针对 CREATE TYPE 事件创建的 DDL 触发器。但是，sp_rename 存储过程不会激发任何 DDL 触发器。

对于影响局部或全局临时表和存储过程的事件，也无法触发 DDL 触发器。

DDL 触发器一般用于执行以下操作：防止对数据库架构进行某些更改；希望数据库中发生某种情况以响应数据库架构中的更改；要记录数据库架构中的更改或事件。

可以创建响应以下语句的 DDL 触发器：

①一个或多个特定的 DDL 语句。

②预定义的一组 DDL 语句。可以在执行属于一组预定义的相似事件的任何 T-SQL 事件后触发 DDL 触发器。例如，如果希望在运行 CREATE TABLE、ALTER TABLE 或 DROP TABLEDDL 语句后触发 DDL 触发器，则可以在 CREATE TRIGGER 语句中指定 FOR DDL TABLE EVENTS。运行 CREATE TRIGGER 后，事件组涵盖的事件都添加到 sys. trigger-events 目录视图中。

③选择触发 DDL 触发器的特定 DDL 语句。

并非所有的 DDL 事件都可用于 DDL 触发器中。有些事件只适用于异步非事务语句。例如，CREATE DATABASE 事件不能用于 DDL 触发器中。

DDL 触发器的作用域不是架构。因此，将 OBJECT_ID、OBJECT_NAME、OBJECTPROPERTY 和 OBJECTPROPERTYEX 用于查询有关 DDL 触发器的元数据是不可行的。需要改用目录视图。

示例：

```
CREATE TRIGGER safety
ON DATABASE
FOR DROP_TABLE
```

```
AS
PRINT N  ——如果想删除表,请删除 safety 触发器。
ROLLBACK
```

6.4.2 触发器的功能

触发器的主要作用是能实现由主键和外键所不能保证的复杂的参照完整性和数据一致性,除此之外,触发器还有其他许多不同的功能。

1. 可以调用存储过程

为了响应数据库更新,触发器的操作可以通过调用一个或多个存储过程,甚至可以通过调用外部过程完成相应操作。

2. 跟踪变化

触发器可以侦测数据库内的操作,从而禁止了数据库未经许可的更新和变化,使数据库的修改、更新操作更安全,数据库运行更稳定。例如,在库存系统中,触发器可以检测到当实际库存下降到了需要再进货的临界值时,就给管理员相应的提示信息或自动生成给供应商的订单。

3. 可以强化数据条件约束

触发器能够实现比 CHECK 语句更为复杂的约束,更适合在大型数据库管理系统中用来约束数据的完整性。触发器可以很方便地引用其他表的列,去进行逻辑上的检查;触发器是在 CHECK 之后执行的;触发器可以插入、删除、更新多行。

4. 级联和并行运行

触发器可以侦测数据库内的操作,并自动地级联影响整个数据库的各项内容。例如,某个表的触发器中包含有对另外一个表的数据操作,如删除、更新、插入,而该操作又导致该表上的触发器被触发。

由此可见,触发器可以实现高级形式的业务规则、复杂行为的限制和定制记录等功能。

6.5 创建触发器

创建触发器的方法有两种,可以使用 SQL Server Management Studio 创建一个触发器,也可以使用 Transact-SQL 语言的 CREATE TRIGGER 语句创建一个触发器。

使用 CREATE TRIGGER 命令创建触发器的语法如下:

```
CREATE TRIGGER trigger_name
ON{table | view}
[WITH ENCRYPTION]
```

```
{
    {{FOR|AFTER|INSTEAD OF}
      {[DELETE][,][INSERT][,][UPDATE]}
        [WITH APPEND]
        [NOT FOR REPLICATION]
          AS
          [{IF UPDATE(column)
          [{AND | OR}UPDATE(column)]
          [,…n]
        |IF(COLUMNS_UPDATED(){bitwise_operator}updated_bitmask)
      {comparison_operator}column_bitmask[,…n]
    }]
    sql_statement[,…n]
    }
}
```

其中各参数的含义如下。

· trigger_name 是触发器的名称。触发器名称必须符合标识符规则，且必须保证其在数据库中的唯一性。

· table | view 是与创建的触发器相关的表的名称或视图名称。

· WITH ENCRYPTION 表示对包含 CREATE TRIGGER 语句的 syscomments 表加密。

· AFTER 指定触发器只有在 SQL 语句中指定的所有操作都已成功执行后才触发。只有在所有的引用级联操作和约束检查也必须成功完成后此触发器才能够被执行。如果仅指定 FOR 关键字，则 AFTER 是默认设置。需要注意的是，不能在视图上定义 AFTER 触发器。

· INSTEAD OF 可参看 INSTEAD OF 触发器。

· {[DELETE][,][INSERT][,][UPDATE]}是指定在表或视图上执行哪些数据修改语句时将激活触发器的关键字。必须至少指定一个选项。在触发器定义中允许使用以任意顺序组合的这些关键字。如果指定的选项多于一个，需用逗号将这些选项分割开来。

· WITH APPEND 用于指定添加现有的其他触发器。只有当兼容级别不大于 65 时，该可选子句才需要使用。WITH APPEND 不能与 INSTEAD OF 触发器一起使用，或者，如果显式声明 AFTER 触发器，也不能使用该子句。只有当出于向后兼容的目的而指定 FOR 时(没有 INSTEAD OF 或 AFTER)，该子句才能够被使用。

· NOT FOR REPLICATION 表示当复制进程更改触发器所涉及的表时，不应执行该触发器。

· AS 是触发器要执行的操作。

· IF UPDATE(column)用于测试在指定的列上进行的 INSERT 或 UPDATE 操作，不能用于 DELETE 操作。可以指定多列。因为在 ON 子句中指定了表名，所以在 IF UPDATE 子句中的列名前不要包含表名。若对多个列上进行的 INSERT 或 UPDATE 操作进行测试的话，可在第一个操作后指定单独的 UPDATE(column)子句。在 INSERT 操作中 IF UPDATE 将返回 TRUE 值，因为这些列插入了显式值或属性(NULL)值。column 是要测试 INSERT 或 UPDATE 操作的列名。该列可以是 SQL Server 支持的任何数据类型。但是，计算列在该环境中是不能使用的。

· IF(COLUMNS_UPDATED())用于测试是否插入或更新了提及的列，仅用于 INSERT 或 UPDATE 触发器中。COLUMNS_UPDATED 返回 varbinary 位模式，表示表中的哪些列有插入或更新存在。

· bitwise_operator 是用于比较运算的位运算符。

· updated_bitmask 是整型位掩码，表示实际更新或插入的列。例如，表 t1 包含列 C1、C2、C3、C4 和 C5。假定表 t1 上有 UPDATE 触发器，若要检查列 C2、C3 和 C4 是否都有更新，指定值为 14；若要检查是否只有列 C2 有更新，指定值为 2。

· comparison_operator 是比较运算符。使用等号(=)检查 updated_bitmask 中指定的所有列是否都实际进行了更新。使用大于号(>)检查 updated_bitmask 中指定的任一列或某些列是否已更新。

· column_bitmask 是要检查的列的整型位掩码，用来检查是否已更新或插入了这些列。

· sql_statement 是触发器的条件和操作。触发器条件指定触发准则，以确定 DELETE、INSERT 或 UPDATE 语句是否导致执行触发器操作。

6.6 触发器的管理

触发器统一也是一种数据库对象，创建了触发器后，还可以对其进行修改、删除、查看、设置等一系列管理工作。

6.6.1 查看触发器信息

触发器也是存储过程，所以触发器被创建以后，它的名称存放在系统表 sysobjects 中，syscomments 系统表是它存放创建源代码的位置。

若要显示作用于表上的触发器究竟对表有哪些操作，必须查看触发器信息。触发器的不同信息，可以通过 SQL Server 提供的系统存储过程 sp_help、sp_helptext 和 sp_depends 来查看。

· sp_help。用于查看触发器的一般信息，如触发器的名称、属性、类型、创建时间。

语法格式如下：

sp_help trigger_name

· sp_helptext。用于查看触发器的正文信息。

语法格式如下：

sp_helptext trigger_name

· sp_depends。用于查看指定触发器所引用的表或者指定的表涉及的所有触发器。

其语法格式如下：

sp_depends trigger_name

sp_deoends table_name

6.6.2　修改触发器

可以使用 ALTER TRIGGER 语句，更改以前使用 CREATE TRIGGER 语句创建的 DM 或 DDL 触发器的定义。

若要更改 DML 触发器，需要对定义该触发器所在的表或视图具有 ALTER 权限，若要更改服务器作用域(ON ALL SERVER)的 DDL 触发器，需要对服务器具有 CONTROL SERVER 权限。若要更改数据库作用域(ON DATABASE)的 DDL 触发器，需要对当前数据库具有 ALTER ANY DATABASE DDL TRIGGER 权限。

另外，用户还可以使用 sp_rename 系统存储过程重命名触发器。需要注意的是，重命名 DDL 触发器不会更改其在触发器定义文本中的名称，若要更改定义中的触发器的名称，请使用 ALTER TRIGGER 直接修改触发器。

触发器正文信息可通过 ALTER TRIGGER 命令实现修改，其语法格式如下：

```
ALTER TRIGGER trigger_name
ON{table | view}
[WITH ENCRYPTION]
{
    {{FOR|AFTER|INSTEADOF}
    {[DELETE][,][INSERT][,][UPDATE]}
    [WITH APPEND]
    [NOT FOR REPLICATION]
      AS
      [{IF UPDATE(column)
      [{AND | OR}UPDATE(column)]
      [,…n]
    |IF(COLUMNS_UPDATED(){bitwise_operator}updated_bitmask)
      {comparison_operator}column_bitmask[,…n]
    }]
    sql_statement[,…n]
  }
}
```

其中，各参数或保留字的含义参看创建触发器语句 CREATE TRIGGER。

6.6.3 删除触发器

用户在使用完触发器后可以将其删除，只有触发器属主才有权删除触发器。已创建的触发器可通过以下方法来删除。

①使用 SQL Server Management Studio 删除。方法很简单，直接在相应的触发器节点上右击，选择“删除”命令，在出现的“删除对象”对话框中单击“确定”按钮，即可删除相应的触发器。

②用系统命令 DROP TRIGGER 删除指定的触发器，其语法格式如下：

DROP TRIGGER trigger_name

此外，删除触发器所在的表时，SQL Server 将自动删除与该表相关的触发器。

6.6.4 更新触发器

更新触发器的执行步骤如下：

首先，执行 UPDATE 语句进行更新操作。系统检查被更新值的正确性(如约束等)，如果正确，在表中修改该行的信息，将修改前的旧行存放到 deleted 表中，并将修改后的新行存放到 inserted 表中。

然后，执行触发器中的相应语句。如果修改了某些表中相应列的信息并执行到 ROLLBACK 语句，则系统将回滚整个操作(将新值改为旧值，对触发器中已经执行的操作做反操作)。

6.6.5 触发器的禁用/启用

当不再需要某个 DML 或者 DDL 触发器时，除了删除，还可以禁用该触发器。禁用触发器不会将其删除，该触发器仍然作为对象存在于当前数据库中。但是，当引发触发器的任何 Transact-SQL 语句运行时，触发器将不会激发。可以重新启用禁用的触发器。

启用触发器会使该触发器像在最初创建时那样激发。创建触发器后，这些触发器在默认情况下处于启用状态。

可以使用 DISABLE TRIGGER 语句禁用触发器，其语法可表示如下：

DISABLE TRIGGER{[schema.]trigger_name[,…n]|ALL}

ON {object_name|DATABASE|SERVER}

同样，可以使用 ENABLE TRIGGER 语句重新启用触发器，其语法可表示如下：

ENABLE TRIGGER {[schema.]trigger_name[,…n]|ALL}

ON {object_name|DATABASE|SERVER}

其中：

· trigger_name 为要禁用或重新启用的触发器的名称。

· ALL 表示禁用或重新启用在 ON 子句作用域中定义的所有触发器。

· object_name 为 DML 触发器 trigger_name 相关联的表或视图的名称。

· DATABASE 表示数据库作用域的 DDL 触发器。

· ALL SERVER 表示服务器作用域的 DDL 触发器。

也可以通过 SQL Server Management Studio 禁用的方式，直接在相应的触发器节点上右击，在弹出的快捷菜单中选择“禁用”命令，如图 6-3 所示。

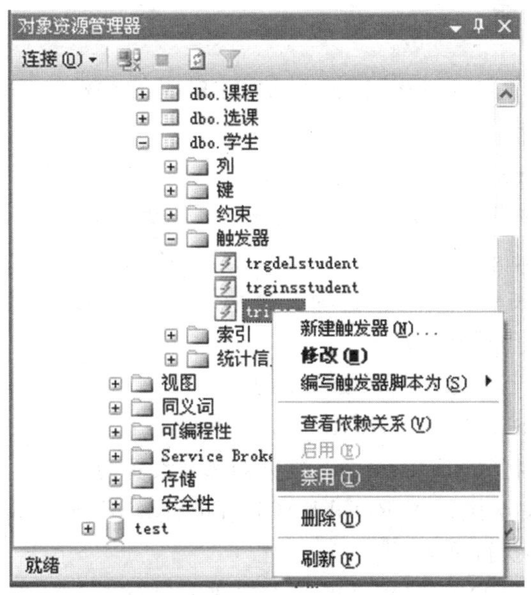

图 6-3 选择“禁用”命令

若该触发器已经禁用，在这里选择“启用”命令即可启动该触发器。

6.7 几种特殊的触发器

6.7.1 登录触发器

登录触发器将是由登录(logon)事件而激活的触发器，与 SQL Server 实例建立用户会话时将引发此事件。登录触发器将在登录的身份验证阶段完成之后且用户会话实际建立之前激发。因此，在触发器内部通常将到达用户的所有消息(例如错误消息和来自 Print 语句的消息)传送到 SQL Server 错误日志。如果身份验证失败，该登录触发器将不会被激活。会话可通过登录触发器来实现审核和控制，例如通过跟踪登录活动、限制 SQL Server 的登录名或限制特定登录名的会话数。

创建登录触发器的 Create Trigger 语句的具体语法如下：

```
Create Trigger trigger_name
On All Server
```

[With Encryption]
{For | After} Logon
As sql_statement[;]

其中各参数的含义和创建 DDL 触发器中的 Create Trigger 语句中的参数含义没有出入。

6.7.2 递归触发器

如果 RECURSIVE_TRIGGERS 设置由 ALTER DATABASE 启动了的话，则 SQL Server 还允许递归调用触发器。

使用 server trigger recursion 选项可指定是否允许服务器级触发器递归激发。当此选项设置为 1(ON)时，将允许服务器级触发器递归激发。当设置为 0(OFF)时，服务器级触发器不能递归激发。当 server trigger recursion 选项设置为 0(OFF)时，直接递归将会被阻止。(若要禁用间接递归，请将 nested triggers 选项设置为 0)该选项的默认值为 1(ON)。该设置更改后立即生效，服务器将无须重新启动。

在使用过程中，以下三个方面是需要注意的：

其一，禁用 RECURSIVE TRIGGERS 的设置只能阻止直接递归。若要同时禁用间接递归，请使用 sp_configure 将 nested triggers 服务器选项设置为 0。

其二，如果任一触发器执行了 ROLLBACK TRANSACTION 语句，则无论嵌套级是多少，其他触发器都无法再执行下去。

其三，如果为表定义的 INSTEAD OF 触发器对表执行了一般会再次触发 INSTEAD OF 触发器的语句，该触发器不会被递归调用，而是像表中没有 INSTEAD OF 触发器实现对该语句的处理，并启动一系列约束操作和 AFTER 触发器执行。例如，如果触发器定义为表的 INSTEAD OF INSERT 触发器，并且触发器对同一个表执行 INSERT 语句，则由 INSTEAD OF 触发器执行的 INSERT 语句不会再次调用该触发器。触发器执行的 INSERT 将启动执行约束操作的进程，并为表定义的任一 AFTER INSERT 触发器将会被触发。

6.7.3 嵌套触发器

如果一个触发器在执行操作时引发了另一个触发器，而这个触发器又接着引发下一个触发器。这些触发器就是嵌套触发器。

一些有用的日常工作可通过嵌套触发器来执行，如保存前一个触发器所影响行的一个备份副本。如果一个触发器更改了包含另一个触发器的表，则第二个触发器将被触发，然后该触发器又可以调用第三个触发器，依此类推。如果链中任意一个触发器引发了无限循环，则会超出嵌套级限制，触发器也就会被取消。若要禁用嵌套触发器，请用 sp_configure 将 nested triggers 选项设置为 0(关闭)。默认配置允许嵌套触发器。如果关闭嵌套触发器，则不管使用 ALTER DATABASE 设置的 RECURSIVE TRIGGERS 设置如何，递归触发器都将被禁用。

第7章　关系查询处理与优化

7.1　数据库系统的查询处理

在查询处理过程中，一个查询被转换成一个对数据库的操作序列，并执行该序列。查询处理包含了一系列的活动，包括将高级数据库语言（如SQL）表示的查询转换成在低级的系统物理层实现的形式（即实现关系代数的操作序列）、多种查询优化变换、查询的评价（实际执行）。

查询处理是DBMS中用户所能感觉到的性能影响最大的部件，主要由查询编译器和执行引擎两部分组成。利用查询编译器将查询翻译成一种内部形式，称为查询计划。查询计划是要执行的数据操作序列，这些操作一般就是关系代数的实现。查询编译器由三部分组成：语法分析器，由文本形式的查询构造出一个该查询的语法树（syntax tree）；语句翻译器，对查询进行语义检查，对语法树结构进行某些转换，将语法树转换成代数操作树（即逻辑查询计划）；查询优化器，将逻辑查询计划经多次变换、统计分析和选优，最后转换成最有效的实际数据库操作序列（即物理查询计划）。执行引擎与DBMS的相关部件直接或通过缓冲区间接地执行交互，负责优化产生的物理查询计划的执行，实现其中的各步操作。

RDBMS查询处理可以分为四个阶段：查询分析、查询检查、查询优化和查询执行，如图7-1所示。

7.1.1　查询分析

查询分析要对查询语句进行扫描、词法分析和语法分析。从查询语句中将语言符号识别出，如SQL关键字、属性和关系名称等，并进行语法检查和分析，对语句是否符合SQL语法规则进行检查。

查询处理中的语法分析与一般语言的编译系统中的语法分析类似，主要是检查查询的合法性，包括单词、其他句子成分是否正确，以及它们是否构成一个合乎语法的句子，并将其转换成一种能清楚地表示查询语句结构的语法分析树。

下面是一个查询的基本语法规则：

<Query>::<SFW>|<Rel-Exper>|<Query>

<Query>是所有规则SQL查询语句，<Rel-Exper>表示一个或多个关系和UNION、INTERRSECT、JOIN等操作组成的表达式，<SFW>表示常用的Select-From-Where形式的查询，即

<SFW>::=SELECT<S_List>WHERE<Condition>

＜S_List＞∷=＜Attribute＞{,Attribute}|＜S_Expr＞

＜F_List＞∷=＜Relation＞{,Relation}|＜F_Expr＞

{,}表示其中的元素为0,1或多个。＜S_Expr＞表示SELECT后的列表中的元素可以是表达式或者聚集函数。＜F_Expr＞表示FROM后的列表中的元素可以为表达式。＜Condition＞为一般意义的条件表达式,包括由逻辑运算符AND、OR、NOT等构成的逻辑表达式,由比较操作符=、＜、＞、≤、≥、≠构成的关系表达式等。

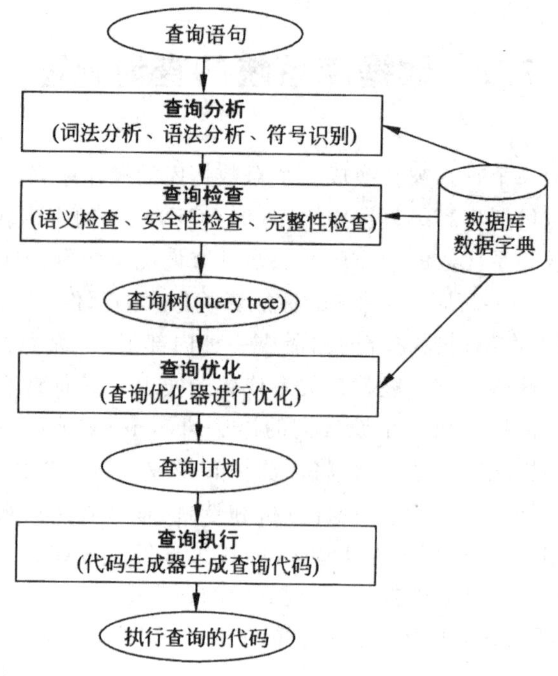

图7-1　关系数据库查询处理

7.1.2　查询检查

查询检查首先根据数据字典对合法的查询语句进行语义检查,检查语句中识别出的语言符号在数据库中是否存在、是否有效。对用户进行的检查是根据数据字典中的用户权限和完整性约束定义来完成的,如果用户不具备相应的访问权限或者违反了完整性约束原则,该查询的执行就会被拒绝。检查通过后,把查询语句转化成为等价的关系代数表达式。

在RDBMS中一般都用查询树(query tree)(也称为语法分析树(syntax tree)),来作为查询的内部表示形式。这个过程中要把数据库对象的外部名称转换为内部表示。语法分析树是一个查询的语法元素构成的树,按树的结构定义,有:

＜Syntax－tree＞∷=＜N,E＞

n∷=＜Atom＞|＜Stn-Cat＞

＜Atom＞∷=Syntaxpart

如关键字、关系属性名、常数、运算符等。

＜Syn-Cat＞::=＜Sub-tree＞

＜Sub-tree＞::=a tree formed by component

如＜SFW＞、＜Condition＞等。

E::={$n_i - n_j$ | n_j 按语法规则是 n_i 的一个部件}

语句翻译又称预处理，主要负责语义检查，检查关系和视图使用的合法性，检查并解释属性的使用；替换视图成定义它的语法树；最后转换成关系代数表达式树。

①关系使用检查，保证在 FROM 子句的 F_List 表中出现的关系名必须是该查询所对应的模式中的关系或视图名。

②视图替换，若查询语句中的关系实际上是一个视图，则在 FROM 子句的 F_List 表中该视图的出现都用其语法树来替代。语法树由视图的定义获得，其本质上就是一个查询语句。

③属性使用检查与解析。SELECT 子句和 WHERE 子句中所涉及的每个属性必须是当前范围(extension)的某个关系的属性。如果在语句中，属性名前没有显式地冠上关系名，翻译器则将它所引用的关系名附到属性名上来解析(resolve)。同时还检查属性(值)的二义性，即同一属性(值)不能同时属于两个及两个以上具有该属性的关系的范围。

④数据类型检查。所有用到的属性的类型及相连的运算符必须适当，且相互兼容。

⑤关系代数转换。查询的语法树经过上述一系列的关系检查、视图替换、属性检查与解析后，若没有错误，则被转换成扩展的关系代数表达式树。该树的结点就是关系代数表达式的组件，包括运算符。

转换语法树成关系代数表达式(树)的基本规则有两条：对于简单的＜SFW＞式树，将其转换成代数表达式树，该树自底向上为：

①＜F_List＞中的每一关系为一叶结点，若有多个关系，则其父结点为积运算符“×”。它们整体作为上一层结点的选择运算的参数。

②再上一层结点为选择运算 σ_C，其中 C 就是＜Condition＞表达式。选择运算又作为上一层结点的投影运算的参数。

③树根为投影运算 π_L，其中 L 就是＜S_List＞中的属性列表。

对于嵌套查询的语法树，其转换规则为：

①将子查询的＜SFW＞式树按上一条规则转换成关系代数表达式(子)树。

②将外层的＜SFW＞式树也按上一条规则转换成代数表达式树。不过，不是采用代数选择运算 σ_C，而是采用一双参数选择运算 σ，＜Condition＞仍为其中一个参数，标识一个分析子树，该子树中包含子查询的代数表达式子树。被选择的对象为其另一个参数。

③进一步用单参数选择和其他关系代数操作符来替换双参数选择操作符。这可能有多种情况。

设有一双参数选择，其参数分别为关系 R 和形如 t IN S 的＜Condition＞，其中 S 为一非相关子查询(即它与被检测的元组无关，可以只计算一次)，t 是 R 的(某些)属性构成的一个元组。则树变换如下：

①用子查询的表达式树代替 S。若有重复元组，表达式树的根应有“去掉重复”操作 δ，这样表达式树所产生的元组与元查询的元组树一样。

②用一个单参数选择 σ_C 替换双参数选择，其中 C 是一个条件表达式，其条件是 t 的分量

与 S 中相应属性值相等。

③给 σ_C 一个单参数，即其子结点运算符“×”，它为子结点 R 与 S 的积运算。

7.1.3 查询优化

每个查询都会有多种可供选择的执行策略和操作算法，一个高效的查询处理策略的选择即为查询优化。DBMS 会调用系统的优化处理器制定一个执行策略，由此产生一个查询计划，其中如何防伪数据库文件和如何存储中间结果等都包括在内。

对于关系型数据库来说，查询优化过程是由 RDBMS 自动完成的，它与用户书写的查询语句没有任何关系。系统自动生成的若干候选查询计划并从中选取“好的”查询计划的程序称为查询优化器。查询优化器是关系数据库的巨大优势所在，它使用户无须考虑如何较好地表达查询以获得较高的效率，而且系统自动优化存取路径可以比用户的程序做得更好。

7.1.4 查询执行

针对查询优化器得到的查询计划，系统的代码生成器产生出这个计划的执行代码。

生成物理查询计划要做的主要工作为：

第一，确定实现每一关系代数操作的算法(基于排序、基于 Hashing 和基于索引)。按操作实现的复杂度来分，有一趟(从磁盘读一遍数据)、两趟(自磁盘读两遍数据)和多趟(读多遍磁盘数据)算法。

要确定各操作的算法，其中最主要的是确定：

①SELECT 操作的算法。包括扫描、二分查找和通过索引查找，其中索引查找又可分为＜主索引＋关键字等值＞法、＜主索引＋非关键字等值＞法、＜次索引＋索引属性等值＞法、＜主索引＋比较(＜，＞，＝，≠等)＞法、＜次索引＋比较＞法等；使用的索引可以是单个，也可以是多个；可以用简单索引，也可使用复合索引。

②JOIN 操作的算法。实现连接操作的算法与缓冲区的使用有很大的关系。若已知道(或可估算)执行连接所需缓冲区的大小，则可分别应用相适应的排序连接。Hashing 连接或索引连接算法。若不知或不能确定所需缓冲区的大小，则可用一趟连接(假定缓冲区足够大)或嵌套循环连接算法。

③排序操作的算法。排序对查询处理很重要，排序操作的算法也极大地依赖于缓冲区的大小，若缓冲区足够大，能容纳整个关系，则许多已开发的标准算法，如“快速排序”法，可以直接使用。若缓冲区容不下整个关系，则要采用所谓的“外排序”(external sorting)，最常用的就是“外排序—合并”算法，其基本思想就是先依次地读取关系的一部分，并分别将其排序后存入若干临时文件，然后将各临时文件合并成一个。

第二，决定中间结果何时被“物化”(materializing，即实际存储到各磁盘上)、何时被“流水作业地传递”(pipelining，即直接传送给一个操作，而不实际保存)。理想的物理查询计划是一个物理操作序列，一个操作的结果在内存中直接被传送到下一个操作作为其输入，这就叫流水作业，然而，有时需要实际存储一个操作的结果，这就叫物化，它可以节省另一个(甚至一些)操作所需的时间和内存时间。还可以有介于流水作业与物化之间的中间法，就是内存（不是磁盘上）物化，这实际是流水作业式传递的一种。

第三，物理操作的确定与注释。物理查询计划由物理操作构成，每一操作实现计划中的一步。逻辑查询计划中的每一（扩展）关系代数操作都由特定物理操作来实现。物理查询计划中各个 DBMS 可能使用自己的不同操作。

①扫描操作。在逻辑查询计划树上的叶子，即作为操作数的关系，生成物理查询计划时，它们将由一个“扫描”操作代替，这种扫描操作可以有：RelScan(R)，顺序地读入关系 R 的元组块；SortScan(R,L)。顺序地读入关系 R 的元组，再按列表 L 中给出的属性的值排序；IndexScan(R,C)，其中 C 形如 $A\theta c$ 的条件，A 是关系 R 的一个属性，θ 是一个比较操作符，C 是一个常数。该操作通对 A 建立的索引自 R 中读取满足 C 条件的所有元组；IndexScan(R,A)，A 是 R 的一个属性，通过对 $R.A$ 建立的一个索引读取整个关系 R。该操作似乎与 RelScan(R)一样，但在 R 未被聚集和/或其块查找较麻烦时，对某些情况该操作会更有效些。

②选择的物理操作。对于关系代数操作 $\sigma_C(R)$，根据不同的情况使用不同的物理操作来实现：若 R 没有索引，或者没有关于条件 C 中出现的属性的索引，则使用 Filter(C)。此时，若 R 实际上是一个物化的中间结果或存储关系，则要先使用 RelScan(R)或 SortScan(R,L)来读取 R。其中，若 $\sigma_C(R)$的结果后面要被传递一个需要其变元排序的操作符，则使用 SortScan(R,L)较合适。若条件 C 能表示成 $A\theta c$ AND C′，并且有一个关于 $R.A$ 的索引，则使用 IndexScan(R,$A\theta c$)和 Filter(C')来代替 $\sigma_C(R)$。

③物理排序操作。一个关系的排序可能发生在物理查询计划中的任何一点。在连接或分组操作中，当采用基于排序的算法时，则先要对变元排序；当实现 ORDER BY 子句或逻辑查询代数操作时，则可在物理查询计划的顶端进行排序操作。一般地，对于存储关系或物化的中间结果关系，可使用前面介绍的物理操作 SortScan(R,L)。但对于没有存储的操作数关系的排序，一般要用一个显式的物理排序操作 Sort(L)。

此外，需要注意，所有其他的关系代数操作都由一个适当的物理操作替代，并且给予一些注释，这些注释指明，如要执行的操作（连接、分组等）、必要的参数（连接中的条件、分组中的属性列表等）、所使用的算法的一般策略（基于排序、基于 Hashing 或基于索引的算法策略）、所有算法的实现策略（　趟、两趟或多趟的策略）、预计所需缓冲区数）。

物理计划生成与优化是一个交替反复的过程，经多次反复后，当获得一个（被认为是）最优的物理查询计划，剩下要考虑的就是物理操作的顺序问题。

物理查询计划是以操作为结点的树的形式，而数据必须自叶结点沿着树向根流动，这就隐含着操作的顺序。下面是一个物理查询计划树中隐含事件的排序规则：在表示物化的边上将树分解为子树，然后将子树一次一棵地执行；对于整棵树，按前序遍历（即先下后上，先左后右）执行各子树，保证各子树按前序遍历退出的顺序依次执行；以迭代器网络来执行每一子树的所有结点，这样在一棵子树中的所有结点被同时执行，而以 GetNext 函数调用其中的操作符来决定事件的确切顺序。根据这个策略，现在可以最后生成查询的可执行代码，它也许就是一个函数调用序列。

物理计划的优化与生成过程是统一的。在上面的物理计划生成过程中，如何决定关系代数操作的实现算法、如何确定中间结果是物化还是流水作业、使用什么样的物理操作及注解等，其过程是反复的代价评估与选优的过程。物理计划的执行代价也是按其所需系统资源来度量，其中最主要的就是磁盘存取和CPU时间。为了进行有效的代价估算，必须使用有关的统计信息，要维护所涉及的关系R的有关信息，如存储的块数、元组的个数、元组的大小（字节数）、有关属性的不同值的个数（它决定作为θ连接和投影操作的结果关系的大小）。此外，还要维护有关索引的信息，如索引树的高度（层数）、索引的最低层的块数，以及缓冲区的大小等。

通过上述一系列处理后得到的最优物理查询计划由执行引擎具体执行。执行时向存储数据管理器发出请求以获取相应的数据，依计划中给出的顺序执行各步操作；同时与事务管理器交互，以保证数据的一致性和可恢复性；最后输出查询结果。

7.2 查询优化

查询处理过程是指数据库按用户指定的SQL语句中的语义，执行语义所限定的操作。由于SQL语句的执行效率对数据库的效率能够产生较大的影响，为了提高查询语句的执行效率，还必须对查询语句进行优化。

对于一个给定查询，处理策略有多种，不同策略的代价不一样，尤其是对于较复杂的查询，其代价可以相差几个数量级。因此，系统花费一定的时间来选择一个好的处理策略是值得的，这就是查询优化。

查询优化常用的方法不外乎代数优化和物理优化。①代数优化：指关系代数表达式的优化，即根据某些启发式规则，改变代数表达式中的次序和组合，使查询执行得更高效，例如“先选择、投影和后连接”等就可完成优化，所以还可以称为规则优化；②物理优化：存取路径和底层操作算法的选择，可以是基于规则的、基于代价的，也可以是基于语义的。

实际优化过程中，为了达到更好的优化效果往往都综合使用这些优化技术。

7.2.1 查询优化的必要性与可行性

1. 查询优化的必要性

用户所提交的SQL语句的集合即为查询计划，一个好的查询计划往往可以使程序性能提高数十倍。DBMS处理查询计划的过程是这样的：在做完查询语句的词法、语法、语义检查之后，将语句提交给DBMS的查询优化器，优化器做完代数优化和存取路径优化之后，由预编译模块对语句进行处理，使得查询规划得以生成，然后在合适的时间提交给系统处理执行，最后将执行结果返回给用户。

查询优化的必要性通过下面的例子来进行说明。

【例7.1】在关系模式S(学生)，C(课程)，SC(选课)中，查询修读课程号为C5的所有学生姓名。

此查询的SQL查询语言的语句格式如下：

SELECT S.Sname FROM S,SC WHERE S.Sno=SC.Sno AND SC.Cno='C5';

针对这一查询的完成，系统可以有多种等价的关系代数表达式来实现。一般而言，在 SQL 语句转换为关系代数表达式的过程中，SELECT 语言对应投影运算，FROM 语句对应笛卡儿积运算，WHERE 子句对应选择运算。例如可以写出下面三种表达式：

$$Q_1 = \pi_{Sname}(\delta_{S.Sno=SC.Sno \wedge SC.Cno=C5}(S \times SC));$$

$$Q_2 = \pi_{Sname}(\delta_{SC.Cno=C5}(S \bowtie SC));$$

$$Q_3 = \pi_{Sname}(S \bowtie \delta_{SC.Cno=C5}(SC))。$$

当然，其他等价的关系代数表达式也可以被写出来，但只要分析以上式子就可以说明问题。

下面用简单的方法来计算这 3 种表达式查询所需的时间。在计算前先做如下的统一约定：

①设 S 有 1000 个元组，SC 有 10000 个元组，其中修读 $C5$ 的元组数为 50。

②磁盘中每个物理块能存放 10 个 S 元组，或 100 个 SC 元组。

③内存有 6 个块的缓冲区，其中 5 块可以存放 S 元组，1 块存放 SC 元组。

④读/写一块磁盘的时间为 1/20s，即 1s 读写 20 个磁盘块。

⑤为了有效简化，所有内存操作所花的时间忽略不计。

(1)计算 Q_1 的查询时间

①做笛卡儿乘积。将 S 与 SC 的每个元组相连接，其方法为先读入 S 中的 50 个元组(5×10)至 S 表中的内存缓冲区，然后不断地将 SC 的元组按 100 位一块读入后与 S 的元组相连接，直至所有 SC 元组(共计 100 次)均被读完。这种操作内连接满 100 位后就写中间文件一次。进行这样的操作反复进行下去，直至做完笛卡儿乘积，此时共读取总块数为

$$\frac{1000}{10}+\frac{1000}{10\times5}\times\frac{10000}{100}=100+20\times100=2100(块)$$

其中读 S 表 100 块，读 SC 表 20 次，每次 100 块。由于每块花费时间 1/20s，此时总共花费时间 105s。连接后的元组数为 $10^3\times10^4=10^7$，设每块(约)能装 10 个元组，则写入中间文件需要花费的时间为 $10^6/20=5\times10^4$s。

②做选择操作。从中间文件中读出连接后的元组，按选择要求选取记录(此项为内存操作，时间可忽略不计)，此项操作所需时间与写入中间文件时间是相同的，即 5×10^4s。满足条件的元组假设为 50 个，均放在内存。

③做投影操作。第二项操作的结果满足条件的元组数为 50 个，它们可全部存放在内存。对它们在 S 上做投影操作，由于是在内存中进行，耗时较短几乎可忽略不计。

这样 Q_1 的全部查询时间为 $10+2\times5\times10^4\approx10^5$s。也就是说需要超过一天的时间来完成。

(2)计算 Q_2 的查询时间

①计算自然连接：计算自然连接时读取 S 与 SC 表的方式与 Q_1 是相同的，总读取块数为 2100 块，花费时间为 105s，但其连接结果块数大为减少，总计 104 个，所花时间为 $10^4/10/20$s=50s，仅为 Q_1 的千分之一。

②做选择操作：做选择操作的时间为 50s。

③做投影操作：类似于 Q_1，其时间可忽略不计。

得出 Q_2 的全部查询时间为 105＋50＋50＝205s。

(3)计算 Q_3 的查询时间

①对 *SC* 做选择操作:对 *SC* 表做选择操作需读 *SC* 表一遍共计读 100 块,花费 5s,因为满足条件的元件只有 50 个,所以中间文件也就无须使用。

②做连接运算:对 S 选择后的 *SC* 左连接运算,由于选择后的 *SC* 已全部在内存,因此全部操作时间为 *S* 读入内存的时间共 100 块,花费时间为 5s。

③做投影运算:其时间忽略不计。

得出 Q_3 的全部查询时间为 5＋5＝10s。

从以上结算结果可以看出,3 种等价的查询表达式具有的处理时间是完全不同的,它们分别是 10^5s、205s 和 10s,其差距非常明显。

由以上示例可知,对于关系代数等价的不同表达形式而言,相应的查询效率有着"数量级"上的重大差异。这是一个十分重要的事实,查询优化的必要性通过它得到了充分说明,即合理选取查询表达式可以获取较高的查询效率,这也是查询优化的意义所在。

2. 查询优化的优点

查询优化的优点不仅在于用户不必考虑如何最好地表达查询以获得较好的效率,而且在于系统可以比用户程序的"优化"做得更好。

①优化器可以从数据字典中获取许多统计信息,例如每个关系表中的元组数、关系中每个属性值的分布情况、哪些属性上已经建立了索引等。优化器可以根据这些信息做出正确的估算,选择高效的执行计划,而用户程序则难以获得这些信息。

②如果数据库的物理统计信息改变了,系统可以自动对查询进行重新优化以选择相适应的执行计划。在非关系系统中必须重写程序,而重写程序在实际应用中往往是不太可能的。

③优化器可以考虑数百种不同的执行计划,而程序员一般只能考虑有限的几种可能性。

④优化器中包括了很多复杂的优化技术,这些优化技术往往只有最好的程序员才能掌握。系统的自动优化相当于使所有人都拥有这些优化技术。目前 RDB MS 通过某种代价模型计算出各种查询执行策略的执行代价,然后选取代价最小的执行方案。在集中式数据库中,查询的执行开销主要包括磁盘存取块数(I/O 代价),处理机时间(CPU 代价),查询的内存开销。在分布式数据库中还要加上通信代价,即

总代价＝I/O 代价＋CPU 代价＋内存代价＋通信代价

一般地,集中式数据库中 I/O 代价是最主要的。

查询优化的总目标是:选择有效的策略,求得给定关系表达式的值,使得查询代价最小(实际上是较小)。

7.2.2 代数优化

对于关系数据库系统而言,由于它具有关系代数作为其基础,因此系统能够自动地根据有关的等价律对查询语句进行变换,从而获得最优的系统性能。

1. 代数优化的基本思想

代数优化的目的是减少查询语句的执行开销，其手段是对查询表达式进行等价变换。

如前所述，在查询语句中的一个查询表达式是由对关系的投影、选择、连接和并等运算组成的。对于投影和选择等一元运算，将从垂直方向和水平方向使关系的规模减小；而连接和并等二元运算将使得关系的规模增大。此外，在查询表达式中可能会有一些公共子表达式，这些相同的运算不应该重复去做。对于嵌套查询的执行，系统开销很大，应该尽量将其转换为非嵌套的查询。因此，在对查询表达式进行等价变换时应遵循以下一些原则：

①尽量使投影和选择运算先做，然后再做连接和并等运算。

②对于连接运算，尽量先做规模较小的关系之间的连接，然后再做规模较大的关系之间的连接。

③查找出查询表达式中的公共子表达式一次处理，避免重复运算。

④对于嵌套查询，尽可能地将其转换为非嵌套查询。

目前，许多 DBMS 已经能够由优化器自动地实现了上述一些要求。这样，这种具有优化功能的 DBMS 用户不一定是编程高手，他们不必担心如何最好地表达自己的查询要求，也无须考虑怎样去选择一个高效的执行策略，系统都能够自动地予以解决，从而使许多的普通用户从中受益。当然，这里所谓的“优化”，通常是指系统所选择的执行策略在某些场合确实是最优的，而在某些场合一般只是对原来没有优化的查询表达式的一个改进。

2. 关系代数表达式变换规则

(1)从运算符的角度考虑优化

根据运算符的特点，可以对查询语句进行不同的优化，以减少中间生成物的大小和数量，节约 I/O、内存等，从而提高执行速度。保证优化前和优化后语义的等价是优化的前提。

不同运算符的优化规则和可优化的原因总结如表 7-1[①]～表 7-3 所示。

表 7-1　运算符主导的优化

运算符	子类型	根据特点可得到的优化规则	可优化的原因
选择	基本选择性质	对同一个表的同样选择条件，作一次即可	·幂等性：多次应用同一个选择有同样效果 ·交换性：应用选择的次序在最终结果中没有影响 ·选择可有效减少在它的操作数中的元组数的运算（元组个数减少）
	选择和叉积	合取，合并多个选择为更少的需要求值的选择，多个等式则可以合并	合取的选择等价于针对这些单独条件的一系列选择
		析取，分解它们使得其成员选择可以被移动或单独优化	析取的选择等价于选择的并集

① 李海翔等. 数据库查询优化器的艺术——原理解析与 SQL 性能优化[M]. 北京：机械工业出版社，2014.

续表

运算符	子类型	根据特点可得到的优化规则	可优化的原因
选择	选择和集合运算	尽可能先做选择	关系有 N 和 M 行，先做积运算将包含 $N\times M$ 行。先做选择运算，则可避免不满足条件的元组参与积的运算，节约时间同时减少结果的大小
		尽可能下推选择	如果积不跟随着选择运算，可以尝试使用其他规则从表达式树更高层下推选择
	选择和集合运算	选择下推到的集合运算中，如表 7-2中的 3 种情况	选择在差集、交集和并集算子上满足分配律
	选择和投影	在投影之前进行选择	如果选择条件中引用的字段是投影中的字段的子集，则选择与投影满足交换性
	基本投影性质	尽可能先做投影	投影是幂等性的；投影可以减少元组大小
投影	投影和集合运算	投影下推到的集合运算中，如表 7-3中的情况	投影在差集、交集和并集算子上满足分配律

表 7-2　选择下推到集合的运算

初始式	优化后的等价表达式		
	等价表达式一	等价表达式二	等价表达式三
$\sigma_A(R\setminus S)$	$\sigma_A(R)\setminus\sigma_A(S)$	$\sigma_A(R)\setminus S$	
$\sigma_A(R\cup S)$	$\sigma_A(R)\cup\sigma_A(S)$		
$\sigma_A(R\cap S)$	$\sigma_A(R)\cap\sigma_A(S)$	$\sigma_A(R)\cap S$	$R\cap\sigma_A(S)$

表 7-3　投影下推到集合的运算

初始式	优化后的等价表达式
$\Pi_{A_1,A_2,\cdots,A_n}(R\setminus S)$	$\Pi_{A_1,A_2,\cdots,A_n}(R)\setminus\Pi_{A_1,A_2,\cdots,A_n}(S)$
$\Pi_{A_1,A_2,\cdots,A_n}(R\cup S)$	$\Pi_{A_1,A_2,\cdots,A_n}(R)\cup\Pi_{A_1,A_2,\cdots,A_n}(S)$
$\Pi_{A_1,A_2,\cdots,A_n}(R\cap S)$	$\Pi_{A_1,A_2,\cdots,A_n}(R)\cap\Pi_{A_1,A_2,\cdots,A_n}(S)$

对表 3-2 和表 3-3 进行分析，并以 $\sigma_A(R\times S)$为例。初始式是 $\sigma_A(R\times S)$，条件可分解为“$B\wedge C\wedge D$”，条件 B 只与关系 R 有关，条件 C 只与关系 S 有关，则初始式可以变形为 $\sigma_{B\wedge C\wedge D}(R\times S)$，图 7-2 为查询树的结构。

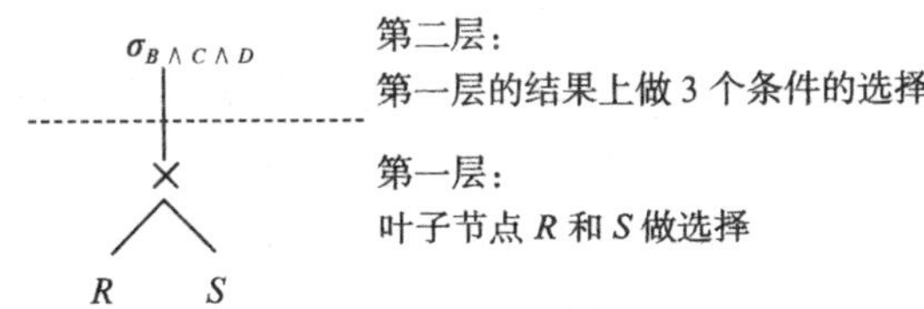

图 7-2　查询树结构的初始样式

图 7-2 是在连接后进行选择操作，一是中间结果的元组数量大；二是需要对中间结果的每条元组都进行 B、C、D 3 个条件的判断，增加了条件判断的成本，效率很低。图 7-3 是第一层做完选择后，每个叶子节点对应的元组数“可能”比图 7-2 中的 R 和 S 少，如果 B 条件和 C 条件至少有一个能够大量减少 R 或 S 的元组，则中间结果大量减少，优化的效果会更好（B 条件和 C 条件对元组过滤程度依赖于“选择率”）。如果 R 和 S 上有 B 条件、C 条件可以使用的索引，则利用索引可加快元组的获取，优化的效果会更好。

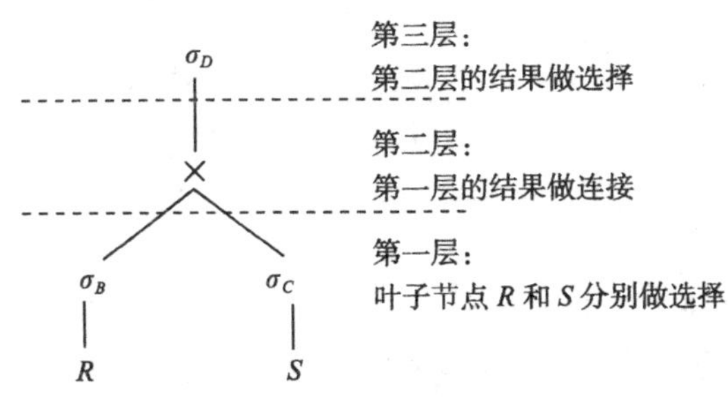

图 7-3　查询树结构等价的变形式

如果索引是唯一索引或主键（主键不允许重复，不允许为 NULL 值，多数数据库为主键实现了一个唯一索引）之类，条件表达式是等值表达式（=运算非范围运算），定位元组的速度更快（可直接利用索引而不用扫描数据）、满足条件的元组更少，所以优化的效果会更佳。相对于图 7-2 而言，图 7-3 是经过等价变换优化的，它避免了原始方式引入的坏处，使得查询效率明显获得提升。

（2）从运算规则的角度考虑优化

运算符中考虑的子类型实则是部分考虑了运算符间的关系、运算符和操作数间的关系，其本质是运算规则在起作用。因此，仅仅考虑过关系代数运算规则对优化的作用是不完整的，这里补充余下的对优化有作用的主要关系代数运算规则。

①连接，笛卡儿积交换律。设 E_1 和 E_2 是关系代数表达式，E_1 和 E_2 是连接运算的条件，则有

$$E_1 \times E_2 \equiv E_2 \times E_1$$

$$E_1 \bowtie E_2 \equiv E_2 \bowtie E_1$$

$$E_1 \underset{F}{\bowtie} E_2 \equiv E_2 \underset{F}{\bowtie} E_1$$

做连接、做积运算，可以交换前后位置，其结果不变。如两表连接算法中有嵌套连接算法，对外表和内表有要求，外表尽可能小则有利于做“基于块的嵌套循环连接”，所以通过交换律可

以把元组少的表作为外表。

②连接，笛卡儿积的结合律。设 E_1,E_2,E_3 是关系代数表达式，F_1 和 F_2 是连接运算的条件，则有

$$(E_1 \times E_2) \times E_3 \equiv E_1 \times (E_2 \times E_3)$$
$$(E_1 \bowtie E_2) \bowtie E_3 \equiv E_1 \bowtie (E_2 \bowtie E_3)$$
$$(E_1 \underset{F_1}{\bowtie} E_2) \underset{F_2}{\bowtie} E_3 \equiv E_1 \underset{F_1}{\bowtie} (E_2 \underset{F_2}{\bowtie} E_3)$$

做连接、笛卡儿积运算，如果新的结合有利于减少中间关系的大小，则可以优先处理。

③投影的串接定律。设 E 是关系代数表达式，$A_i(i=1,2,\cdots,n)$，$B_j(j=1,2,\cdots,m)$ 是属性名且 $\{A_1,A_2,\cdots,A_n\}$ 构成 $\{B_1,B_2,\cdots,B_m\}$ 的子集，则有

$$\Pi_{A_1,A_2,\cdots A_n}(\Pi_{B_1,B_2,\cdots,B_m}(E)) \equiv \Pi_{A_1,A_2,\cdots A_n}(E)$$

在同一个关系上，只需做一次投影运算，且一次投影时选择多列同时完成。所以许多数据库优化引擎为同一个关系收集齐本关系上的所有列（目标列和 WHERE、GROUPBY 等子句的本关系的列）。

④选择的串接定律。设 E 是关系代数表达式，F_1、F_2 是选择条件，则有

$$\sigma_{F_1}(\sigma_{F_2}(E)) = \sigma_{F_1 \wedge F_2}(E)$$

此处，选择的串接律说明选择条件能够有效合并。这样的话，对全部条件的检查一次即可完成。

⑤选择与投影的交换律。

若选择条件 F 只涉及属性 $A_1,\cdots,A_n$，则有

$$\sigma_F(\Pi_{A_1,A_2,\cdots A_n}(E)) \equiv \Pi_{A_1,A_2,\cdots A_n}(\sigma_F(E))$$

先投影后选择可以改为先选择后投影，这对于以行为存储格式的主流数据库而言，很有优化意义。存储方式总是在先获得元组后才能解析得到其中的列。

若选择条件 F 中有不属于 $A_1,A_2,\cdots,A_n$ 的属性 $B_1,B_2,\cdots,B_m$，则有

$$\Pi_{A_1,A_2,\cdots A_n}(\sigma_F(E)) \equiv \Pi_{A_1,A_2,\cdots A_n}(\sigma_F(\Pi_{A_1,A_2,\cdots A_n,B_1,B_2,\cdots B_m}(E)))。$$

先选择后投影可以改为带有选择条件中列的投影后再选择，最后再完成最外层的投影，这样，使得内层的选择和投影可以同时进行。

⑥选择与笛卡儿积的分配律。

若 F 中涉及的属性都是 E_1 中的属性，则有

$$\sigma_F(E_1 \times E_2) \equiv \sigma_F(E_1) \times E_2$$

若 $F=F_1 \wedge F_2$，并且 F_1 只涉及 E_1 中的属性，F_2 只涉及 E_2 中的属性，则由上面的等价变换规则不难推出

$$\sigma_F(E_1 \times E_2) \equiv \sigma_{F_1}(E_1) \times \sigma_{F_2}(E_2)$$

若 F_1 只涉及 E_1 中的属性，F_2 涉及 E_1 和 E_2 两者的属性，则有

$$\sigma_F(E_1 \times E_2) \equiv \sigma_{F_2}(\sigma_{F_1}(E_1) \times E_2)$$

条件下推到相关的关系上，先做选择后做积运算，这样可以减小中间结果的大小。

⑦选择与并的分配律。设 $E=E_1 \cup E_2$，E_1,E_2 有相同的属性名，则有

$$\sigma_F(E_1 \cup E_2) \equiv \sigma_F(E_1) \cup \sigma_F(E_2)$$

条件下推到相关的关系上，先选择后做并运算，可以减小每个关系输出结果的大小。

⑧选择与差运算的分配律。若 E_1 与 E_2 有相同的属性名，则

$$\sigma_F(E_1-E_2)\equiv\sigma_F(E_1)-\sigma_F(E_2)$$

条件下推到相关的关系上，先选择后做差运算，可以减小每个关系输出结果的大小。

⑨投影与笛卡儿积的分配律。设 E_1 和 E_2 是两个关系表达式，$A_1,\cdots,A_n$ 是 E_1 的属性，$B_1,\cdots,B_m$ 是 E_2 的属性，则有

$$\Pi_{A_1,A_2,\cdots A_n,B_1,B_2,\cdots B_m}(E_1\times E_2)\equiv\Pi_{A_1,A_2,\cdots A_n}(E_1)\times\Pi_{B_1,B_2,\cdots B_m}(E_2)$$

先投影后做积，可减少做积前每个元组的长度，使做积后得到的新元组的长度也变短。

⑩投影与并的分配律。设 E_1 和 E_2 有相同的属性名，则有

$$\Pi_{A_1,A_2,\cdots A_n}(E_1\cup E_2)\equiv\Pi_{A_1,A_2,\cdots A_n}(E_1)\cup\Pi_{A_1,A_2,\cdots A_n}(E_2)$$

先投影后做并，可减少做并前每个元组的长度。

⑩选择对自然连接的分配律。设 F 只涉及 E_1 与 E_2 的公共属性，则有

$$\sigma_F(E_1\bowtie E_2)\equiv\sigma_F(E_1)\bowtie\sigma_F(E_2)$$

3. 查询树的启发式规则

下面讨论的是应用启发式规则(heuristic rules)的代数优化。这是对关系代数表达式的查询树进行优化的方法。典型的启发式规则不外乎以下几种：

(1)选择操作优先原则

及早进行选择操作，这是查询优化中的最重要、最基本的一条。尽可能地先做选择操作，常常会将查询执行时间降低好几个数量级，因为选择操作会使计算的中间结果大大变小。由于选择运算可能大大减少元组的数量，同时选择运算还可以使用索引存取元组，所以通常认为选择操作应当优先于投影操作。

(2)投影操作优先原则

及早进行扫描操作，可以与相关的元素按合并进行。例如可以把若干针对同一个关系操作的投影与选择运算合并进行，这样可以避免重复扫描关系，在笛卡儿积或连接操作之前尽量排除无关数据。但一般地说：投影不宜提前到选择操作的前面。

(3)同一关系的选择运算序列或投影运算序列合并处理

对同一个关系如果有若干个连续的选择运算或投影运算，则可以把它们合并成一个选择操作或投影操作。对一个关系 R 进行选择运算或投影运算，一般要对 R 的元组扫描一次；如果进行多次的选择运算或投影运算，那么对 R 的元组就要扫描多次。而合并成一个运算后，仅需扫描一次，从而减少了 I/O 的次数，提高了执行效率。

(4)笛卡儿积合并规则

把某些选择同在它前面要执行的笛卡儿积结合起来成为一个连接运算，连接特别是等值连接运算要比同样关系上的笛卡儿积节省大量时间。

(5)提取公共表达式规则

如果这种重复出现的子表达式的结果不是很大的关系，并且从外存中读入这个关系相比计算该子表达式的时间要少很多，则应先计算一次此表达式，把中间结果存储起来，下次使用时直接读取这个结果，这样可以减少计算，提高效率。当查询的是视图时，定义视图的表达式

就是公共子表达式的情况。

(6)简化多余的运算

在关系表达式中,有些中间结果往往会出现空关系,即关系中的元组数为零。当一个关系操作中,它的变量有一个空关系时,那么这个运算是多余的运算,可以简化。有些操作虽然不包含空关系,但是它的两个自变量是同一个关系,则也可以简化。例如,$R \cup R$ 可简化成 R。

下面给出遵循这些启发式规则,应用等价变换公式来优化关系表达式的算法。

【算法 7.1】关系表达式的优化

输入:一个关系表达式的查询树。

输出:优化的查询树。

方法:

①利用等价变换把形如 $\sigma_{F_1 \wedge F_2 \wedge \cdots \wedge F_n}(E)$ 变换为 $\sigma_{F_1}(\sigma_{F_2}(\cdots(\sigma_{F_n}(E))\cdots))$。

②对每一个选择,利用等价变换规则尽可能把它移到树的叶端。

③对每一个投影利用等价变换规则 3,5,10,11 中的一般形式尽可能把它移向树的叶端。

需要注意的是,相关的等价变换规则使一些投影消失,而又有相关等价变换规则把一个投影分裂为两个,其中一个有可能被移向树的叶端。

④利用等价变换规则把选择和投影的串接合并成单个选择、单个投影或一个选择后跟一个投影。使多个选择或投影的执行是在相同时间发生的,或在一次扫描中全部完成,尽管这种变换似乎违背"投影尽可能早做"的原则,但这样做效率更高。

⑤把上述得到的语法树的内节点分组。每一双目运算($\times$,$\bowtie$,$\cup$,$-$)和它所有的直接祖先为一组[这些直接祖先是(σ,π 运算)]。如果其后代直到叶子全是单目运算,则也将它们并入该组,但当双目运算是笛卡儿积($\times$),而且后面不是与它组成等值连接的选择时,则不能把选择与这个双目运算组成同一组。把这些单目运算单独分为一组。

7.2.3 物理优化

物理优化阶段的查询优化器主要用于解决下列问题:从可选的单表扫描方式中,挑选什么样的单表扫描方式是最优的?对于两个表连接时,如何连接是最优的?对于多个表连接,连接顺序有多种组合,哪种连接顺序是最优的?对于多个表连接,连接顺序有多种组合,是否要对每种组合都探索?如果不全部探索,怎么找到最优的一种组合?

物理优化就是要选择高效合理的操作算法或存取路径,将优化的查询计划求出来,达到查询优化的目标。选择的方法可以是基于代价估算的优化、基于规则的启发式优化,或者是两者结合的优化方法。

1.查询代价估算的优化

查询代价估算的重点是代价估算模型,这是物理查询优化的依据。此外,选择率也是很重要的一个概念,对代价求解起着重要作用。

(1)代价模型

查询代价估算基于 CPU 代价和 I/O 代价,代价模型的计算公式可表示为

总代价＝I/O 代价＋CPU 代价

COST＝P * a_page_cpu_time＋W * T

式中，P 为计划运行时访问的页面数；a_page_cpu_time 是每个页面读取的时间花费，其乘积反映了 I/O 花费；T 为访问的元组数，反映了 CPU 花费；W 为权重因子，表明 I/O 到 CPU 的相关性，又称选择率（selectivity）。

（2）选择率的计算

选择率的精确程度直接影响最优计划的选取。选择率计算方法如下：

①无参数方法（Non-Parametric Method）。使用 ad hoc 数据结构或直方图维护属性值的分布，最常用的是直方图方法。

②参数法（Parametric Method）。使用具有一些自由统计参数（参数是预先估计出来的）的数学分布函数逼近真实分布。

③曲线拟合法（Curve Fitting）。为克服参数法的不灵活性，用一般多项式和标准最小方差来逼近属性值的分布。

④抽样法（Sampling）。从数据库中抽取部分样本元组，针对这些样本进行查询，然后收集统计数据，只有足够的样本被测试之后，才能达到预期的精度。

⑤综合法。将以上几种方法结合起来，如抽样法和直方图法结合。

（3）代价估算示例

下面给出若干操作算法的执行代价估算。

①全表扫描算法的代价估算公式。如果基本表大小为 B 块，全表扫描算法的代价 cost＝B；如果选择条件是码＝值，那么平均搜索代价 cost＝B/2。

②索引扫描算法的代价估算公式。

如果选择条件是码＝值，则采用该表的主索引，若为 B＋树，层数为 L，需要存取 B＋树中从根结点到叶结点 L 块，再将基本表中该元组所在的那一块加上，所以 cost＝L＋1。

如果选择条件涉及非码属性，若为 B＋树索引，选择条件是相等比较，S 是索引的选择基数（有 S 个元组满足条件）。因为满足条件的元组保存的块是不同的，所以（最坏的情况）cost＝L＋S。

如果比较条件是＞，＞＝，＜，＜＝操作，假设有一半的元组满足条件，那么一半的叶结点都会被存取，并通过索引访问一半的表存储块。所以 cost＝L＋Y/2＋B/2。如果更准确地选择基数得以获得的话，可以进一步修正 Y/2 与 B/2。

③嵌套循环连接算法的代价估算公式。嵌套循环连接算法的代价 cost＝Br＋Br Bs/(K－1) 已经讨论过。如果需要把连接结果写回磁盘，则 cost＝Br＋Br Bs/(K－1)＋(Frs * Nr * Ns)/Mrs。其中 Frs 为连接选择性（join selectivity），表示连接结果元组数的比例，Mrs 是存放连接结果的块因子，每块中可以存放的结果元组数目通过它来表示。

④排序-合并连接算法的代价估算公式。如果连接表已经按照连接属性排好序，则cost＝Br＋Bs＋(Frs * Nr * Ns)/Mrs；如果必须对文件排序，那么还需要在代价函数中加上排序的代价。对于包含 B 个块的文件排序的代价大约是 $(2 * B)+(2 * B * \log_2 B)$。

上面仅仅列出了少数操作算法的代价估算示例。在实际的 RDBMS 中代价估算公式要多得多，相应地，复杂程度也会更高。

2. 基于规则的启发式优化

(1)选择操作的启发式规则

①对于小关系,使用全表扫描,即使列上有索引。

②对于大关系:

·对于选择条件是"主码—值"的查询,查询结果最多是一个元组,可以选择主码索引。一般的 RDBMS 会自动创建主码索引。

·对于选择条件是"非主属性—值"的查询,并且选择列上有索引,则要估算查询结果元组的数目,如果比例较小(<10%)可以使用索引扫描方法,否则应该使用全表扫描。

·对于选择条件是属性上的非等值查询或者范围查询时,并且选择列上有索引,同样也需要估算查询结果的元组数目,如果比例较小(<10%)则可以使用索引扫描方法,否则还是应该使用全表扫描。

·对于用 AND 连接的合取选择条件,如果涉及这些属性的组合索引,则优先采用组合索引扫描方法。

·对于用 OR 连接的析取选择条件,一般使用全表顺序扫描。

(2)连接操作的启发式规则

①如果两个表都已经按照连接属性排序,则选用排序—合并方法。

②如果一个表在连接属性上有索引,则可以选用索引连接方法。

③如果上面两条规则都不适用,其中一个表较小,则可选用 Hash join 方法。

④最后可以选用嵌套循环方法,并选用其中较小的表(确切地说是占用的块数较少的表)作为外层循环的表。

7.2.4 实际应用中的查询优化

本节从实际应用层面讨论在使用数据库时需要采取哪些策略来提高查询优化的效率。

1. 基于索引的优化

建立和删除索引的工作一般都是由数据库管理员 DBA 或表的主人(owner)即建立表的主人负责完成的。系统在存取数据时会自动选择合适的索引作为存取路径,用户不必显式地选择索引。使用索引的一个主要目的是避免全表扫描,减少磁盘 I/O,加快数据库查询的速度。但是,索引的建立降低了数据更新的速度,因为数据不仅要增加到表中,而且还要增加到索引中。另外,索引还需要额外的磁盘空间和维护开销。所以在设计和使用索引时应仔细考虑实际应用中修改和查询的频率,权衡建立索引的利弊,并应遵循一定的原则。

(1)值得建索引并且用得上

记录有一定规模,而且查询只限于少数记录,规模小的表不宜建立索引。索引在 WHERE 子句中应频繁使用,索引并不是越多越好,当对表执行更新操作时系统会自动更新该表的所有索引文件,更新索引文件是要耗费时间的,因此也就降低了系统的效率。

(2)先装数据,后建索引

对于大多数基本表,总是有一批初始数据需要装入。建立关系后,先将这些初始数据装入基本表,然后再建立索引,这样可以加快初始数据的录入速度。

(3)查询语句中经常进行排序或在分组(用 GROUP BY 或 ORDER BY 操作)的列上建立索引

如果待排序的列有多个,可以在这些列上建立复合索引。但应注意在建立复合索引时涉及的属性列不要太多,否则会增加索引的开销。当执行更新操作时会降低数据库的更新速度。组合索引前导列在查询条件中必须使用,否则该组合索引失效。如果 SQL 中能形成索引覆盖,性能将达到最优。

(4)需要返回某字段局部范围的大量数据,应在该字段建立聚簇索引

经常修改的列不应该建立聚簇索引,否则会降低系统的运行效率。在经常进行连接,但没有指定为外键的列上建立索引,而不经常连接的字段则由优化器自动生成索引。

(5)在条件表达式中经常用到的重复值较少的列上建立索引,避免在重复值较多的列上建立索引

有大量重复值并且经常有范围查询(BETWEEN,＞,＜,＞＝,＜＝)时可考虑建立聚簇索引。

(6)SELECT、UPDATE、DELETE 语句中的子查询应当有规律地查找少于 20%的表行

如果一个语句查找的行数超过总行数的 20%,它将不能通过使用索引获得性能上的提升。一般来说,当检索的数据超过 20%时,数据库将选择全表扫描,而不使用索引。也就是说,表很小或者查询将检索表的大部分时,检索并不能提高性能。最好的情况是,将一些列包含在索引中,而查询恰好包含由索引维护的那些行,此时优化器将从索引直接提供结果集,而不用回到表中去取数据。

(7)如果建表时就建立索引,那么在输入初始数据时,每插入一条记录都要维护一次索引系统在使用一段时间后,索引可能会失效或者因为频繁操作而使得读取效率降低,当系统效率降低或使用索引不明不白地慢下来的时候,可以使用工具检查索引的完整性,必要时进行修复。另外,当数据库表更新大量数据后,删除并重建索引可以提高查询速度。

(8)如果表中对主键查询较少,并且很少按照范围检索,就不要将聚集索引建立在主键上

由于聚集索引每张表只有一个,因此应该根据实际情况确定将其分配给经常使用范围检查的属性列,这样可以最大限度地提高系统的运行效率。

(9)比较窄的索引具有较高的效率

对于比较窄的索引来说,每页上能存放较多的索引行,而且索引的深度也比较少,所以,缓存中能放置更多的索引页,这样也减少了 I/O 操作。

(10)不应该对包含大量 NULL 值的字段设置索引

就像代码和数据库结构在投入使用之前需要反复进行测试一样,索引也是如此。应该用一些时间来尝试不同的索引组合。索引的使用没有什么固定的规则,需要对表的关系、查询和事务需求、数据本身有透彻的了解才能最有效地使用索引。索引也不是越多越好,只有适度参照上面的原则使用索引才能取得较好的效果。

在使用索引时可以有效地提高查询速度，但如果SQL语句使用得不恰当的话，所建立的索引就不能发挥作用。所以应该做到不但会写SQL语句，还要写出性能优良的SQL语句。

2.查询语句的优化

(1)避免和简化排序

简化或避免对大型表进行重复的排序，会极大地提高SQL语句的执行效率。当能够利用索引自动以适当的次序产生输出时，优化器就避免了排序的步骤。

为了避免不必要的排序，必须正确地建立索引；如果排序不可避免，则应当简化它，如缩小排序列的范围等。在嵌套查询中，对表进行顺序存取对查询的效率可能产生致命的影响。如果采用顺序存取策略，一个嵌套3层的查询，如果每层都查询1000行，那么该查询就要查询1亿行数据，避免这种情况的主要方法就是对连接的列进行索引或使用并集来避免顺序存取。

(2)避免相关子查询

相关查询效率不高，如果在主查询和WHERE子句中的查询中出现了同一个列标签，就会使主查询的列值改变后，子查询也必须重新进行一次查询。查询的嵌套层次越多，查询的效率就会越低，所以应该避免子查询。如果子查询不可避免，那么就要在查询的过程中过滤掉尽可能多的行。

(3)避免困难的正规表达式

MATCHS和LIKE关键字支持通配符匹配，技术上叫作正规表达式，但这种匹配较为消耗时间，另外还要避免使用非开始的子串。

(4)消除对大型表行数据的顺序存取(避免顺序存取)

在嵌套查询中，表的顺序存取对查询效率可能会产生致命的影响，比如一个嵌套3层的查询采用顺序存取策略，如果要每层都查询1000行，那么这个嵌套查询就要查询10亿行数据。避免这种情况的主要方法就是对连接列进行索引，还可以使用并集(UNION)来避免顺序存取。尽管在所有的检查列上都有索引，但某些形式的WHERE子句强迫优化器使用顺序存取。

(5)使用临时表加速查询

对表的一个子集进行排序并创建临时表，也能实现查询加速。在一些情况下，这样做有利于避免多重排序操作，而且在其他方面还能简化优化器的工作。

(6)使用WHERE代替HAVING

HAVING子句仅在聚集GROUP BY子句收集行之后才施加限制，这样会导致全表扫描后再选择，而如果可以使用WHERE子句来代替HAVING，则在扫描表的同时就进行了选择，其查询效率大大提高了。但当HAVING子句用于聚集函数，不能有WHERE代替时则必须使用HAVING。

(7)使用排序取代非顺序存取

磁盘存取臂的来回移动使得非顺序磁盘存取变成了最慢的操作。但是在SQL语句中这个情况被隐藏了，这样就使得我们在写应用程序时很容易写出进行了大量的非顺序页的查询代码，降低了查询速度，对于这个现象还没有很好的解决方法，只能依赖于数据库的排序能力来替代非顺序存取。

(8)避免大规模排序操作

大规模排序操作意味着使用 ORDER BY、GROUPE BY 和 HAVING 子句。无论何时执行排序操作，都意味着数据自己必须保存到内存或磁盘里(当以分配的内存空间不足时)。数据是经常需要排序的，排序的主要问题是会影响 SQL 语句的响应时间。由于大规模排序操作不是总能够避免的，所以最好把大规模排序在批处理过程里，在数据库使用的非繁忙期运行，从而避免影响大多数用户进程的性能。

(9)避免使用 IN 语句

当查询条件中有 IN 关键字时，优化器采用 OR 并列条件。数据库管理系统将对每一个 OR 从句进行查询，将所有的结果合并后去掉重复项作为最终结果，当可以使用 IN 或 EXIST 语句时应考虑如下原则：EXIST 远比 IN 的效率高，在操作中如果把所有的 IN 操作符子查询改写为使用 EXIST 的子查询，这样效率更高。同理，使用 NOT EXIST 代替 NOT IN 会使查询添加限制条件，由此减少全表扫描的次数，从而加快查询的速度以达到提高数据库运行效率的目的。

(10)避免使用不兼容的数据类型

float 和 int、char 和 varchar，binary 和 varbinary 是不兼容的数据类型。数据类型的不兼容会使优化器无法执行一些本来可以进行优化的操作。例如：

```
SELECT * FROM SC WHERE Grade>31.5
```

在这条语句中，如果 grade 字段是 int 型的，则优化器很难对其进行优化，因为 31.5 是个 float 型的数据。应该在编程时将浮点型转化为整型，而不是等到运行时再转化。

第 8 章　事务处理与并发控制

8.1　事　务

8.1.1　事务的由来

在使用 DELETE 或 UPDATE 命令对数据库进行修改时，一次只能操作一个表，这就可能带来数据库的数据不一致的问题。例如，某企业数据库管理系统中所用数据库为 company，其中含有 department 和 employee 两个表，表的部分记录分别如表 8-1 和表 8-2 所示。

表 8-1　department 表部分记录

dept_id	dept_name	dept_function	dept_worker_num	remark
…	…	…	…	…
1001	经理室	负责统管各个部门	3	
1002	财务部	负责财务管理	10	
…	…	…	…	…
1012	后勤部	负责后勤保障	3	…
…	…	…	…	…

表 8-2　employee 表部分记录

employee_id	employee_name	sex	salary	dept_id
…	…	…	…	…
0056	张伟	男	1000	1012
0057	李辉	男	1000	1012
0058	赵军	男	1200	1012
…	…	…	…	…

现在由于公司业务发生变化而取消了后勤部，那么就需要将"后勤部"从 department 表中删除，此时要修 department 表；而在 employee 表中的所属部门编号(1012)与后勤部相对应的员工也应全部删除。因此，这两个表都需要修改，这种修改只能通过两条 DELETE 语句来完成。为了完成此任务，则有：

第一条 DELETE 语句修改 department 表：

delete from department where dept_id='1012'

第二条 DELETE 语句修改 employee 表：

delete from employee where dept_id='1012'

在执行第一条 DELETE 语句后，数据库中的数据已处于不一致状态，因为此时已经没有"后勤部"了，但 employee 表中仍然保存着属于"后勤部"的员工记录。只有执行了第二条 DELETE 语句后，数据才重新处于一致状态。但是，如果在执行完第一条语句后，计算机突然出现故障，无法再继续执行第二条 DELETE 语句，则数据库中的数据将永远处于不一致状态。因此，必须保证这两条 DELETE 语句要么同时都执行，要么都不执行。

再例如，在银行业务中，有一条记账原则，即有借有贷、借贷相等。那么为了保证这种原则，就得有确保借和贷的记录要么同时操作成功，要么同时失败。如果出现只记录了借的信息，或者只记录了贷的信息，那么就违反了记账原则，就会出现记错账的情况，这是绝对不允许的。

为解决类似的问题，数据库系统通常都引入了事务(Transaction)的概念。SQL Server 通过支持事务机制管理多个事务，保证事务的一致性。

8.1.2　事务的概念及工作原理

事务(Transaction)是一个逻辑工作单元，是指数据库系统中一组对数据的操作序列。一个事务可以是一条或一组 SQL 语句或整个应用程序。

可以由用户显式控制事务的开始与结束。如果用户没有显式地定义事务，则由数据库管理系统按照默认自动地划分事务。在 SQL 语言中，有以下三条语句可实现事务的定义：

BEGIN TRANSACTION

COMMIT

ROLLBACK

其中，BEGIN TRANSACTION 表示事务的开始；COMMIT 表示事务的提交，即将所有对数据库的更新写入磁盘上的物理数据库中，此时事务正常结束；ROLLBACK 表示事务的回滚，即在事务运行过程中发生了某种故障，事务的执行无法继续下去，系统将该事务中所有已完成的对数据库的更新操作全部撤销，回滚到事务开始时的状态。

SQL Server 利用事务机制保证了数据的一致性，并确保在系统失败时的可恢复性。事务由一条或者多条 Transact-SQL 语句组成，可以影响到表中的一行或者多行数据。事务打开以后，直到事务成功完成之后提交为止，或者到事务执行失败全部取消或者滚回去为止。事务的工作原理如图 8-1 所示。

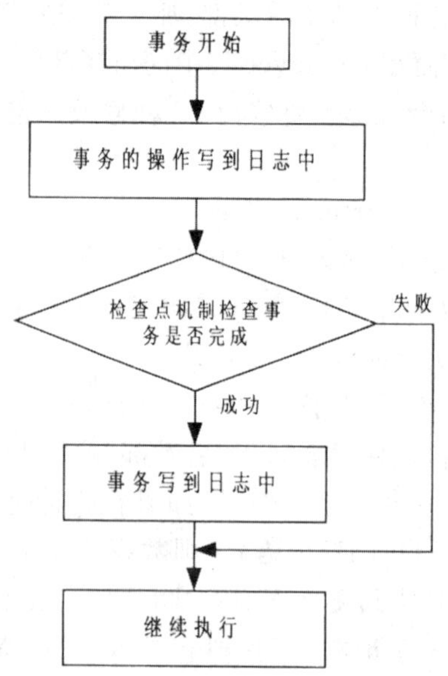

图 8-1 事务的工作原理图

从图 8-1 可以看出，事务开始后，事务所有的操作都先后写到事务日志中。写到日志中的操作，一般有两种：一种是针对数据的操作；另一种是针对任务的操作。针对数据的操作，例如，插入、删除和修改，这是典型的事务操作，这些操作的对象是大量的数据。有些操作是针对任务的，例如，创建索引，这些任务操作在事务日志中记录一个标志，用于表示执行了这种操作。当取消这种事务时，系统自动执行这种操作的反操作，保证系统的一致性。系统自动生成一个检查点(checkpoint)机制，这个检查点周期地发生。检查点的周期是系统根据用户定义的时间间隔和系统活动的频度由系统自动计算出来的时间间隔。检查点周期地检查事务日志，如果在事务日志中，事务全部完成，那么检查点将事务日志中的事务提交到数据库中，并且在事务日志中做一个检查点提交标记。如果在事务日志中，事务没有完成，那么检查点将事务日志中的事务不提交到数据库中，并且在事务日志中做一个检查点未提交标记。

检查点机制可以使用如图 8-2 所示的示例说明。在这个示例图中，有 5 个事务：事务 1、事务 2、事务 3、事务 4 和事务 5。方框箭头表示事务的开始和完成提交，水平方向表示时间。检查点表示在某一时间点发生事务检查，系统失败(System Failure)表示在某一时间点由于断电、系统软件失败等原因而发生的系统失败。从图 8-2 中可以看出，事务 1 的完成发生在系统失败前的检查点 A 之前，所以事务 1 的操作被提交到数据库中。事务 2 和事务 4 虽然没有在系统失败前的检查点 A 之前完成，却在发生在系统失败之前完成，所以这两个事务可以被系统向前回滚提交到数据库中。而事务 3 和事务 5 由于系统失败时没有完成，所以这两个事务的所有操作均被取消。

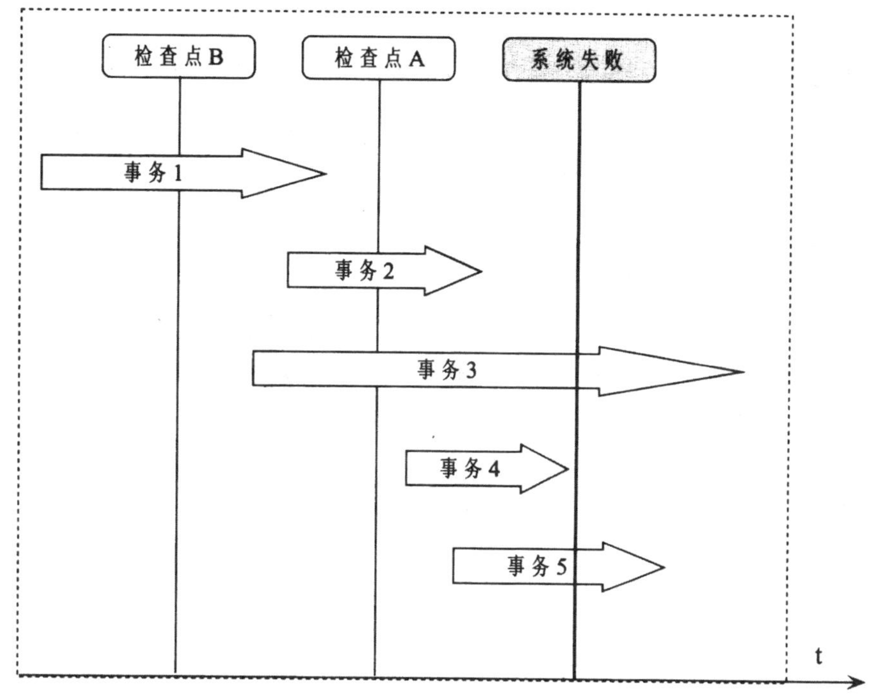

图 8-2　事务恢复和检查点示例图

8.1.3　事务的特征

事务作为一个逻辑单元，具备 4 个特性：原子性（Atomicity）、一致性（Consistency）、持久性（Durability）和隔离性（Isolation）。事务具备的这几个基本特征又称为其应遵循的 ACID 准则，只有这样才能成为一个事务。

1. 原子性

一个事务要么全部执行，要么全不执行，仅完成部分事务的情况是不允许发生的。例如，如果事务的某些操作被更新到磁盘上，而另一些操作的结果却没有完成，那么就违反了原子性。

2. 一致性

事务的正确执行应使数据库从一个一致性状态变为另一个一致性状态。数据应满足的约束条件即为数据一致性。如果数据库系统运行期间发生了故障，有些事务尚未完成就被迫中断，这些未完成的事务对数据库所做的修改有一部分已经写入数据库，这时数据库就处于一种不正确的状态，或者说是不一致的状态。例如，如果把订单行写到了磁盘上，却没有写入相应的订单明细，则 Order 表和 OrderDetail 表之间的一致性就被破坏了。

3. 持久性

事务提交后，系统应保证事务执行的结果可靠地存放在数据库中，不会因为故障而丢失。数据库产品必须保证，即使存放数据的驱动器损坏了，它也能将数据恢复到硬盘驱动器损坏之前最后一个事务提交时的瞬间状态。

4. 隔离性

多个事务的并发执行是独立的，在事务未结束前，该事务的中间结果数据是不能由其他事务来存取的。例如，假设甲正在更新100行数据，而当甲的事务正在执行时，乙要删除甲所修改的数据中的一行。如果乙的删除操作真的发生了，那就说明甲的事务和乙的事务之间的隔离性还不够。相对于单用户数据库来说，隔离性对多用户环境下数据库更为重要。

8.1.4 事务的状态

在正常状态下事务一般都能够成功地完成。但并非所有事务都能顺利完成，某些事务由于用户中途取消、事务的某个动作破坏了约束条件、系统为解除死锁而撤销事务、I/O 出现不可恢复的错误、应用程序失误、系统故障等原因，而不得不中途失败，这种不能正常完成的事务称为中止事务。

一个事务从开始到成功完成或者因故中止，中间可能经历不同的状态，其状态变迁如图 8-3所示，它包含有活动状态、局部提交状态、提交状态、失败状态和中止状态，该图实际上就是一个抽象的事务模型。

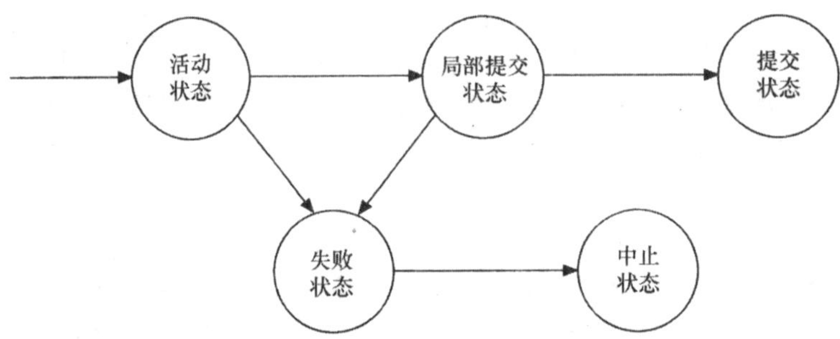

图 8-3 事务状态变迁

活动状态(Active)：事务开始执行后进入活动状态，在这个状态中事务将执行对数据库的读写操作，但这时的写操作并不是立即将内容写入物理数据库，而是存到内存的系统缓冲区或者系统日志文件。另外，在这个过程中如果经过检查点的检查发现完整性受到破坏，则事务转入失败状态。

局部提交状态(Partially Committed)：事务的最后一条语句执行之后该事务进入了局部提交状态，之所以称为局部提交，是因为事务虽然执行完了，但是对数据库的修改等作用很可能还存储在系统的内存缓冲区中，数据库并未真正更新，事务还没有真正结束，只能说进入了局部提交状态。

失败状态(Failed):在事务的执行过程中由于完整性受到破坏或其他原因,处于活动状态的事务还没有达到最后一个语句就中止执行,从而转入失败状态;或者处在局部提交状态下的事务,在根据缓冲区或日志中的数据对数据库做真正更新的过程中,如果系统出现了某种故障,该事务也不得不进入失败状态。

中止状态(Aborted):事务的中止状态由失败状态转来,由于事务操作不能正常完成,这时必须清除事务对数据库的任何影响。中止状态也是事务的一种结束状态。

提交状态(Committed):事务进入局部提交状态后,系统的并发控制机制将检查该事务与并发事务是否发生干扰现象,并在检查通过之后执行提交操作,即把该事务对数据库的所有更新全部写到磁盘,并通知系统事务已经成功地结束,事务进入了提交状态。提交状态是事务的正常的结束状态。

8.1.5　更新事务的执行和恢复

用户对数据库的操作主要包括查询、插入、删除和修改,其中查询不会改变数据库的内容,而只有插入、删除和修改等操作才会改变数据库的状态,因而有可能破坏数据的一致性和完整性。涉及插入、删除和修改等操作的事务统称为更新事务,数据库管理系统必须确保其原子性和一致性。

1. 更新事务的执行

为了确保事务的原子性和一致性,更新事务在活动状态下对数据库的任何修改都不能直接在磁盘中进行,而只能在内存缓冲区中进行。如前所述,在这个过程中如果发生故障或检测到数据的完整性受到破坏,事务将转入失败状态或中止状态,并导致非正常结束;否则在最后一个语句执行之后,转入局部提交状态。注意,局部提交并不是事务的结束,它还必须根据内存缓冲区中的数据对磁盘数据库做真正意义的修改,只有全部修改完毕才到达提交状态,并正常结束事务。但在修改的过程中如果系统出现故障,该事务也不得不进入失败状态。

显然,系统必须具有检查数据完整性的功能,即根据用户设定的完整性约束条件检查事务操作是否破坏了数据的完整性。按照检查时机的不同,完整性检查可以分为以下几种。

①在事务的每个维护操作(如插入、删除、修改)执行后检查完整性,如果这时查出完整性受到破坏,则将该事务转为失败状态。这样的完整性约束称为立即约束(Immediate Constraint)。但立即约束不一定适合某些事务,例如银行转账事务必须保持借贷平衡,如果从账户 A 减去转出的金额 X 之后立即检查完整性约束条件,就必然出现不平衡,因此这类事务不适宜采用立即约束。

②在整个事务完成之后检查完整性,这种完整性约束称为延迟约束(Deferred Constraint)。但由于不知道是事务的哪些动作破坏了完整性,只好将数据库恢复到该事务执行前的状态。

③在事务的某些特定点检查完整性,这样的点称为检查点。若在某检查点发现完整性受到破坏,则撤销事务时只需要消除事务在当前检查点与上一检查点之间对数据库的影响,而保

留以前的正确结果，使得在重新完成该事务时不必从头做起，只要从上一个检查点开始即可。

④在一个维护操作请求之后且执行之前检查完整性。这时若查出该操作可能破坏完整性，则拒绝执行该操作，并返回请求出错的有关信息。

⑤在数据库管理员或审计员发出检查请求时检查完整性。

2. 更新事务的恢复

更新事务的目的在于插入、删除和修改数据，改变数据库的状态，因此这种事务一旦失败，则必须清除其留下的任何影响，使数据库恢复到事务执行之前的状态。如前所述，更新事务可以从活动状态，也可以从局部提交状态转入失败状态而非正常结束，显然两种情况的恢复是不一样的。

①从活动状态转入失败状态的恢复。活动状态下的事务对数据库的更新并非直接对物理（磁盘1）数据库进行，而是将修改内容写在内存缓冲区中，也就是说处于活动状态的数据库并未受到任何影响，因此此时发生任何故障或检查完整性约束时发现不一致，都不需要对数据库进行恢复处理。

②从局部提交状态转入失败状态的恢复。事务在局部提交状态将根据内存缓冲区或日志文件的内容修改磁盘数据库，在这个过程中如果出现故障，该事务就不能进入提交状态而只能进入失败状态。这时由于该事务有可能对数据库中的数据进行了部分修改，为了使数据库处于正确的状态以保证事务的原子性，应该撤销该事务对数据库所做的任何修改，这种对事务操作的撤销也称为回滚(Rollback)。恢复的方法可以采用数据库文件的后备副本进行恢复，也可以根据日志文件对数据库逐一进行反更新操作。

8.1.6 使用事务时的考虑

长时间运行的事务可能对单个用户很好，但若扩展到多个用户则将表现得很差。为了支持事务的一致性，数据库必须自最开始在事务内获取多共享资源的锁后，一直将该锁控制到事务提交为止。如果其他用户需要访问同一资源，就必须等待。随着对同一资源有需求的事务增多、个别事务变长，等待资源的队列可能也会变长，因此，系统吞吐量也会随之减少。因为长事务增加了事务占用数据的时间，使其他必须等待访问该事务锁定数据的事务，延长了访问数据的等待时间。长事务增加了死锁的可能性，当两个或更多的用户同时等待相互控制的资源而又不能主动放弃自己手中的部分资源时，那么死锁就会发生。所以，在使用事务时，原则上应该使事务尽可能地短并且要避免事务嵌套。

为了使事务尽可能地短，应该采取一些相应的方法。为了最小化时间，在使用一些Transact-SQL语句时，一定要非常小心。例如，当使用循环语句WHILE时，一定要事先确认循环的长度和占用的时间，使这种循环在完成相应的功能之前，一定要确保循环尽可能地短。

在开始事务之前，一定要了解需要用户交互式操作才能得到的信息。这样，在事务的进行过程中，就可以避免进行一些耗费时间的交互式操作，缩短事务进程的时间。在一个用户定义的事务中，应该尽可能地使用一些数据操作语言。例如，INSERT、UPDATE和DELETE语句，因为这些语句主要是操作数据库中的数据。而对于一些数据定义语言，应该尽可能地少用或者不用，因为这些数据定义语言的操作既占用比较长的时间，又占用比较多的资源，并且这些数据定义语言的操作通常不涉及数据，所以应该在事务中尽可能地少用或者不用这些操作。另外，在使用数据操作语言时，一定要在这些语句中使用条件判断语句，使得这些数据操作语言涉及尽可能少的记录，从而缩短事务的处理时间。

在嵌套事务时，也要注意一些问题。虽然说在事务中间嵌套事务是可能的，并不影响 SQL Server 处理事务的性能。但是实际上，使用嵌套事务，除了把事务搞得更加复杂之外，并没有什么明显的好处。因此，不建议使用嵌套事务。

8.2　事务处理的任务与经历模型

8.2.1　事务处理的任务

事务处理，就是为了实现事务的 ACID 特性以确保数据库的一致性而对事务进行的各种管理控制活动。之所以要对事务进行管理控制，根本原因就在于系统中所有的事务都对各种系统资源存在着共享与竞争，包括存储空间、CPU 时间、数据库中的数据等。资源的竞争共享导致了各种冲突问题，因而必须采用相应的措施来避免或解决这些问题。所以，事务处理是 DBMS 也是数据库系统的核心。

事务处理的目标就是确保事务的 ACID 特性。该目标的实现涉及事务的接纳、调度(包括事务级和数据操作级)、状态变迁、完整性检验、结果处理等方面的工作。事务的接纳管理包括同时在系统中的事务个数的控制和内存资源管理(分配和再分配)。一般来说，事务执行乃至整个系统的性能与内存的容量直接相关。当有足够的内存空间时，绝大多数的事务就可以简单地“一次性读取它们操作的数据，且直接产生其结果”。能满足这种要求的内存量称为事务的“最大内存需求”。若给定较少的内存，只要给定的量“能使事务执行”，这称为事务的“最小内存需求”，则系统通过一定的数据 I/O 仍然可使绝大多数事务运转。按事务的“最大内存需求“计算将得到系统的“最低容纳事务数”。反之，按“最小内存需求”计算则得“最高容纳事务数”。事务处理系统应通过接纳比“最低容纳事务数”更多的事务来提高系统的并发度，从而提高系统的整体性能。但是，如果太多的事务被接纳，就会引起过多的 I/O 而导致系统“抖动”，从而降低系统性能，当超过系统的“最高容纳事务数”时，系统会垮台。因此，要恰到好处地控制事务的接纳及其内存分配。

调度就是为了解决资源竞争问题，决定谁、什么时候使用、使用多少或多长时间等。对事务的调度实际上分两级：事务级和操作级。事务级调度解决多个事务的执行(即对 CPU 的使用)竞争，它也是通过进程(用户进程和数据库服务进程)调度的形式来实现的。只不过当前商品化的 DBMS 都只要求分时操作系统，都按“先来先服务”的策略调度，故对事务处理系统而言，已没有什么专门好说的了。操作级调度解决多个事务对数据的存取竞争，最终得到一个各事务操作的排序。当前，几乎所有的数据库教材都将这种数据操作调度称为“事务的调度”，其实就是并发控制”，这是后面要重点讨论的事务处理的核心任务。当用锁的机制来解决这种资源竞争时，可能会出现死锁的情况。那么，解决死锁问题也是事务处理的一个任务。

完整性检查必须在事务执行的过程中进行，也属于事务处理的任务范围。它一般在数据库更新命令（插入、修改、删除等）执行的末尾即真正要操作数据库时进行，但有时需要推迟到相应事务提交时进行。

事务的结果处理就是实现系统的恢复管理，它包括在事务从开始到结束的整个活跃期间，记录其各种活动的日志；成功完成时的提交处理（实现事务持久性）、夭折时的回滚处理（实现事务原子性）、系统失效时的恢复处理等。此外，为了有利于恢复，还要进行“检验点操作”（checkpointing）和数据库备份。

事务的状态变迁管理由事务管理器完成，它调用相应的事务原语（primitive）：BEGIN、COMMIT、ABORT 等来实现，包括调用日志记录器记日志。

事务处理部件如图 8-4 所示。

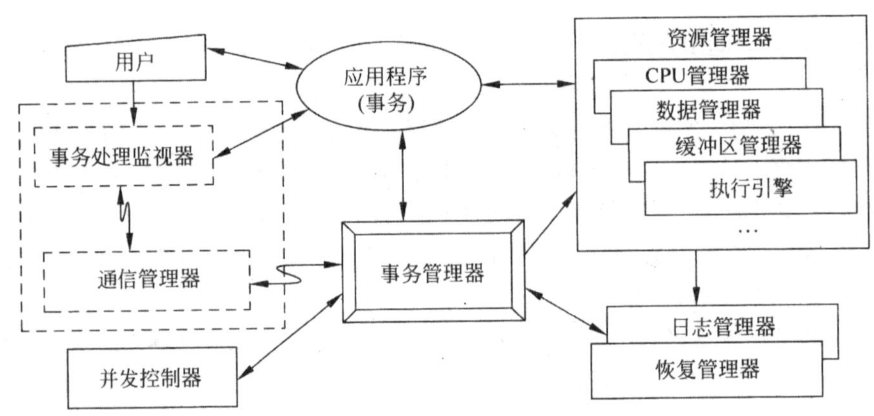

图 8-4　事务处理部件

8.2.2　事务操作及处理过程模型

1. 事务管理原语操作

事务管理原语就是管理事务的进程和状态变迁的过程。它们由应用程序调用，其功能是通知系统关于与一个用户级具体事务相关联的系统级抽象事务的状态。

最基本的事务管理原语如下：

· BEGIN：它通知系统一个新的事务开始，以后它调用的应用程序的所有操作均属于该事务。而且，在应用程序的服务中由其他程序完成的所有操作也将是该事务的一部分。系统对它的响应就是事务管理器（TM）将该事务注册，并返回一个唯一的事务标识符（Trid）以支持该事务的执行。此后提供它所要求的服务，尤其是对数据库的操作，即调用资源管理器，并写一条“事务开始”的日志记录。

· COMMIT：它通知系统一个事务已成功地完成。系统对它的响应是事务管理器执行两段提交协议。首先它询问所有参与该事务的资源管理器，问它们是否同意该事务实现了一个完整一致性的变换(将数据库由一个一致性状态转变为另一个一致性状态)。若有任一个资源管理器投否决票,则提交失败;若所有的资源管理器都赞同,则记“事务提交”日志记录。然后,通知每一资源管理器提交该事务,各资源管理器释放锁,执行一些其他完成该事务所需的操作。

• ABORT:它通知系统一个事务异常中止。这时事务管理器读该事务的日志,针对每一记录,调用写该记录的资源管理器,让其 UNDO(撤销)它为该事务所做的状态改变,直到所有的撤销都完成而达到前一个数据库的一致性状态(即事务开始时的状态),则宣布事务终止了。

2. 数据库原语操作

从事务与数据库的交互作用来看,事务的数据库操作涉及三个地址空间:

①保存数据库数据的磁盘空间。

②支持 I/O 的缓冲区空间。

③事务可直接存取的局部工作空间。

这些空间还相互影响。事务只能操作位于它的工作区中的数据,操作前要操作的数据必须已在工作区中,否则要读数据块。读取的数据块都由磁盘传入缓冲区,除非它已在 I/O 缓冲区中。然后,自 I/O 缓冲区中将所需数据记录复制到事务工作区。当事务的操作结果要存入数据库时,则完成上述的逆过程。

事务的数据库原语操作就是涉及这三个地址空间之间的数据传输操作,它们包括:

• INPUT(x):它将包括数据库元素 x 的磁盘块复制到内存缓冲区。

• OUTPUT(x):它将包含 x 的缓冲区块传送回磁盘。

• READ(x,v):它将数据库元素 x 读到事务的局部空间中变量 v。确切地说,如果包含 x 的块不在缓冲区中,则先执行一个 INPUT(x),再将缓冲区中的 x 复制到局部工作空间中的变量 v;否则,只执行后者。

• WRITE(x,v):它将局部工作空间中变量 v 的值复制到 I/O 缓冲区中数据库元素 x 以输出。具体地说,如果包含 x 的块已在缓冲区,则复制局部空间的 v 到 I/O 缓冲区的 x;若包含 x 的块不在缓冲区,则还要先执行一个 INPUT(x),然后执行 OUTPUT(x)。

要指出的是,READ 和 WRITE 操作由事务发出,由事务管理器控制其执行。而 INPUT 和 OUTPUT 由缓冲区管理器发出,由 I/O 调度器控制其执行。

另外,READ 和 WRITE 两者都可能要求一个 INPUT,但并不一定要求一个专门的 OUTPUT。缓冲区块最终肯定要传回磁盘,但何时传送、先传哪一块、后传哪一块由缓冲区管理器决定。它或者在需要腾出缓冲空间时,根据缓冲区替换策略来选定要传出的块 B 而执行 OUTPUT(B);或者在做检验点操作时或其他认为需要时将所有或某些缓冲区的块强制传送到磁盘。

OUTPUT(x)也不需要在 WRITE(x)后立即执行,因为包含 x 的块还可能包含了其他数据,而这些数据还要被(本事务或其他事务)存取。因此,真正的 OUTPUT(x)在如上述的某个以后的时刻执行。

3. 事务处理过程

图 8-5 给出了基于事务经历的事务处理过程模型。一个事务的进程经进程调度后开始执行。当执行到 BEGIN 操作时，就开始了一个事务，事务管理器(TM)为该事务分派一个唯一标识 Trid，填写 TCB(事务控制块)，并将其添加到活跃事务队列中，记该事务的“开始”日志。之后，事务执行各种数据库原语操作。这些操作需要各种系统资源，主要是数据和缓冲区。当一个资源管理器接到事务的第一个请求时，它就加入到事务中，并告知事务管理器，以后的提交与夭折处理也包括它们。各资源管理器代表事务执行操作，它们将自己进行的各种活动(尤其是对数据库所做的各种改变)通知日志管理器做相应的日志记录。作为一条规则，对数据库对象的改变，其新旧值都要记录在日志中。

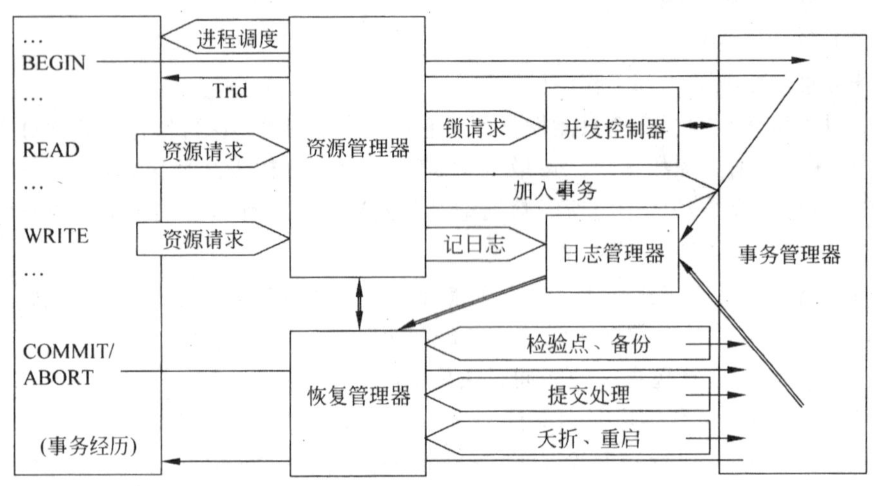

图 8-5 事务处理过程模型

为了实现事务的隔离性，资源管理器为一个事务服务时，请求并发控制器封锁事务所存取的数据对象，以防止别的事务读写本事务的“脏数据”(dirty data，即未提交的更新数据)，也防止它们改变本事务的读数据。这样就实现了活跃事务之间的彼此不可见性。若封锁不成功，则依封锁协议让本事务或者等待，或者夭折重启。

当事务发出 COMMIT 命令时，事务管理器则请求恢复管理器执行两段提交的协议(two-phase commit，2PC)。恢复管理器首先询问每一参与该事务的资源管理器，问它们是否同意本事务完成了一个完整性的和一致性的转变。若所有的资源管理都同意，则事务管理器记该事务的“提交”日志，通知各资源管理器该事务成功完成。然后，各资源管理器释放锁，执行一些其他完成该事务管理的操作。若有任何一个资源管理器否决，则该事务夭折。

如果在事务执行过程中出错，或者有意发出一个 ABORT 命令，或者如上所述有资源管理器不赞同提交，则事务管理器决定本事务夭折。它记该事务的“夭折”日志，令恢复管理器执行该事务的“回滚”(rollback)处理。恢复管理器读取该事务管理的日志记录并通过相应的资源管理器对已作的操作进行撤销(UNDO)，当所有的撤销完成后，事务管理器则通知该事务异常结束。

发生故障后要进行数据库恢复和系统重启，为了减少其工作量和缩短其时间（界定要UNDO 和 REDO 的事务及数据库以前的正确状态），要按一定的策略做检验点和数据库备份。这些由事务管理器决定，由恢复管理器并协同资源管理器完成，然后记“检验点”日志记录。

8.3　并发控制

数据库系统一般可分为单用户系统和多用户系统两种。在任何一个时刻只允许一个用户使用的数据库系统称为单用户数据库系统，允许多个用户同时使用的数据库系统称为多用户数据库系统。

在单处理机系统中，事务的并发执行实际上是这些事务的并行操作，轮流交叉运行。这种并行执行方式称为交叉并发方式。虽然单处理机系统中的并行事务并没有真正地并行运行，但是减少了处理机的空闲时间，提高了系统的效率。而在多处理机系统中，一个处理机可以运行一个事务，多个处理机可以同时运行多个事务，实现多个事务真正的并行运行。这种并行执行方式称为同时并发方式。

数据资源共享为数据库的最大特点之一，因而多数数据库系统都是多用户系统，同一时刻并发运行的事务可达数百个。这样多个用户并发存取同一数据块的情况也就无法避免，如果对并发操作不加控制就可能产生不正确的数据，使得数据库的完整性遭到破坏，通过并发控制就可以解决这类问题，以保持数据库中数据的一致性。

SQL 提供了显式控制和隐式控制两种事务并发控制的形式：显式控制形式直接用 LOCK TABLE 语句进行数据封锁；隐式控制形式通过指定事务的隔离级别来隐含地进行数据封锁。

8.3.1　事务的并发执行

事务可以一个一个地串行执行，即每个时刻执行一个事务，在当前事务执行完后才能够开始其他事务。事务在执行过程中需要不同的资源，如果事务串行执行，则很多资源将不得不处于空闲状态。为了充分利用系统资源，使数据库共享资源的特点得以充分发挥，事务处理系统应该允许多个事务并发执行。事务并发执行的好处体现在以下两个方面。

第一，提高吞吐量和资源利用率。一个事务由多个步骤组成，一些步骤涉及 I/O 活动，而另一些涉及 CPU 活动。计算机系统中 CPU 与磁盘可以并行运行。因此，I/O 活动可以与 CPU 处理并行进行。利用 CPU 与 I/O 系统的并行性，多个事务能够实现并行执行。当一个事务在一个磁盘上进行读写时，另一个事务可在 CPU 运行，同时第三个事务又可在另一磁盘上进行读写，从而使系统的吞吐量增加，即给定时间内执行的事务数增加。相应地，处理器与磁盘利用率提高，即处理器与磁盘空闲时间较少。

第二，减少等待时间。系统中可能各种各样的事务都在不断运行中，一些较短，一些较长。如果事务串行执行，短事务可能得等待它前面的长事务完成，难以预测的延迟极有可能发生。如果各个事务是针对数据库的不同部分进行操作，事务并发执行会更好，各个事务可以共享 CPU 周期与磁盘存取。并发执行对不可预测的事务执行延迟能够做到有效减少。此外，并发执行也可减少平均响应时间，即一个事务从开始到完成所需的平均时间。

事务的并发执行使得系统资源的利用效率得以有效提高，但多个事务并发执行会引起破坏数据一致性的问题。当多个事务并发执行时，即使每个事务都正确执行，数据库的一致性也就无法保证不被破坏。为了保证数据库的一致性，DBMS 需要对并发操作进行正确调度。系统通过并发控制机制的一系列措施来保证这一点。

为了更好地理解并发控制机制，首先讨论并发操作所带来的数据不一致性问题。

8.3.2 并发操作与数据的不一致性

当有多个事务在同一数据库系统中并发运行时，有可能出现同时存取同一数据的情况。如果不加以适当控制，极有可能产生数据的不一致。所以数据库管理系统必须提供并发控制机制。

【例 8.1】并发取款操作。假设存款余额 R=1000 元，甲事务 T_1 取走存款 100 元，乙事务 T_2 取走存款 200 元，如果正常操作，即甲事务 T_1 执行完毕再执行乙事务 T_2，存款余额更新后应该是 700 元。但是如果按照如下顺序操作，则会有不同的结果：

①甲事务 T_1 读取存款余额 R=1000 元；

②乙事务 T_2 读取存款余额 R=1000 元；

③甲事务 T_1 取走存款 100 元，修改存款余额 R=R−100=900，把 R=900 写回到数据库；

④乙事务 T_2 取走存款 200 元，修改存款余额 R=R−200=800，把 R=800 写回到数据库。

结果两个事务共取走存款 300 元，而数据库中的存款却只少了 200 元。这就是由甲、乙两个事务并发操作导致了的错误发生。

为了保证事务的隔离性和一致性，DBMS 需要对并发控制进行正确的调度。这就是数据库管理系统中并发控制机制的任务。如果不加控制地并发执行，会产生数据的不一致问题。例如，我们把事务读数据 x 记为 $W(x)$，写数据 x 记为 $R(x)$。如图 8-6 所示，并发操作带来的数据不一致性主要包括丢失修改、不可重复读和读“脏数据”。

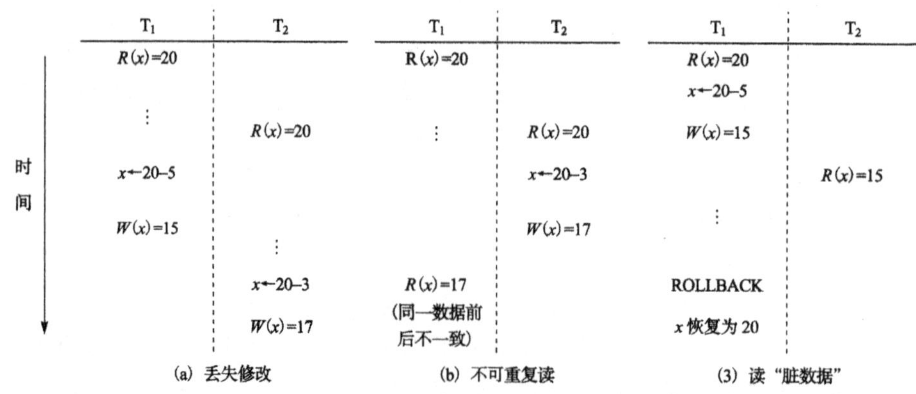

图 8-6 并发操作带来的数据不一致性

1. 丢失修改(Lost Update)

当两个事务 T_1 和 T_2 读入同一数据，并发执行修改操作时，T_2 把 T_1 或 T_1 把 T_2 的修改结果覆盖掉，造成了数据的丢失更新问题，数据不一致的情况也就发生了。丢失修改是由于两个事务对同一数据并发写入所引起的，这称为“写—写冲突”。

如图 8-6(a)所示，事务 T_1 和 T_2 读取同一数据 x 并修改，如果 x 的初始值为 20，则 x 最终的结果值应该为 12，而实际的结果却是 17。

再以例 8.1 中的操作为例进行分析。在表 8-3 中，数据库中 R 的初值是 1000，事务 T_1 包含三个操作：读入 R 初值(FIND-R)；计算存款余额(R＝R－100)；更新 R(UPDATE R)。事务 T_2 也包含三个操作：读入 R；计算(R＝R－200)；更新 R。如果事务 T_1 和 T_2 顺序执行，则更新后，R 的值是 700。但如果 T_1 和 T_2 按照表 8-5 所示的并发执行，R 的值是 800，得到的仍然是错误结果，原因在于在 t_3 时刻丢失了 T_1 对数据库的更新操作。因此，这个并发操作是不正确的。

表 8-3　丢失更新问题

时间	事务 T_1	数据库 R 的值	事务 T_2
t_0		1000	
t_1	FIND　R		
t_2			
t_3	R＝R－100		FIND　R
t_4			R＝R－200
t_5	UPDATE R		
t_6		900	UPDATE R
t_7		800	

2. 不可重复读(Unrepeatable Read)

事务 T_1 读取了数据 R，事务 T_2 读取并更新了数据 R，当事务 T_1 再读取数据 R 以进行核对时，得到的两次读取值是有出入的，这种情况称为“不可重读”。

如图 8-6(b)所示，事务 T_1 和 T_2 并发执行，产生不可重复读的情况。

再以例 8.1 中的操作为例进行分析。在 t_1 时刻，事务 T_1 读取 R 的值为 1000，但事务 T_2 在 t_4 时刻将 R 的值更新为 800，见表 8-4。所以 T_1 所使用的值已经与开始读取的值有出入。

表 8-4 不可重读问题

时间	事务 T_1	数据库 R 的值	事务 T_2
t_0		1000	
t_1	FIND R		
t_2			
t_3			FIND R
t_4			R=R−200
t_5		800	UPDATE R

具体地讲,不可重复读包括三种情况:

①事务 T_1 读取某一数据后,事务 T_2 对其做了修改,当事务 T_1 再次读该数据时,得到与前一次不同的值。例如,T_1 读取 $x=20$ 进行运算,T_2 读取同一数据 x,对其进行修改后将 $x=17$ 写回数据库。T_1 再次读取 x,x 的值已经变为 17,与第一次读取值不一致。

②事务 T_1 按一定条件从数据库中读取了某些数据记录后,事务 T_2 删除了其中部分记录,当 T_1 再次按相同条件读取数据时,发现某些记录神秘地消失了。

③事务 T_1 按一定条件从数据库中读取某些数据记录后,事务 T_2 插入了一些记录,当 T_1 再次按相同条件读取数据时,发现多了一些记录。

3. 读“脏数据”(Dirty Read)

事务 T_1 更新了数据 R,事务 T_2 读取了更新后的数据 R,事务 T_1 由于某种原因被撤销,修改无效,数据 R 恢复原值,事务 T_2 得到的数据与数据库的内容是有出入的,这种情况称为“污读”。

如图 8-6(c)所示,事务 T_1 和 T_2 并发执行,导致 T_2 读到的数据与数据库中的数据不一致,则 T_2 读到的数据就称为“脏数据”,即不正确的数据。

可能会读到“脏数据”的另一种情况:当 T_2 计算某种聚集函数(如 AVG)时,要用到多值的某一属性值(如每个学生的成绩),如果 T_1 并发地修改成绩值,则 T_2 在计算平均值时,有些可能是使用了修改前的属性值,有些可能是使用了修改后的属性值,这也是一种不一致性的情况。

再以例 8.1 中的操作为例进行分析。在表 8-5 中,事务 T_1 把 R 的值改为 900,但此时 COMMIT 操作还未执行,事务 T_2 将修改过的值 900 读出来,之后事务 T_1 执行回滚操作,R 的值恢复为 1000,而事务 T_2 仍在使用已被撤销了的 R 值 900。原因在于,在 t_4 时刻事务 T_2 读取了 T_1 未提交的更新操作结果,这种值是不稳定的,在事务 T_1 结束前,回滚操作是随时有可能被执行的。对于这些未提交的随后又被撤销的更新数据称为“脏数据”。例如,事务 T_2 在 t_4 时刻读取的就是“脏数据”。

表 8-5　污读问题

时间	事务 T_1	数据库 R 的值	事务 T_2
t_0		1000	
t_1	FIND R		
t_2	R=R-100		
t_3	UPDATE R		
t_4		900	FIND R
t_5	ROLLBACK		
t_6		1000	

8.3.3　并行调度的可串行性

调度是指多个事务的某个执行顺序。DBMS 对并发事务不同的调度可能会产生不同的结果，那么什么样的调度是正确的呢？显然，串行调度是正确的。执行结果等价于串行调度的调度当然也是正确的。

多个事务的并发执行是正确的，当且仅当其结果与某一次序串行地执行它们时的结果相同，称这种调度策略为可串行化(Scrializable)的调度。

可串行性是并发事务正确性的准则。按这个准则规定，一个给定的并发调度，如果是可串行化的调度，就认为是正确调度。

例如，假设 A 的初值为 2，B 的初值为 3，现在有两个事务，分别包含下列操作：

事务 T_1：读 B；$A=B*2$；写回 A

事务 T_2：读 A；$B=A*2$；写回 B

对这两个事务有两个不同的串行调度策略，如图 8-7 所示。对于串行调度策略 $T_1 \rightarrow T_2$，执行结果为 $A=6$，$B=12$。对于串行调度策略 $T_2 \rightarrow T_1$，执行结果为 $A=8$，$B=4$。虽然执行结果不同，但它们都是正确的调度。

图 8-8 给出了两个不同的并行调度策略，其中图 8-8(a)中两个事务是交错执行的，由于其执行结果与上述串行调度的结果都不同，所以是错误的调度；图 8-8(b)中两个事务也是交错执行的，其执行结果与串行调度图 8-8(a)执行结果相同，所以是正确的调度。

T_1	T_2
申请并获得 Slock(*B*)	
Y←*R*(*B*)=3	
申请并获得 Xlock(*A*)	
A←*Y**2=6	
W(*A*)=6	
COMMIT	
释放 Slock(*B*)	
释放 Xlock(*A*)	
	申请并获得 Slock(*A*)
	Y←*R*(*A*)=6
	申请并获得 Xlock(*B*)
	B←*Y**2=12
	W(*B*)=12
	COMMIT
	释放 Slock(*A*)
	释放 Xlock(*B*)

(a)

T_1	T_2
	申请并获得 Slock(*A*)
	Y←*R*(*A*)=2
	申请并获得 Xlock(*B*)
	B←*Y**2=4
	W(*B*)=4
	COMMIT
	释放 Slock(*A*)
	释放 Xlock(*B*)
申请并获得 Slock(*B*)	
Y←*R*(*B*)=4	
申请并获得 Xlock(*A*)	
A←*Y**2=8	
W(*A*)=8	
COMMIT	
释放 Slock(*B*)	
释放 Xlock(*A*)	

(b)

图 8-7　并发事务的串行调度策略

T_1	T_2
申请并获得 Slock(*B*)	
Y←*R*(*B*)=3	
	申请并获得 Slock(*A*)
	X←*R*(*A*)=2
释放 Slock(*B*)	
	释放 Slock(*A*)
申请并获得 Xlock(*A*)	
A←*Y**2=6	
W(*A*)=6	
	申请并获得 Xlock(*B*)
	B←*Y**2=4
	W(*B*)=4
COMMIT	
释放 Xlock(*A*)	
	COMMIT
	释放 Xlock(*B*)

(a) 不可串行化的调度

T_1	T_2
申请并获得 Slock(*B*)	
Y←*R*(*B*)=3	
释放 Slock(*B*)	
申请并获得 Xlock(*A*)	
A←*Y**2=6	申请 Slock(*A*)
W(*A*)=6	等待
COMMIT	等待
释放 Xlock(*A*)	等待
	获得 Slock(*A*)
	Y←*R*(*A*)=6
	申请并获得 Xlock(*B*)
	B←*Y**2=12
	W(*B*)=12
	COMMIT
	释放 Slock(*A*)
	释放 Xlock(*B*)

(b) 可串行化的调度

图 8-8　并发事务的并行调度策略

8.4　实现并发控制的方法——封锁

数据库管理系统一般都采用封锁的方法控制事务并发操作。封锁是实现并发控制的一个非常重要的技术。所谓封锁就是事务 T 在对某个数据对象（如表、记录等）操作之前，先向系统发出请求，对其加锁。加锁后事务 T 就对该数据库对象有了一定的控制，在事务 T 释放它的锁之前，其他事务不能更新此数据对象。

8.4.1　封锁类型

封锁是目前 DBMS 普遍采用的并发控制方法，基本的封锁类型不外乎排他锁（Exclusive Locks，X 锁）和共享锁（Share Locks，S 锁）。

（1）排他锁

在封锁技术中，最常用的是排他型封锁，简称 X 锁。

X 锁的含义如下：如果事务对某个数据实现 X 锁，那么其他事务要等到该事务解除 X 锁以后，才能对这个数据进行封锁。

排他锁又称独占锁或写锁。

（2）共享锁

S 锁的含义如下：如果事务对某数据有一个 S 锁，那么其他事务也能对这数据实现 S 锁。但是对该数据的所有 S 锁都解除之前决不允许任何事务对该数据有 X 锁。

共享锁通常也称读锁。

排他锁和共享锁的控制方式可以用表 8-6 所示的相容矩阵来表示。

表 8-6　排他锁和共享锁的相容关系

T_1 \ T_2	X 锁	S 锁	无锁
X 锁	False	False	True
S 锁	False	True	True
无锁	True	True	True

在表 8-6 所示的加锁类型相容矩阵中，最左边一列表示事务 T_1 已经获得的数据对象上的锁的类型，最上面一行表示另一个事务 T_2 对同一数据对象发出的加锁请求。T_2 的加锁请求能否满足在矩阵中分别用“False”和“True”表示，“Truc”表示事务 T_2 的加锁请求与 T_1 已有的锁兼容，加锁请求能够满足；“False”表示事务 T_2 的加锁请求与 T_1 已有的锁冲突，加锁请求也就无法满足。

从相容矩阵中可以看出，相容仅仅在共享锁上才会发生。任何时候，一个数据项上的共享锁可以同时被多个不同的事务拥有。如果一个事务想要申请一个数据项上的排他锁的话，它必须等待该数据项上的所有锁被释放。

事务可以通过执行 LOCK S(Q)命令来申请数据项 Q 上的共享锁。类似地，通过执行 LOCK X(Q)命令来申请排他锁，事务能够通过 UNLOCKED(Q)命令来释放数据项 Q 上的锁。

8.4.2 三级封锁协议

在运用 X 锁和 S 锁两种基本封锁对数据对象加锁时，还需要约定一些规则，例如什么时间应该申请、什么时间应该释放等，这些约定称为封锁协议。

对封锁方式规定不同的规则，使得各种不同的封锁协议得以形成。

封锁协议在不同程度上对正确控制并发操作提供了一定的保证。并发操作所带来的脏读、不可重读和丢失更新等数据不一致性问题，可以通过三级封锁协议在不同程度上得到有效解决。

1. 一级封锁协议

一级封锁协议的内容是：事务在修改数据之前必须先对其加 X 锁，直到事务结束才释放。事务结束包括正常结束(Commit)和非正常结束(Rollback)。此协议又称为 PXC 协议。

一级封锁协议可防止丢失修改，并保证事务 T 是可恢复的。使用一级封锁协议解决丢失更新问题的过程如图 8-9 所示，A 的初始值为 50。图中，事务 T_1 进行修改之前先对 A 加 X 锁，当事务 T_2 请求对 A 加 X 锁被拒绝，T_2 只能等待 T_1 释放 A 上的锁后才能获得对 A 的 X 锁。事务 T_1 提交对 A 的修改，并释放锁，此时数据库中 A 的值为修改后的值 40。这时事务 T_2 获得对 A 的 X 锁，读取的数据 A 为 T_1 更新后的值 40，再对新值 40 进行运算，并将结果 30 写入磁盘。这样的话，事务 T_1 的更新被丢失问题得以有效避免。

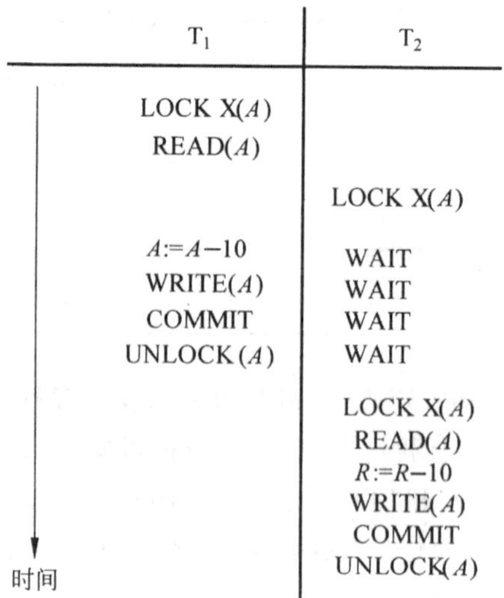

图 8-9 使用一级封锁机制解决丢失更新问题

一级封锁协议规定：更新操作之前必须先获得 X 锁，但读数据是不需要加锁的，所以使用一级封锁协议可以解决丢失更新问题，但不可重复读、读“脏数据”等问题仍然无法得到有效解决。

2. 二级封锁协议

二级封锁协议的内容是：在一级封锁协议的基础上，再加上事务在读取数据之前必须先对其加 S 锁，读完后方可释放 S 锁。

二级封锁协议除了解决丢失更新问题，对于读“脏数据”和幻影读也能够有效防止。图 8-10 为使用二级封锁协议解决读“脏数据”问题的过程。图 8-10 中，A 的初始值为 50。事务 T_1 在对 A 修改之前，先对 A 加 X 锁，修改 A 的值之后写回磁盘。这时事务 T_2 请求在 A 上加 S 锁，因为 T_1 已在 A 上加了 X 锁，根据相关控制方式，T_2 不能加 S 锁，所以 T_2 只能等待。刚才的修改操作由 T_1 撤销，此时 A 的值恢复为 50，T_1 释放 A 上的 X 锁。这时 T_2 获得 A 上的 S 锁，读取 A 值为 50。这样的话，T_2 读“脏数据”得以有效避免。

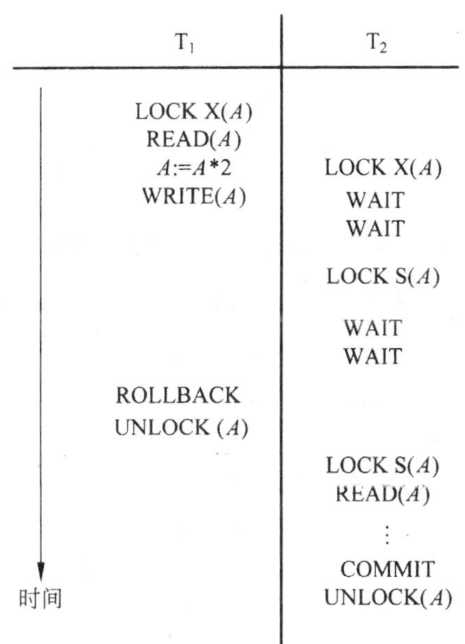

图 8-10 使用二级封锁机制解决“脏”读问题

由于二级封锁协议中，读完数据后即可释放 S 锁，所以二级封锁不能解决不可重复读的问题。

3. 三级封锁协议

三级封锁协议的内容是：一级封锁协议加上事务在读取数据之前必须先对其加 S 锁，直到事务结束才释放。此协议又称为 PSC 协议。

三级封锁协议除了解决丢失更新、不读“脏数据”和幻影读等问题，对不可重复读的问题也能够有效防止。图 8-11 表示为使用三级封锁协议解决不可重复读问题的过程。图 8-11 中，

事务 T_1 对 A 和 B 加 S 锁,假设 A 和 B 的值分别是 50 和 80。事务 T_2 申请对 A 加 X 锁,因为 T_1 已对 A 加了 S 锁,根据表 8-6 可知,T_2 不能对 A 加 X 锁,T_2 处于等待状态,等待 T_1 释放对 A 的锁。然后事务 T_1 又读取 A 的数据,进行求和运算后提交结果并释放锁。于是,T_2 获得对 A 的 X 锁,然后读取数据进行运算。T_1 两次读取数据 A,相同的结果即可得到,不可重复读的问题得以有效解决。

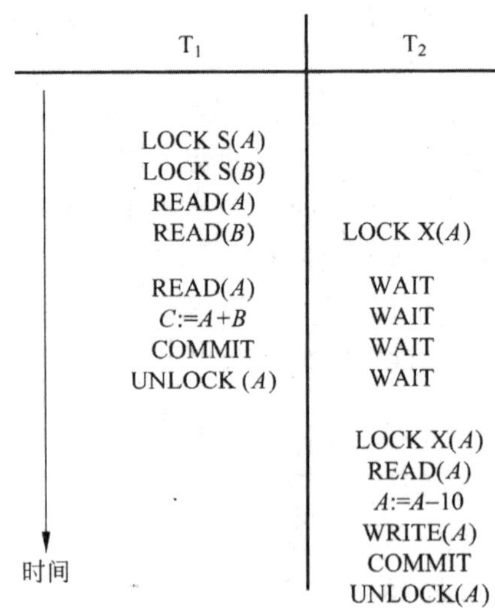

图 8-11 使用三级封锁机制解决不可重复读问题

上述三级不同的封锁协议分别在不同程度上解决了不一致问题,现总结如下(见表 8-7)。

表 8-7 三级不同封锁协议的总结

级别	X 锁		S 锁		一致性保证		
	操作结束释放	事务结束释放	操作结束释放	事务结束释放	不丢失修改	不读"脏数据"	可重复读
一级封锁		Y			Y		
二级封锁		Y	Y		Y	Y	
三级封锁		Y		Y	Y	Y	Y

8.4.3 两段封锁协议

两段封锁协议(Two-Phase Locking,2PL)是最常用的一种封锁协议,理论上证明应用两段封锁协议产生的调度是可串行化调度。目前,DBMS 普遍采用两段锁协议的方法实现并发调度的可串行性,从而保证调度的正确性。

两段锁协议是指所有事务必须分两个阶段对数据进行加锁和解锁,具体内容如下:在对任何数据进行读、写操作之前,首先要申请并获得对该数据的封锁;在释放一个封锁之后,事务不再申请和获得任何其他封锁。

两段锁的含义是可以将每个事务分为两个阶段：

第一阶段是申请封锁期，也称为扩展阶段，事务可以申请获得任何数据项上的任何类型的锁，但是不能释放任何锁；

第二阶段是释放封锁期，也称为收缩阶段，事务可以释放任何数据项上的任何类型的锁，但是不能再申请任何锁。换言之，在事务执行过程中，不允许加锁解锁交叉执行。

事务遵守两段封锁协议是可串化的充分条件，而不是必要条件。即事务遵守两段封锁协议，这些事务的任何并发调度都是可串化的，但可串化的事务不一定都遵守两段封锁协议。

两段锁协议与三级封锁协议的区别：两段锁协议可以保证并发调度的可串行性，可以保证并发调度的正确性；三级封锁协议分别在不同程度上保证数据的一致性。并发调度事务遵守第三级封锁协议，则必然遵守两段锁协议。

8.4.4　封锁粒度与多粒度封锁法

封锁对象的大小称为封锁粒度。根据对数据的不同处理，封锁的对象的逻辑单元可以是以下几种：属性值、属性值的集合、元组、关系、索引项、整个索引值直至整个数据库等。

封锁粒度与系统的并发度和并发控制的开销有直接关系。封锁粒度越小，系统中能够被封锁的对象就越多，并发度越高，但封锁机构复杂，系统开销也就越大。相反，封锁粒度越大，系统中能够被封锁的对象就越少；并发度越小，封锁机构越简单，相应系统开销也就越小。因此，在实际应用中，选择封锁粒度时封锁机构和并发度两个因素是务必要考虑到的，对系统开销与并发度进行权衡，以求得最优的效果。

一般地，DBMS 应提供多粒度封锁。即一个系统中同时支持多种封锁粒度供不同的事务选择。选择合适的封锁粒度应考虑封锁开销和并发度两个因素。通常，需要处理大量元组的事务可以以关系为封锁粒度，需要处理多个关系的大量元组的事务可以以数据库为封锁粒度，而一个处理少量元组的用户事务以元组为封锁粒度比较合适。

1. 多粒度树

多粒度树的根结点是最大的数据粒度，叶结点表示最小的数据粒度。如图 8-12 所示，最大的数据粒度为整个数据库，最小的数据粒度为属性值。

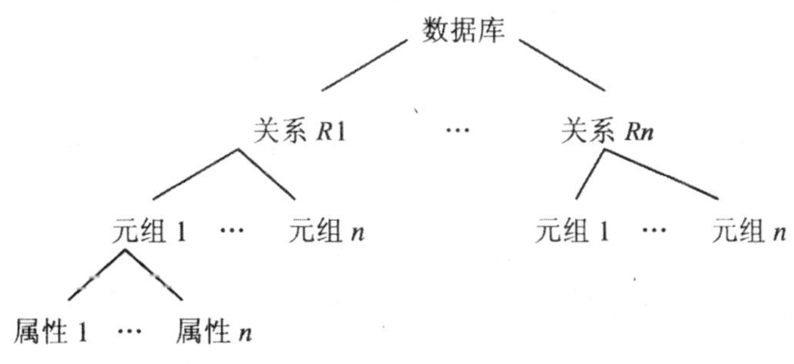

图 8-12　多粒度树

2. 多粒度封锁协议

多粒度封锁协议允许多粒度树中的每个结点被独立加锁。对一个结点加锁意味着这个结点的所有子结点也被加以同样类型的封锁。应事务的要求直接加到数据对象上的封锁称为显式封锁。对该数据对象没有独立加锁是由于其上级结点加锁而使该数据对象加上封锁，则称为隐式封锁。

3. 意向锁

由于多粒度封锁协议，数据的封锁分显式和隐式两类，检查某一数据是否被封锁的效率很低，为此引进意向锁概念。

意向锁的含义是如果对一个结点加意向锁，则说明该结点的下层结点正在被加锁，对任一结点加锁时，必须先对它的上层结点加意向锁。

常用的意向锁为以下三种。

①意向共享锁(IS 锁)。如果对一个数据对象加意向共享锁，表示它的子结点拟加 S 锁。

②意向排他锁(IX 锁)。如果对一个数据对象加意向排他锁，表示它的子结点拟加 X 锁。

③共享意向排他锁(SIX 锁)。如果对一个数据对象共享加意向排他锁，表示它加 S 锁，再加 IX 锁。

具有意向锁的多粒度封锁方法中任意事务要对一个数据对象加锁，必须先对它的上层结点加意向锁。申请封锁时应按多粒度封锁树自上而下的次序进行，释放则按自下而上的次序进行。意向锁提高了系统的并发度，减少了加锁和解锁的开销。

8.4.5 活锁和死锁

并行操作的一致性问题可通过封锁的方法得到有效解决，然而封锁不是万能的，但也会引发新的问题，即活锁和死锁问题。

1. 活锁

活锁(live lock)是指某个事务永远处于等待状态，得不到封锁机会。

例如，事务 T_1 在对数据 R 封锁，事务 T_2 又请求封锁 R，于是 T_2 等待。T_3 也请求封锁 R。当 T_1 释放了 R 上的封锁后首先批准了 T_3 的请求，T_2 继续等待。然后又有 T_4 请求封锁 R，T_3 释放 R 上的封锁后又批准了 T_4 的请求，……，T_2 可能永远处于等待状态，从而发生了活锁，如图 8-13 所示。

采用“先来先服务”的策略能够有效解决活锁问题，也就是简单的排队方式。

如果运行时，事务有优先级，那么很可能优先级低的事务，即使排队也很难轮上封锁的机会。此时可采用“升级”方法来解决，也就是当一个事务等待若干时间(如 5 分钟)还轮不上封锁时，可以提高其优先级别，这样封锁是总能够轮上的。

T_1	T_2	T_3	T_4
LOCK *R*			
	LOCK *R*		
	WAIT		
	WAIT		
	WAIT	LOCK *R*	
	WAIT		
UNLOCK (*R*)	WAIT	WAIT	LOCK *R*
	WAIT	LOCK *R*	WAIT
	WAIT		WAIT
	WAIT		WAIT
	WAIT	UNLOCK *R*	WAIT
	WAIT		LOCK *R*
	WAIT		

时间 ↓

图 8-13　活锁

2. 死锁

死锁(dead lock)是指两个或两个以上的事务处于等待状态,每个事务都在等待其中另一个事务释放封锁,才能继续,其结果是任何一个事务都无法继续执行。

例如,如果事务 T_1 封锁了数据 R_1,T_2 封锁了数据 R_2,然后 T_1 又请求 R_2,因 T_2 已封锁了 R_2,于是 T_1 等待 T_2 释放 R_2 上的锁;接着 T_2 又申请封锁 R_1,因 T_1 已封锁了 R_1,T_2 也只能等待 T_1 释放 R_1 上的锁。这样的话就会出现 T_1 在等待 T_2、T_2 又在等待 T_1 的局面,T_1 和 T_2 两个事务永远不能结束,形成死锁,如图 8-14 所示。

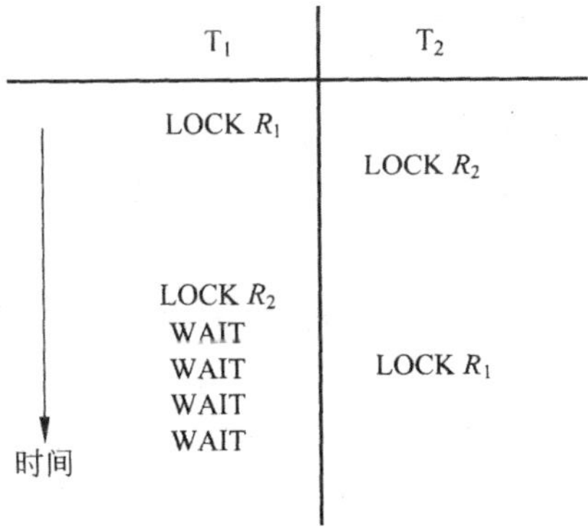

图 8-14　死锁

在数据库中,两个或多个事务都已封锁了一些数据对象导致了死锁的出现,然后又都请求对已被其他事务封锁的数据对象加锁,从而出现死等待。

目前,数据库中解决死锁问题主要有两类方法:一类方法是采取一定的措施来预防死锁的发生;另一类方法是允许死锁,采用一定的手段定期诊断有无死锁,若有就将死锁解除。

(1)死锁的预防

由于死锁产生的原因是两个或两个以上的事务都已封锁了一些数据,然后再请求新的封锁对象,从而出现死等待。可通过一次加锁法和顺序加锁法来预防死锁。

①一次封锁法。一次封锁法要求每个事务必须一次将所有要使用的数据全部加锁，否则不能执行。

如图 8-14 发生死锁的例子，可以通过一次加锁法加以预防。事务 T_1 启动后，立即对数据 R_1 和 R_2 依次加锁，加锁成功后，执行 T_1，而事务 T_2 等待。直到 T_1 执行完后释放 R_1 和 R_2 上的锁，T_2 继续执行。这样死锁也就不会发生。

一次封锁法可以有效地预防死锁的发生，但仍存在一些问题，例如，一次封锁法将事务以后可能用到的数据全部加锁，势必扩大了封锁范围，减低了系统的性能；事务执行前，有些数据不在封锁之列，但运行的过程中可能会加入这些数据的封锁。

②顺序封锁法。顺序封锁法是预先对数据对象规定一个封锁顺序，所有事务都按这个顺序实施封锁。但顺序封锁法中数据封锁顺序的确定以及维护是非常困难的。

例如，对于图 8-14 发生的死锁，可以规定封锁顺序为 R_1、R_2，事务 T_1 和 T_2 都需要按此顺序加锁。T_1 先封锁 R_1，再封锁 R_2。当 T_2 再请求封锁 R_1 时，因为 T_1 已经对 R_1 加锁。T_2 能做的只能是等待下去。待 T_1 释放 R_1 后，T_2 再封锁 R_1，则不会发生死锁。

顺序加锁法可以有效地防止死锁，但也同样存在问题。因为事务的封锁请求可以随着事务的执行而动态地决定，所以想要事先确定封锁对象难度比较大，从而封锁顺序的确定的难度也就更大。即使确定了封锁顺序，随着数据插入、删除等操作的不断变化，维护这些数据的封锁顺序需要很大的系统开销。

综上所述，在数据库系统中，由于可加锁的目标集合不但很大，而且是动态变化的；可加锁的目标常常不是按名寻址，而是按内容寻址，预防死锁常要付出很高的代价，因而上述两种在操作系统中广泛使用的预防死锁的方法并不太适合数据库的特点。一般情况下，在数据库系统中，可以允许发生死锁，在死锁发生后可以自动诊断并解除死锁。

(2)死锁的诊断和解除

系统是否存在死锁可通过以下方法进行测试和判断：

①超时法。超时法是指如果一个事务的等待时间超过了规定时限，则认为发生了死锁。这种方法实施简单，但有可能出现误判，制定合理的规定时限也很难。

②等待图法。等待图法是利用有向图来判断有无死锁的方法，如果有向图有回路，则表示发生死锁。

例如在图 8-15 中，事务 T_1 需要数据 B，但数据 B 已经被事务 T_2 封锁，那么从 T_1 到 T_2 画一个箭头；事务 T_2 需要数据 A，但数据 A 已经被事务 T_1 封锁，那么从 T_2 到 T_1 也画一个箭头。如果在事务依赖图中沿着箭头方向存在一个循环，那么死锁的条件也就具备了，系统就会出现死锁。图 8-16 为无环依赖图，表示系统未进入死锁状态。图 8-17 为有环依赖图，则表示系统进入死锁状态。

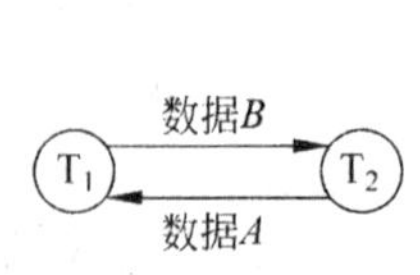

图 8-15　事务依赖图

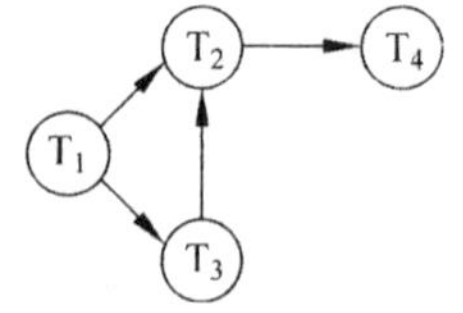

图 8-16　事务的无环依赖图

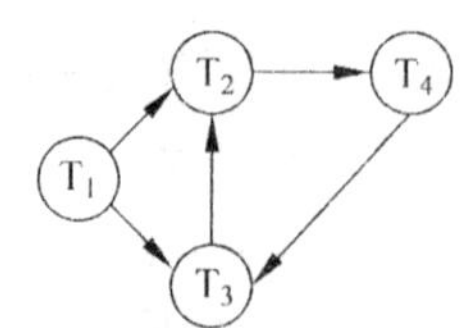

图 8-17　事务的有环依赖图

DBMS 中有一个死锁测试程序，每隔一段时间会对并发的事务之间是否发生死锁进行检查。如果发生死锁，那么只能选取某个事务作为牺牲品，把它撤销，做回退操作解除它的所有封锁，恢复到该事务的初始状态。释放出来的资源就可以分配给其他事务，使其他事务可能继续运行下去，进而使得死锁现象得以消除。在解除死锁的过程中，根据系统状态及其应用的实际情况来确定的牺牲事务标准的选取，通常采用的方法之一是选择一个处理死锁代价最小的事务，将其撤销。不重要的用户，取消其操作，释放封锁的数据，恢复对数据库所做的改变。

发现系统出现了死锁，通常系统会选择一个处理死锁代价最小的事务，将其撤销，释放该事务封锁的所有数据，使其他事务得到需要的数据继续执行。

第 9 章　数据库安全性与保护

9.1　安全与保护概述

数据库的误用是对数据库安全造成危害的最大隐患之一。数据库的误用包含两个方面，一是故意的数据泄露、更改和破坏；另一个是无意的错误改变，它们分别属于安全性和完整性两个不同领域中的问题。

安全性是指为防止数据被非法用户故意操作，让合法用户做其想做的事情；完整性则是指为防止合法用户无意地执行不正确的操作，以保护数据库的正确性。安全性和完整性两者之间的不同关键在于“合法”与“非法”、“故意”与“无意”。

数据库安全性保护牵涉下列多个不同的方面：

①物理控制。通过像加锁或专门监护以防止系统场地被非法进入。

②法律保护。通过立法、规章制度防止授权用户以非法的形式将其存取权转授给非法者。

③操作系统支持。操作系统的安全弱点可能成为入侵数据库的手段，因此要保证数据库的安全性，必须要求操作系统的安全性支持。

④网络管理。几乎所有的现代数据库系统都允许通过网络而远程存取。因此，数据传输的安全、网络（包括 Internet）软件和硬件的安全是非常重要的。

⑤DBMS 实现。DBMS 的安全机制能保证安全策略的实施，能实现谁对哪些数据对象进行什么操作的控制，能防止任何非法的人对任何非法的对象进行任何非法的行为。

9.2　数据库的安全性保护

数据库的安全性指的是保护数据库以防止不合法的使用所造成的数据泄露、非法修改或破坏数据。

在实践中，以下几个层次在数据的保护上都应采取相应的措施。

物理层：数据库所在的计算机系统的机房在物理上得到保护，以防止外界事物强行闯入或暗中潜入。

人际层：尽可能减少数据库的管理及使用人员接受贿赂而给入侵者提供访问的机会。

操作系统层：数据库系统所在的操作系统的安全性弱点有可能为入侵者进行未授权访问提供方便。

网络层：大多数数据库系统都允许通过网络进行远程访问，例如，SQL Server 从一开始就被设计成客户机/服务器的访问模式,因此网络层的安全性是相当重要的。

数据库系统层:数据库系统的某些用户获得的授权可能只允许他访问数据库中有限的部分,而另外一些用户获得的授权可能允许他提出查询,但不允许他修改数据。保证这样的授权限制不被违反是数据库系统的责任。

上述物理层和人员层的安全性问题属于社会伦理道德问题。操作系统层的安全性从口令到并发处理的控制,以及文件系统的安全,都属于操作系统研究的内容。网络层的安全性措施已在国际电子商务中广泛应用,属于计算机网络课程的内容。本书中主要介绍数据库系统层的安全性措施。

9.2.1　实现数据库安全性的目标

数据库安全性的目标如下:

①数据机密性。通过为数据指定不同的安全级别,来为授予用户对各种数据不同的存取权限,例如,任何人可以看自己的档案,但不能查看别人的档案。

②数据诚实性。允许数据被授权的用户进行合法的存取,拒绝非法存取。例如,学生可以查看自己的成绩,但不能修改;授课的老师可以在一定的条件下修改其所授课程的某学生的成绩。

③数据可用性。不能拒绝已授权用户对相应数据的存取,例如,应允许设计师存取和修改其设计的产品数据。

此外,要实现数据库系统安全目标,还需要具体考虑很多方面的问题,例如:

①法律、道德伦理及社会问题。例如,请求者对其请求的数据的权利是否合法乃至合情合理?

②政策问题。例如,拥有系统的组织单位如何授予使用者对数据的存取权限?

③可操作性问题。有关的安全性政策、策略与方案如何落实到系统实现?例如,若使用口令或密码,如何防止密码本身的泄露?若可以授权,如何防止被授权者再授权给不应被授权的人?

④设施有效性问题。例如,系统所在地的控制保护、硬软件设备的安全特性等是否合适?

9.2.2　DBMS 提供的安全支持

为了实现数据库安全,需要 DBMS 提供的支持如下:

①安全策略说明。即安全性说明语言。

②安全策略管理。即安全约束目录的存储结构、存取方法和维护机制。

③安全性检查。执行“授权”(authorization)及其检验。

④用户识别。即标识和确认用户。

现实中 DBMS 一般都会采用“自主”(discretionary)和“强制”(mandatory)两种存取控制方法来解决安全性问题。在自主存取控制方法中,每一用户对各个数据对象被授予不同的存取权力(authority)或特权(privilege),哪些用户对哪些数据对象有哪些存取权力都按存取控制方案执行，并不完全固定。而在强制存取控制方法中，所有的数据对象被标定一个密级，所有的用户也被授予一个许可证级别(clearance level)。对于任一数据对象，凡具有相应许可证级别的用户就可存取，否则不能。

DBMS 安全性的特点和功能取决于所用的 DBMS 产品。基本上，所有的此类产品都提供了限制某些用户在某些对象上的某些操作的工具。DBMS 安全性的一般模型如图 9-1 所示。

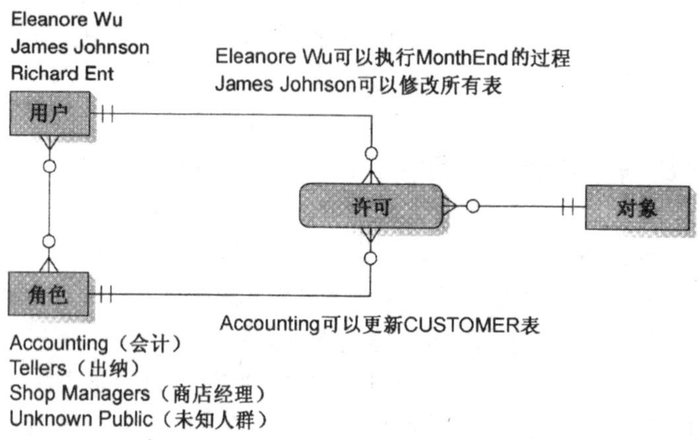

图 9-1 DBMS 安全性的一般模型

一个用户可以赋予一个或多个角色，而一个角色也可以拥有一个或多个用户。所谓的对象(object)就是诸如表、视图或存储过程等数据库要素。许可(rermission)是用户、角色和对象之间的一个联系实体。因此，从用户到许可的联系，从角色到许可的联系以及从对象到许可的联系都是 1:N，M-O 的。

每当用户面对数据库时，DBMS 就会将他的操作限定为他的许可或者分配给他的角色。一般来说，要确定某个人是否就是其声称的那个人，是一项很困难的任务。所有的商用 DBMS 产品都使用用户名和口令来验证，尽管这类安全性在用户不太注意时，是很容易被别人窃取的。

用户能够输入名字和口令，或者有些应用程序也能输入名字和口令。例如，Windows 用户名和口令可以直接传送给 DBMS。而在其他情况下，则由应用程序来提供用户名和口令。Internet 应用程序常常定义一个所谓“未知人群”(Unknown Public)的用户群组，并在匿名用户登录时把它们归入这个群组。这样，像 Dell 这样的计算机公司就不需要为每个客户在安全性系统中输入用户名和口令。

9.2.3 应用系统安全性控制

数据库安全常用的技术包括视图、授权、数据加密、统计数据库的存取控制，以及跟踪审计等。目前，正在使用的数据库管理系统都或多或少都采用了这些技术，以保证数据库的安全，防止未经许可的人员窃取、篡改或破坏数据库中的内容。

1. 安全控制模型

通常，在计算机系统中，安全措施是一级一级层层设置的。计算机系统的安全模型如图 9-2所示，从用户使用数据库应用程序开始一直到访问后台数据库所要经过的安全认证过程。

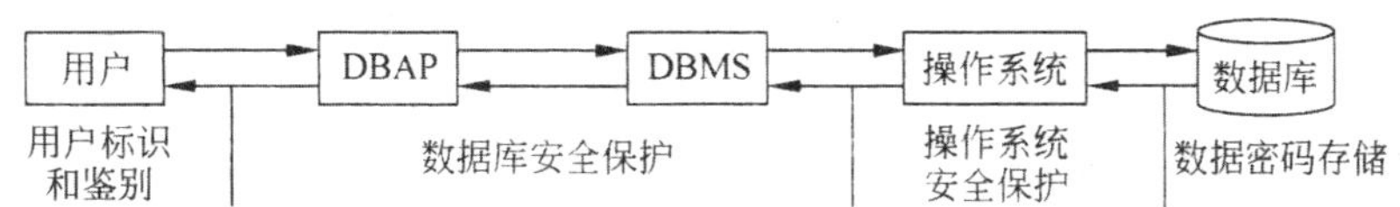

图 9-2　计算机系统的安全模型

当用户进入计算机系统时，系统首先根据输入的用户标识进行身份的鉴定，用户想要进入系统，需要保证其身份的合法性才可以。对已进入系统的用户，DBMS 还要进行用户存取权限控制，只允许用户执行合法操作。如允许学生查看自己的成绩，但想要对成绩进行修改的话是不可能的。

DBMS 是建立在操作系统之上的，数据库安全的前提即为安全的操作系统。操作系统应能保证数据库的数据必须由 DBMS 访问，而不允许用户越过 DBMS，直接通过操作系统或其他方法访问。

数据最后还可以通过密码的形式存储到数据库中，非法者即使得到了加密数据，也无法识别数据。

2. 用户标识与鉴别

用户标识和鉴定是系统提供的最外层的安全保护措施，其方法是由系统提供一定的方式让用户标识自己的名字或身份，系统内部记录着所有合法用户的标识，每次用户要求进入系统时，由系统进行核实，通过鉴定后才提供机器的使用权。

通常采用的方法有以下几种：

(1)确认用户名和口令

用一个用户标识(User ID)或用户名(User Name)来标识用户的身份。经系统核实后，则可以进行下一步骤的核实；反之，则不能使用该系统。

仅仅输入用户名不能够达到鉴别用户合法性的目的，为了进一步核实用户，系统常要求用户输入用户标识(User ID)和口令(Password)进行用户真伪的鉴别。为了保密，通常口令是不显示在显示屏上的。

目前，口令识别用户是几乎所有的商品化数据库管理系统都采用的手段。为提高安全性，数据库管理系统采取了多种措施：口令一般由用户选择；口令输入时不显示以免被偷看；口令的选择既要便于记忆，又要不容易被别人猜出；系统限定用户必须定期更换口令；对口令的长度、可使用的字符等加入一定的限制；对多次尝试进入系统未能成功者，将中断其尝试，并记录在案以便核查；系统中存放密码的表以密文形式存放等等。

口令识别这种控制机制的优点是简单且推广起来比较容易。目前，尝试猜测、假冒登录和搜索系统口令表等是对其进行攻击的常用办法。

(2)约定计算过程

用户通过用户名和口令鉴别用户的方法比较简单,但是这两个信息的保密性较差。因此提出了约定计算过程的方法,由被鉴别的用户与计算机对话,问题答对了就证实了用户的身份。例如,让用户记着一个表达式,如 X^2+Y^2,系统每次提供不同的 X 和 Y 值,由用户给出答案。若答案正确,就可以证明用户的合法性。关于表达式的设置并不固定,可以设置更加复杂的表达式来增强系统的安全性。这种方法的优点就是不怕被别人偷看,系统每次提供不同的随机数,其他用户看了也没用。

(3)利用用户具有的物品

密钥就是属于这种性质的鉴别物。此外,计算机系统常利用用户持有的证件,如光卡、磁卡等进行身份识别。这种方式要求系统有读卡装置,不足之处是卡丢失或被盗的情况也时有发生。

(4)利用用户的个人特征

利用用户的体貌特征、指纹、签字等技术措施进行身份识别。这种方式非常具有可靠性,但需要昂贵的、特殊的鉴别装置,因而使其推广和使用受到限制。

3. 视图与安全性

视图技术是当前数据库技术中保持数据库安全性的重要手段之一。为不同的用户定义不同的视图,可以限制各个用户的访问范围,提高数据库的私用性,从而保证数据库的安全可靠。

下面的例子说明怎样应用视图技术,达到安全性的要求。

【例 9.1】允许一个用户查询学生记录,但只允许他查询男生情况。

```
CREATE VIEW STUDENT_MALE
AS SELECT 学号,姓名,性别,年龄,所在系
FROM 学生表
WHERE SEX='男'
```

使用这个视图 STUDENT_MALE 的用户看到的只是基本表 STUDENTS 的一个“水平子集”,或称行子集或值依赖子集(Value-dependent)。

【例 9.2】允许一个用户查询学生记录,但不允许他了解学生的年龄。

```
CREATE VIEW STUDENT_NAS
AS SELECT 学号,姓名,性别,所在系
FROM 学生表
```

使用这个视图 STUDENT_NAS 的用户看到基本表学生表的一个“垂直子集”,或称列子集或称值不依赖子集(Value-independent)。

【例 9.3】允许一个用户查询男学生记录,但不允许他了解学生的年龄。

```
CREATE VIEW STUDENT_MAIL_NAS
AS SELECT 学号,姓名,性别,所在系
    FROM 学生表
WHERE 性别='男'
```

使用这个视图 STUDENT_MAIL_NAS 的用户看到的只是基本表学生表的一个行列子集(Row-and-column subset)。

【例 9.4】允许一个用户查询学生的平均成绩,但不允许了解具体的各课程成绩。

```
CREATE VIEW GRADE_AVG(学号,平均成绩)
AS SELECT 学号,AVG(成绩)
FROM 选修关系表
GROUP BY 学号
```

使用这个视图 GRADE_AVG 的用户只看到基本表选修关系表上的成绩的一个统计汇总(平均成绩),不能了解选修关系表中的原始成绩数据。

4. 权限的授予与收回

用户存取权限指的是不同的用户对于不同的数据对象允许执行的操作权限。在数据库系统中,每个用户只能访问其有权存取的数据并执行有权使用的操作。因此,必须预先定义用户的存取权限。

(1)授权

SQL 使用 GRANT 语句向指定用户授予指定的权力,它的格式如下:

```
GRANT <权力表> ON <数据元素> TO <用户表>
        [WITH GRANT OPTION]
```

<权力表>权力主要包括:

①对关系的 SELECT、INSERT、DELETE 和 UPDATE,此处关系可为基本关系或视图。

②对持久性存储模块(PSM)过程或函数的 EXECUTE。

③完整性约束条件下引用关系的 REFERENCE 模式的 USAGE。

④关系上 TRIGGER 的使用。

⑤创建给定类型的子类的 UNDER 权力。[①]

授予所有的权力采用 ALL PRIVILEGE 表示。关于 UPDATE 权力,如果仅仅授权某些属性,此时一定要紧接其后将这些属性列在括号中,否则对指名关系的一切属性都有 UPDATE 权力。

<数据元素>通常指明一个关系。

<用户表>中列出被授权的一组用户 ID,ID:PUBLIC 代表所有用户,其为一个特殊的用户。

WITH GRANT OPTION 为任选项,如果选择了,那么此时被授权者具有可将获得的相应权力转授给其他用户的权力,如果没有选择该项,此时则没有转授权。

【例 9.5】把查询 reader 表的权限授给用户 user1。

```
GRANT SELECT
ON TABLE reader
TO user1;
```

① 刘云生. 数据库系统分析与实现[M]. 北京:清华大学出版社,2009.

【例 9.6】把对 reader 表和 book 表的全部操作权限授予用户 user2 和 user3。

```
GRANT ALL PRIVILEGES
ON TABLE reader,book
TO user2,user3;
```

【例 9.7】把创建表的权限授给用户 user1。

```
GRANT CREATE TABLE
TO user1;
```

【例 9.8】把对 borrow 表的查询权授予所有用户。

```
GRANT SELECT
ON TABLE borrow
TO PUBLIC;
```

【例 9.9】把查询 reader 表和修改读者专业的权限授予用户 user4。

```
GRANT SELECT,UPDATE(rspecialty)
ON TABLE reader
TO user4;
```

【例 9.10】把表 borrow 的插入权授予所有用户 user5,并允许 user5 将此权限授予其他用户。

```
GRANT INSERT
ON TABLE borrow
TO user5
WITH GRANT OPTION:
```

【例 9.11】user5 可以把表 borrow 的插入权授予再授予 user6,,并允许 user6 将此权限授予其他用户。

```
GRANT INSERT
ON TABLE borrow
TO user6
WITH GRANT OPTION;
```

【例 9.12】user6 可以把表 borrow 的插入权授予再授予 user7,但不允许 user7 将此权限授予其他用户。

```
GRANT * INSERT
ON TABLE borrow
TO user7:
```

从上面的例 9.8～例 9.12 可以看到,GRANT 语句一次可以向一个或多个用户授权,还可以一次授予多个同类对象的不同权限,也可以一次完成不同对象的授权。表 9-1 是执行上述 8 条语句后读者—图书数据库中的用户权限定义表。

表 9-1　用户权限定义表

授权用户	被授权用户	数据库对象	允许的操作类型	能否转授权
DBA	user1	关系 reader	SELECT	否
DBA	user2	关系 reader	ALL	否
DBA	user2	关系 book	ALL	否
DBA	user3	关系 reader	ALL	否
DBA	user3	关系 book	ALL	否
DBA	user1	CREATE TABLE	否	
DBA	PUBLIC	关系 borrow	SELECT	否
DBA	user4	关系 reader	SELECT	否
DBA	user4	属性列 reader. rspecialty	UPDATE	否
DBA	user5	关系 borrow	INSERT	能
user5	user6	关系 borrow	INSERT	能
user6	user7	关系 borrow	INSERT	否

(2)收权

收权是指收回被授予的权力。当用户 U_1 自用户 U_2 收回权力 P 后，由 U_2 授权给 U_3 的权力 P 也自动收回，此时发生了收权连锁反应，注意，这并不意味 U_2、U_3 就不再具有权力 P，其原因在于 U_2、U_3 还可能从别的用户那儿授权到同样的权力，U_1 收回的仅仅是他发出及被转授的那个权力 P。

下面给出收权的一般格式：

REVOKE＜权力表＞ON＜数据元素＞FROM＜用户表＞

　[CASCADE|　RESTRICT]

其中 CASCADE 或 RESTRICT 可任选一个或一个都不选。连锁回收通过 CASCADE 指明；RESTRICT 则表示：要该权力回收成功，则它不能引起连锁回收。

【例 9.13】把用户 user4 修改读者专业的权限收回。

```
REVOKE UPDATE(rspecialty)
0NTABLE reader
FROM user4;
```

【例 9.14】收回所有用户对表 borrow 的查询权限。

```
REVOKE SELECT
ON TABLE borrow
FROM PUBLIC;
```

【例 9.15】　把用户 user5 对 borrow 表的 INSERT 权限收回。

```
REVOKE INSERT
```

ON TABLE borrow
FROM user5 CASCADE；

5. 角色

在一个有很多出纳的银行，每一个出纳必须对同一组关系具有同种类型的权限。无论何时招聘一个新的出纳，他都必须被单独授予所有这些授权。

一个更好的机制是指明所有出纳应该有的授权，并可以标识出数据库中哪些用户是出纳。系统可以用这两条信息来确定每一个有出纳身份的人的权限。当一个新人被雇用为出纳时，只需给他分配一个用户名，并标识为出纳即可，不需要重新单独授予出纳的相关权限。

角色(ROLE)的概念可用于该机制。角色是被命名的一组与数据库操作相关的权限，角色是权限的集合。在银行数据库中，角色可以包括出纳、前台经理、审计和系统管理员等。可以为一组具有相同权限的用户创建一个角色，使用角色来管理数据库权限既可以简化授权的过程，又可以避免因多个用户使用一个登录名操作数据库，出错后无法鉴别的安全隐患。任何授予用户的权限都可以授予给角色，给用户分配角色就跟给用户授权一样。因此，用户的权限主要包括两个方面：一是直接授予给他的权限；二是分配给他的角色的权限。

角色创建的 SQL 语句格式如下：

CREATE ROLE<角色名>；

刚创建的角色只有名字，没有内容(权限)。

给角色授权的语句格式如下：

GRANT<权限>[，<权限>]…
ON<对象类型>对象名
TO<角色>[，<角色>]…

DBA 和用户可以利用 GRANT 语句将权限授予由一个或几个角色。

将角色分配给其他的角色或用户的语句格式如下：

GRANT<角色 1>[，<角色 2>]…
TO<角色 3>[，<II～P 1>]…
[WITH ADMIN OPTION]

该语句把角色授予某用户或另一个角色。这样，一个角色(例如角色 3)所拥有的权限就是授予他的全部角色(例如角色 1 和角色 2)所包含的权限的总和。如果指定了 WITH ADMIN OPTION，则获得这种权限的角色或用户还可以把这种权限再授予其他的角色或用户。

角色权限的收回语句格式如下：

REVOKE<角色 1>[，<角色 2>]…
FROM<角色 3>[，<用户 1>]…

REVOKE 动作的执行者或者是角色的创建者，或者拥有在这个(些)角色上的 ADMIN OPTION。

【例 9.16】通过角色来实现将一组权限授予一个用户。

首先创建一个角色 role1。

CREATE ROLE role1；

然后为角色 role1 授予权限，使角色 role1 拥有 reader 的 SELECT、UPDATE 和 INSERT 权限。

```
GRANT SELECT,UPDATE,INSERT
ON TABLE reader
TO role1;
```

将这个角色分配给用户 user1、user2 和 user3，使他们具有角色 role1 的全部权限。

```
GRANT role1
TO user1,user2,user3;
```

当然，也可以一次性地通过 role1 来收回 user1 的这 3 个权限。

```
REVOKE role1
FROM user1;
```

【例 9.17】角色权限的修改。

```
GRANT DELETE
ON TABLE reader
TO role1;
```

角色 role1 的权限在原来的基础上增加 reader 表的 DELETE 权限。

```
REVOKE INSERT
ON TABLE reader
FROM role1;
```

使 role1 减少 reader 表的 INSERT 权限。

6. 数据加密与隐通道

数据加密(Data Encryption)是保护数据在存储和传递过程中不被窃取或修改的有效手段。根据一定的算法将原始数据(明文)加密成不可直接识别的格式(密文)，数据以密文的形式存储和传输，即为数据加密的基本思想。数据加密后，对不知道解密算法的人，即使通过非法手段访问到数据，也只是一些无法辨认的二进制代码。数据加密模型如图 9-3 所示。

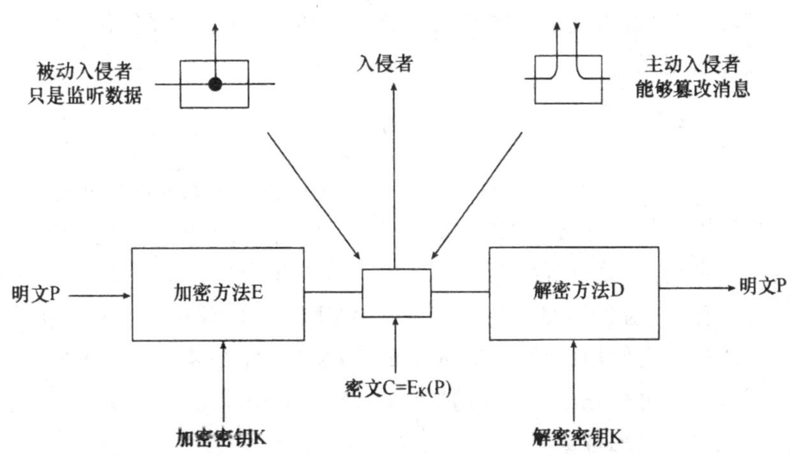

图 9-3　加密模型(假定使用了对称密钥密码)

目前，不少商用数据库产品提供了数据加密例行程序，用户可根据要求进行加密处理，还有一些未提供加密程序的产品也提供了相应的接口，允许用户采用其他厂商的加密程序对数据加密。用密文存储数据，存入时需加密，查询时需解密，这个过程会占用大量的系统资源，使数据库的性能在很大程度上有所降低。因此数据加密功能通常允许用户自由选择，只对那些保密要求特别高的数据，如财务数据、军事数据或国家机密等才进行加密。

在 DBMS 中引入一个加密子系统，该子系统提供和软、硬件加密模块的接口，完成加密定义、操作、维护以及密钥的管理、使用等各项功能，所有和加密有关的操作都需要在该系统中完成，如图 9-4 所示。

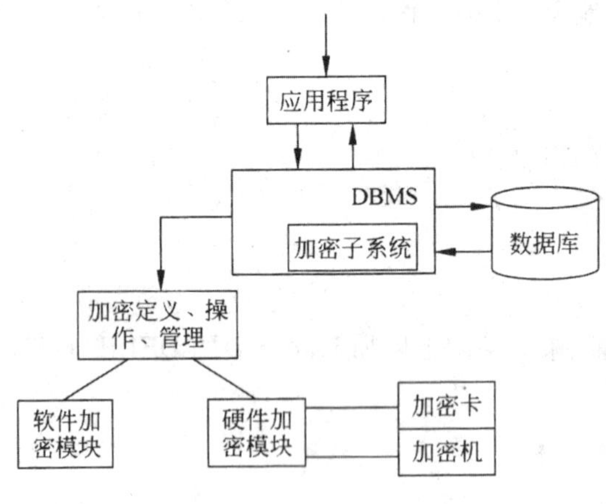

图 9-4　加密子系统

“隐通道”(covert channel)是一种信息从高到低的间接传输方式，它间接地违反了安全模型规则的目的。一个 DBMS 即使实施强制存取控制方案，也不能消除信息以间接的方式从高安全级流到低安全级，这就导致了“隐通道”的出现。例如，在分布式 DBMS 中，如果一个事务存取多个站点上的数据，那么在各站点上的“子事务”活动必须协调，要所有“子事务”同意提交，事务才能提交。这个要求可以用来建立一个“隐通道”：让站点 X 的子事务许可证级(比如 C 级)比另一站点 Y 的子事务许可证级(比如 S 级)更低；现在让 X 反复地发出提交的要求，而 Y 就反复地发“0”或“1”比特以表示不同意或同意。这样，Y 可以将任何信息以比特串(能表示各种内容)的形式传送到 X。

7.统计数据库的安全性

统计数据库(Statistical Database)是一种以统计应用为主的数据库，如国家的人口统计数据库、经济统计数据库等。统计数据库中存储大量的敏感性的数据，但只给用户提供这些原始数据的统计数据(如平均值、总计等)，而不允许用户查看单个的原始数据。换句话说，统计数据库只允许用户使用统计函数如 COUNT、SUM、AVERAGE 等进行查询。但是这里有一个漏洞，即用户可以通过多次使用统计查询，推断出个别的原始数据值。这是统计数据库的一个特殊的安全性问题，称为可信信息的推断演绎(Deduction of Confidential Information By Inference)，又称为“机密信息的推断”。

机密信息的推断问题不仅仅存在于统计数据库，也存在于普通的存放有敏感数据的数据库中。例如，对于一个人事管理数据库，若不允许查询个人的工资，但允许按职务查询员工的总工资额，那么很容易通过查询职务为“总经理”的员工的总工资额，就可以获得某企业的总经理的个人工资，因为一个企业的总经理只有一个，其总工资额就等于个人工资。

为了堵塞这类漏洞，必须对数据库的访问进行推断控制(Inference Control)。现在常用的方法如下：

①数据扰动(Data Disturbation)。数据扰动是指对敏感数据进行预加工，例如，做些子统计，用其结果替代数据库中的原始数据，以防止敏感数据丢失，同时又满足统计查询的需要。

②查询控制(Query Control)。查询控制是指对查询的记录进行控制，如控制查询集合的尺寸、限制两次查询的数据集合的交集等。

③历史相关控制(History-dependent Control)。历史相关控制是指对用户的一个查询，不但要根据查询的要求，而且根据该用户以前做过的查询历史情况，决定是否允许执行当前的查询，以达到推断控制的目的。

在统计数据库中，安全问题具有新的含义。即一些“聪明”的用户有可能利用多条聚集查询的语句来推导出单条记录的信息。例如，假如一个银行用户 U1 的存款数为 K，现在想知道另一个银行用户 U2 的存款数，他可以递交如下两条合法查询。

①U1 和其他 M 个银行用户的存款总额是多少？假设答案为 T。

②U2 和其他 M 个银行用户的存款总额是多少？假设答案为 S。

那么，用户 U1 就可以从这两条合法查询的结果得到一个不合法的“泄露信息”，即计算出用户 U2 的存款数为 $S-(T-K)$。

为了保证统计数据库的安全性，目前已经提出了一些解决办法。例如，数据干扰的方法对原始数据加上“噪声”数据，使不合法的用户查询无法得到数据原貌。随机取样的方法只返回一个满足查询条件的结果元组样本，从而防止用户进行数据推导等。一个好的统计数据库安全性措施的设计应该能够避免破坏者绕过这些机制，使破坏者为达到其目标要付出远远超过其利益的代价。

8. 审计跟踪

由于任何安全系统不能绝对保证坚不可摧，潜在的渗透者总能想方设法突破控制，尤其是当其因此能获得很高的利益时。如果数据具有很高的敏感性，数据处理过程很重要，审计就显得非常必要。

审计跟踪是一种监视措施，对某些保密数据，它跟踪记录有关这些数据的访问活动。一旦发现潜在的窃密企图，例如重复的、相似的查询，有些 DBMS 会自动发出警报；有些 DBMS 虽无自动报警功能，但可根据这些数据进行事后分析和调查。

DBMS 的审计主要分为语句审计、特权审计、模式对象审计和资源审计。语句审计是指监视一个或多个特定用户或者所有用户提交的数据库操作(如 SQL)语句；特权审计是指监视一个或多个特定用户或所有用户使用的系统特权；模式对象审计是指监视一个模式中在一个或多个对象上发生的行为；资源审计是指监视分配给每个用户的系统资源。

审计跟踪由 DBA 控制，或由数据的属主控制。DBMS 提供相应的语句供施加和撤销跟踪审计之用。一般地，将审计跟踪和数据库日志记录结合起来，会达到更好的安全审计效果。

在 Oracle 中可以对用户的注册登录、操作、数据库对象(如表、索引等)进行跟踪审计。审计的结果可以从 DBA_AUDIT_OBJECT 等视图查看。

Oracle 的跟踪审计命令的一般语句格式如下：

AUDIT{[<t_option>,<t_option>]…| ALL}
ON{<t_name>| DEFAULT}
[BY{ACCESS | SESSION}]
[WHENEVER[NOT]SUCCESSFUL]

其中，<t_option>表示对<t_name>要进行操作的 SQL 语句，这些操作将被审计。<t_option>包括：ALTER、AUDIT、COMMENT、DELETE、GRANT、INDEX、INSERT、LOCK、RENAME、SELECT、UPDATE 等。<t_name>表示视图或基本表或同义词。BY 子句说明在什么情况下要在跟踪审计表中做记录。BY ACCESS 指对每个存取操作做审计记录；BY SESSION 指每次 Oracle 的登录都做审计记录，这是缺省情况。WHENEVER 子句进一步说明应当把什么样的操作写入审计记录中去。WHENEVER SUCCESSFUL 说明只对成功的操作做记录，WHENEVER NOT SUCCESSFUL 说明只对不成功的操作做记录。

关闭审计命令的语句格式如下：

NOAUDIT{[<t_option>,<t_option>]…| ALL}
ON{<t_name>| DEFAULT}
[BY{ACCESS | SESSION)]
[WHENEVER[NOT]SUCCESSFUL]

9.2.4 SQL Server 2008 的安全机制

SQL Server 2008 具有一套完整机制来保障数据的安全性，它为身份验证、授权机制、数据加密和访问审核提供了复杂的安全机制和策略。

1. SQL Server 的安全体系

SQL Server 安全体系结构建立在认证和访问许可两者机制上，用户想要登录到数据库，只有可通过认证才可以并在获取相关权限许可后才能实现对相关数据的访问，主要由 4 层体系结构组成其安全体系结构，如图 9-5 所示。

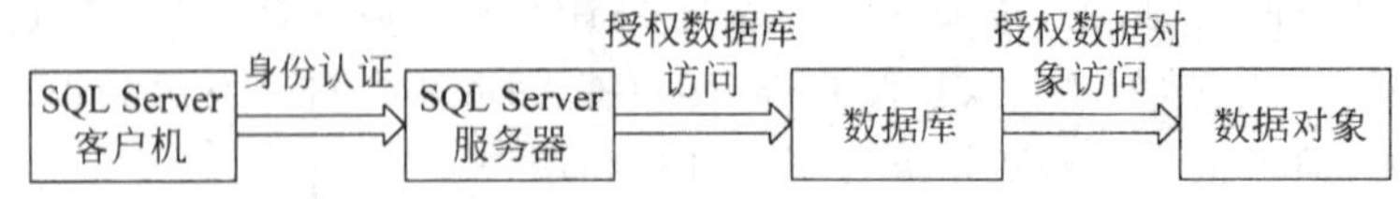

图 9-5 SQL Server 2008 安全体系结构图

用户首先具有使用 SQL Server 客户机的权限，才能对 SQL Server 2008 服务器数据库中的各类对象进行访问。SQL Server 2008 服务器级的安全性建立在控制服务器登录账号和身份验证的基础上。当用户登录 SQL Server 2008 服务器后，只有经过授权才能实现相应的数据库的访问。数据库对象刚刚建立后，只有该对象的所有者才能访问，其他用户若想访问该对象，需要获得数据库对象所有者赋予的权限。

2. SQL Server 的安全机制

(1)身份验证

在 SQL Server 2008 系统中有两种身份验证方式:一种是基于 Windows 身份验证方式;另一种是 SQL Server 标准的身份验证。SQL Server 2008 支持强制密码策略,强制登录密码符合本地的密码安全策略,在验证过程中对口令可以设置或重置,默认对所有登录进行策略检查,可以对每个登录独立设置密码策略检查。

登录用户必须提供一个有效的网络登录名和口令,否则其进程将被中止在这一层。这种安全验证是通过设置安全模式来实现的。用户只有在获取访问数据库的权限之后,才能够对服务器上的数据库进行权限许可下的各种操作。

(2)权限管理

SQL Server 2008 具有层次化的权限模型。SQL Server 2008 授权机制具有 4 级:服务器级别、数据库级别、架构级别、对象级别(图 9-6),下层的权限级别对上层的权限级别具有继承性。另外,在架构级别,SQL Server 2008 用户与架构分离对架构的安全性和灵活性有一定的增强作用。

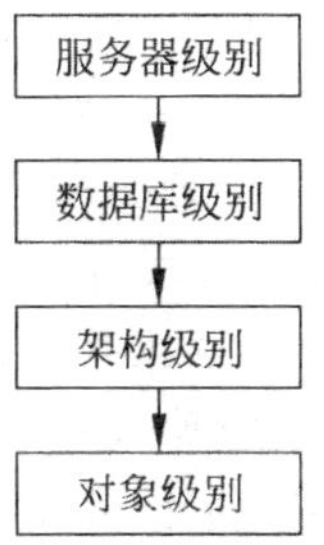

图 9-6　SQL Server 2008 的层次化权限

在 SQL Server 2008 中,对象权限、语句权限和暗示权限共同组成了权限管理。权限管理有两个方面:一是权限的拥有者,有登录账户、角色中的成员和数据库用户;二是权限涉及的资源。对象权限是基于数据库层次上的访问和操作权限。用户能否对数据库及其对象执行特定语句即为语句权限。语句权限仅限于语句本身,而不是数据库对象。固定服务器角色、固定数据库角色和数据库对象所有者具有的默认权限即为暗示权限。固定服务器角色和固定数据库角色的成员自动继承角色的默认权限,而数据库对象的所有者在其创建的数据对象上拥有全部权限,这就是数据库对象所有者的默认权限。

(3)访问审核

SQL Server 的实例或 SQL Server 数据库即为访问审核,涉及跟踪和记录系统中发生的事件,可以使用 Windows 事件查看器和 SQL Server 日志文件查看器来查看系统中发生的事件,以下几种是主要审核:数据库引擎默认记录,失败的登录尝试,支持对分析服务的审核,Profiler 工具支持更多的审核事件,用 DDL 和 DML 触发器定制数据库变更的审核等。

(4)数据加密

SQL Server 2008 内置对加密解密的支持,不需要自己创建函数和存储过程等,具有完整的密钥体制,可以使用 DDL 创建密钥和证书,很多加密、解密函数,支持多种加密算法都包含在内。对数据的保护可采取的方法包括很多种,可以使用对称密钥、非对称密钥、数字证书加密数据,可以使用证书对数据库中的模块进行数字签名,同时对称密钥和私钥都在 SQL 中加密存储。类似于授权机制,SQL Server 2008 具有层次化的加密体系,即服务主密钥、数据库主密钥、非对称密钥、数字证书和对称密钥。由 Windows DPAPI 加密服务主密钥,由服务主密钥加密数据库主密钥,由数据库主密钥来加密非对称密钥和数字证书,数字证书和非对称密钥可以对对称密钥和数据进行保护。

(5)安全对象和架构

安全对象是 SQL Server 数据库引擎授权系统控制对其进行访问的资源。通过创建安全对象可以为自己设置安全性的名为“范围”的嵌套层次结构,可以将某些安全对象包含在其他安全对象中。服务器、数据库和架构均在安全对象范围内。引入架构可以提高权限的设置力度。访问安全对象的格式如下:

服务器名;数据库名;架构名;对象名

架构是形成单个命名空间的数据库实体的集合。命名空间是一个集合,其中每个元素的名称都是唯一的。可以把架构理解为文件夹,且这种文件夹对于嵌套是不允许的,也就是说架构是一种容器,可以在其中放入数据库对象,但容器不允许再被放入。

SQL Server 中的所有安全对象都必须指定存放的具体架构。任何用户都必须指定存放它的拥有对象的架构,如果不指定,DBO 是默认存放的架构。但是并没有授予数据库用户在 DBO 架构创建对象的权限,即用户只能使用默认的 DBO 架构,因为 DBO 架构的所有者并不是用户。默认架构是服务器解析 DML 或 DDL 语句中指定的未限定的对象名称时搜索的架构。因此,当引用的对象包含在默认架构中时,架构名也就无须指定。例如,如果 table_name 包含在默认架构中,则语句“select * from table_name”的执行即可成功进行。但当具有创建表的权限、默认架构是 DBO 但没有拥有架构且不属于任何数据库角色的用户试图创建一个安全对象时,则不能创建成功,原因是 DBO 架构是公有的,具体的某用户并不是这个架构的所有者。也就是说,架构不隐式等效于数据库用户,而是将用户与数据库的分离。同时,架构本身也是安全对象,授权可以针对架构进行。

9.2.5 Oracle 的安全机制

1. 数据库用户

在 Oracle 数据库系统中可以通过设置用户的安全参数维护安全性。为了防止非授权用户对数据库进行存取,在创建用户时必须使用安全参数对用户进行限制。由数据库管理员通过创建、修改、删除和监视用户来控制用户对数据库的存取。用户的安全参数包括用户名、口令、用户默认表空间、用户临时表空间、用户空间存取限制和用户资源存取限制。Oracle 提供操作系统验证和 Oracle 数据库验证两种验证方式。

2. 权限管理

系统权限是指在系统级控制数据库的存取和使用的机制,系统权限决定了用户是否可以连接到数据库以及在数据库中可以进行哪些操作。系统权限是对用户或角色设置的,在Oracle中提供了一百多种不同的系统权限。

对象权限是指在对象级控制数据库的存取和使用的机制,用于设置一个用户对其他用户的表、视图、序列、过程、函数、包的操作权限。对象的类型不同,权限也就不同。

3. 角色

角色(Role)是一个数据库实体,该实体是一个已命名的权限集合。使用角色可以将这个集合中的权限同时授予或撤销。

Oracle 中的角色可以分为预定义角色和自定义角色两类。当运行作为数据库创建的一部分脚本时,会自动为数据库预定义一些角色,这些角色主要用来限制数据库管理系统权限。此外,用户也可以根据自己的需求,将一些权限集中到一起,建立用户自定义的角色。

4. 审计

数据库审计属于数据安全范围,是由数据库管理员审计用户的。Oracle 数据库系统的审计就是对选定的用户在数据库中的操作情况进行监控和记录,结果被存储在 SYS 用户的数据库字典中,数据库管理员可以查询该字典,从而获取审计结果。

Oracle 支持语句审计、特权审计、对象审计 3 种审计级别。

审计设置以及审计内容一般都放在数据字典中。在默认情况下,系统为了节省资源、减少 I/O 操作,数据库的审计功能是关闭的。为了启动审计功能,必须把审计开关打开(即把系统参数 audittrail 设为 true),才可以在系统表(SYS_AUDITTRAIL)中查看审计信息。

5. 数据加密

数据库密码系统要求将明文数据加密成密文数据,在数据库中存储密文数据,查询时将密文数据取出解密得到明文信息。Oracle 9i 提供了特殊 DBMS-OBFUSCATION-TOOL KIT 包,在 Oracle 10g 中又增加了 DBMS-CRYPTO 包用于数据加密/解密,支持 DES、AES 等多种加密/解密算法。

9.3 数据库的完整性保护

数据库的完整性(Integricy)包含三方面的含义,即保持数据的正确性(Correctness)、准确性(Accuracy)和有效性(Validity)。凡是已经失真了的数据都可以说其完整性受到了破坏,这种情况下就不能再使用数据库,否则可能造成严重的后果。

完整性受到破坏的常见原因有以下方面。

①错误的数据。当录入数据时输入了错误的数据。

②错误的更新操作。数据库的状态是通过插入、修改、删除等更新操作而改变的。在正常情况下，一个数据库事务把数据库从一个保持完整性的状态改变为另一个保持完整性的状态。但是，如果事务的更新操作有误，就可能破坏数据库的一致性和完整性。例如，从某个银行账号支出一笔钱，但没有同时对该账号的余额予以修改，就产生数据的不一致性。又如，在输入职工年龄时，键入了一个负数或大于1000的数。这显然是错误的数据。如果数据库不加检查就接受，就导致完整性受到破坏。

③各种硬软件故障。在执行事务的过程中，如果发生系统硬软件故障，使事务不能正常完成，就有可能在数据库中留下不一致的数据。

④并发访问。多个事务并发访问数据库，如不加妥善控制就容易产生更新丢失，读出“脏数据”、读出数据不可重复等错误，导致数据库的完整性受到破坏。

⑤人为破坏。

上述原因中，硬软件发生故障后，可以用数据库恢复的方法，恢复数据库到一致的状态；事务的并发访问控制，在第4章已详细介绍；防止人为破坏更需依赖系统的安全保护和管理措施。本节的其余部分介绍现代数据库技术怎样运用数据的完整性约束，处理由于错误数据的录入和错误的更新操作而引起的数据库的一致性和完整性问题。

9.3.1 完整性规则的组成

为了实现完整性控制，数据库管理员应向DBMS提出一组完整性规则，对数据库中的数据进行检查，看其是否满足语义约束。这些语义约束构成了数据库的完整性规则，这组规则作为DBMS控制数据完整性的依据。何时检查、检查什么、查出错误怎样处理等事项都由它来定义。具体地说，完整性规则主要由以下三部分构成。

①触发条件。规定系统什么时候使用完整性规则来检查数据。

②约束条件。规定系统检查用户发出的操作请求违背了什么样的完整性约束条件。

③违约响应。规定系统如果发现用户发出的操作请求违背了完整性约束条件，对于数据的完整性的保证应该采取一定的动作来实现，即违约时要做的事情。

完整性规则从执行时间上可分为立即执行约束(Immediate Constraints)和延迟执行约束(Deferred Constraints)。

立即执行约束是指在执行用户事务过程中，某一条语句执行完成后，系统对此数据进行的完整性约束条件检查是立即执行的。延迟执行约束是指在整个事务执行结束后，再对约束条件进行完整性检查，结果正确后才能提交。

如果发现用户操作请求违背了立即执行约束，则该操作可以被拒绝执行，以保护数据的完整性。如果发现用户操作请求违背了延迟执行约束，而又不知道是哪个事务的操作破坏了完整性，则只能拒绝整个事务，把数据库恢复到该事务执行前的状态。

一条完整性规则可以用一个五元组(D、O、A、C、P)来形式化地表示，其中：

D(Data)——代表约束作用的数据对象，可以是关系、元组和列3种对象；

O(Operation)——代表触发完整性检查的数据库操作，即当用户发出什么操作请求时需要检查该完整性规则，是选择立即执行还是选择延迟执行；

A(Assertion)——代表数据对象必须满足的语义约束，这是规则的主体；

C(Condition)——代表选择 A 作用的数据对象值的谓词；

P(Procedure)——代表违反完整性规则时触发执行的操作过程。

例如，对于“学号(SNo)不能为空”的这条完整性约束中，D、O、A、C、P 的含义分别如下：

D——代表约束作用的数据对象为 SNo 属性；

O——当用户插入或修改数据时需要检查该完整性规则；

A——SNo 不能为空；

C——A 可作用于所有记录的 SNo 属性；

P——拒绝执行用户请求。

实体完整性、参照完整性和用户定义完整性共同组成了关系模型的完整性。对于违反实体完整性和用户定义完整性规则的操作一般都是采用拒绝执行的方式进行处理。而对于违反参照完整性的操作，并不都是拒绝执行，一般在接受这个操作的同时，一些附加的操作也会被执行，以保证数据库的状态仍然是正确的。例如，在删除被参照关系中的元组时，应该将参照关系中所有的外码值与被参照关系中要删除元组主码值相对应的元组一并删除掉才可以。例如，要删除 S 关系中 SNo=‘s1’的元组，而 SC 关系中又有两个 SNo=‘S1’的元组。这时根据应用环境的语义，因为当一个学生毕业或退学后，他的个人记录将从 S 关系中删除，选课记录也应随之从 SC 关系中删除，所以应该将 SC 关系中两个 SNo=‘S1’的元组一起删除。

这些完整性规则都由 DBMS 提供的语句进行描述，经过编译后存放在数据字典中。一旦进入系统，该组规则就会被立即执行。其主要优点是违约由系统来处理，而不是由用户处理。另外，规则集中在数据字典中，而不是散布在各应用程序之中，方便了从整体上理解和修改，效率较高。

数据库系统的整个完整性控制都是围绕着完整性约束条件进行的，从这个角度来看，完整性约束条件是完整性控制机制的关键所在。

9.3.2　完整性约束的类型

为维护数据库的完整性，DBMS 必须提供一种机制来检查数据库中数据的完整性。DBMS 保证数据库中数据完整性的方法之一是设置完整性条件和检验机制。对数据库中的数据设置一些语义约束条件称为数据库的完整性约束条件，它一般是对数据库中数据本身的语义限制、数据间逻辑联系以及数据变化时所应遵循的规则等。约束条件一般在数据模式中给出，作为模式的一部分存入数据字典中。在运行时由 DBMS 自动检查，当不满足条件时，系统就会立即向用户通报以便采取措施。

完整性约束条件的作用状态分为静态约束条件和动态约束条件两种。数据库中数据的语法、语义限制与数据之间逻辑约束称为静态约束，数据及数据之间固有的逻辑特性由它反映。如国家公务员的年龄约束为 18～60 岁，工资约束为 300～5000 元等，它们可分别用逻辑公式表示为

$$Age \leqslant 60 \text{ AND } Age \geqslant 18$$

$$Salary \leqslant 5000 \text{ AND } Salary \geqslant 300$$

数据库中的数据变化应遵循的规则称为数据动态约束，它反映了数据变化的规则。如职工工资增加时新工资必大于等于旧工资。

综上所述，整个完整性控制都是围绕完整性约束条件进行的，因此，完整性约束条件是完整性控制机制的关键所在。根据完整性约束条件的作用对象和状态，可以将完整性约束条件进一步分为以下 6 种类型。

(1)静态列级约束

对一个列的取值域的说明即为静态列级约束，主要有：

①对数据类型的约束。包括数据的类型、长度、单位、精度等。比如，可以规定学生姓名的数据类型为字符型，长度为 8。

②对数据格式的约束。比如，可以规定学号的格式为 8 位，其中前 2 位表示入学年份，中间 2 位为系级编号，最后 4 位为顺序号，也可规定出生日期的格式为 YYYY-MM-DD 等。

③对取值范围或取值集合的约束。比如，可以规定学生成绩的取值范围为 0～100，性别的取值集合为[男，女]等。

④对空值的约束。比如，规定成绩可以为空值，姓名不能为空值。空值也就是说没有定义和未知的值，它既不是零也不是空字符。

(2)静态元组约束

一个元组是由若干列值组成的，静态元组约束是规定组成一个元组的各列值之间的约束关系。例如，教师表中包括职称、职称津贴等，并规定教授津贴不低于 950 元就是静态元组约束。

(3)静态关系约束

在一个关系的各个元组之间或者若干关系之间常常存在各种联系或约束。实体完整性约束、参照完整性约束、函数依赖约束和统计约束是常见的静态关系约束，其中函数依赖约束一般在关系模式中定义。

(4)动态列级约束

动态列级约束是修改定义或修改列值时应满足的约束条件。例如，如果规定将原来允许为空值的列改为不允许为空值时，该列目前已存在空值，则这种修改就会被拒绝，此为修改列级时的约束。又如，要将职工工资调整不得低于其原来工资，这时修改列值需要参照其旧值，并且新旧值之间需要满足一定的约束条件。

(5)动态元组约束

动态元组约束是指修改元组时元组各个列之间需要满足的某种约束条件。例如，职工工资调整不低于其原来工资＋工龄×1.5 等。

(6)动态关系约束

动态关系约束是加在关系变化前后状态上的限制条件，如事务一致性约束条件。

当然，完整性的约束条件从不同的角度进行分类，因此存在多种分类方法，这里不再赘述。

9.3.3 完整性控制

DBMS 的完整性控制机制应具有以下两个方面的功能：

①定义功能。提供对完整性约束条件进行定义的机制。

②检查功能。检查用户发出的操作请求是否违背了完整性约束条件。如果发现用户的操作请求使数据违背了完整性约束条件，则需要采取一定的操作，如拒绝操作、报告违反情况、改正错误等方法来保证数据的完整性。

完整性束条件共有六类，约束条件是没有一个限定的，可能非常简单，也可能极为复杂。一个完善的完整性控制机制应允许用户定义所有这六类完整性约束条件，同时以下三个方面的因素也需要考虑在内。

1. 约束可延迟性

延迟模式和约束检查时间在 SQL 标准中的所有约束中都有所体现。

(1)延迟模式

约束的延迟模式可分为立即执行约束(Immediate Constraints)和延迟执行约束(Deferred Constraints)。立即执行约束是在执行用户事务时，对事务的每一更新语句执行结束后，对数据应满足的约束条件的完整性检查是立即进行的。延迟执行约束是指在整个事务执行结束后才对数据应满足的约束条件进行完整性检查，检查正确方可提交。

(2)约束检查时间

每一个约束定义还包括初始检查时间规范，分为立即检查和延迟检查。立即检查约束的延迟模式可以是立即执行约束或延迟执行约束，其约束检查在每一个事务开始就是立即方式。延迟检查约束的延迟模式只能是延迟执行约束，且其约束检查在每一个事务开始就是延迟方式。延迟执行约束使约束检查时间发生改变。

2. 约束参照完整性

实现参照完整性时，以下两个问题需要注意。

①外部键能否接受空值的问题。

②在被参照关系中删除元组的问题。

如果要删除被参照表的某个元组(即要删除一个主键值)，而参照关系存在若干元组，其外部键值与被参照关系删除元组的主键值要保持一致，那么对参照表有什么影响将由定义外部键时参照的动作决定。无动作(NO ACTION)、级联删除(CASCADES)、受限删除(RESTRICT)、置空值删除(SET NULL)和置默认值删除(SET DEFAULT)是 5 种不同的策略。

③在参照关系中插入元组时的问题。

在参照关系中插入元组时，受限插入和递归插入这两种策略也是可以考虑的。

④修改关系中主码的问题。

在修改关系中的主码时，不允许修改主码和允许修改主码这两种策略也是可以考虑的。

3. 断言与触发器机制

(1)断言

断言是设置数据库应满足的条件，其格式如下：

CREATE ASSERTION 断言名 CHECK 条件

说明：当条件为假时，DBMS 终止操作，并给用户以提示。

(2)触发器

触发器是当设定的事件发生时，由 DBMS 自动启动的维护数据库一致性的程序。触发事件是指能引起数据库的状态发生改变的操作，如删除(DELETE)、插入(INSERT)、更新(UPDATE)属性等操作。

事件触发的时间不外乎 BEFORE(在操作前触发)、AFTER(在操作后触发)、INSTEAD OF(取代操作)这 3 种。引起触发器工作的数据单位即为触发粒度，主要包括行粒度(FOR EACH ROW)和表粒度(FOR EACH STATMENT)。

9.3.4 数据库完整性的实施规则

1. 创建规则

创建规则使用 CREATE RULE 语句，其语法格式如下：

CREATE RULE rule AS condition_expression

2. 绑定规则

规则创建后，需要把它和列绑定到一起。则新插入的数据必须符合该规则。

语法格式如下：

sp_bindrule[@rulename=]＜rule_name)＞
[@objectname=]'object_name'
[,@futureonle=]'futureonly_flag'

3. 解除和删除规则

对于不再使用的规则，可以使用 DROP RULE 语句删除。要删除规则首先要解除规则的绑定，解除规则的绑定可以使用 sp_unbindrule 存储过程。

语法格式如下：

sp unbindrule[@objname=]'object_name'
[,[@futureonly:]'futureonly flag']
[,futureonly];

例如：

sp_unbindrule'student. age'
drop rule age rule;

9.3.5 SQL Server 的数据完整性及实现

不同的数据库产品对完整性的支持策略和支持程度不同，在实际的数据库应用开发时，一定要查阅所用的数据库管理系统在关于数据库完整性方面的支持情况。表 9-2 给出了 SQL

Server 的完整性控制策略。

表 9-2　SQL Server 对数据库完整性的支持情况

<table>
<tr><th colspan="2">完整性约束</th><th colspan="2">定义方式</th><th>SQL Server 支持情况</th></tr>
<tr><td rowspan="6">静态约束</td><td>固有约束</td><td colspan="2">数据模型固有</td><td>属性原子性</td></tr>
<tr><td rowspan="2">隐式约束</td><td rowspan="2">数据库定义语言(DDL)</td><td>表本身的完整性约束</td><td>实体完整性约束、唯一约束、CHECK 约束、非空约束、默认约束</td></tr>
<tr><td>表间的约束</td><td>参照完整性约束、触发器</td></tr>
<tr><td rowspan="3">显式约束</td><td colspan="2">过程化定义</td><td>存储过程、函数</td></tr>
<tr><td colspan="2">断言</td><td>不支持</td></tr>
<tr><td colspan="2">触发器</td><td>支持</td></tr>
<tr><td colspan="2" rowspan="2">动态约束</td><td colspan="2">过程化定义</td><td>存储过程、函数</td></tr>
<tr><td colspan="2">触发器</td><td>支持</td></tr>
</table>

SQL Server 的约束类型有以下 5 种。

①NULL(NOT NULL)。某列允许空值(不允许空值)。

②CHECK。某列的值必须满足的条件。

③PRIMARY KEY。主码定义,主码不能重复,不允许为空值。

④UNIQUE。不能重复。

⑤FOREIGN KEY。外键定义(参照完整性)。

除了以上 5 种约束外,还可以通过数据完整性约束来对数据进行约束。

SQL Server 实现数据完整性的方法主要有 4 种:

①定义约束。

②缺省。

③规则。

④触发器。

9.4　数据库恢复技术

任何一个系统,包括数据库系统都难免会遇到各种故障,这些故障可能来自硬件,如 CPU、内存、系统总线、电源等;软件,如 DBMS 和 OS 的隐患、应用程序逻辑和数据错误等;磁盘损坏,乃至病毒和人为的有意破坏等。

对待故障应该包含两个方面:预防和恢复。预防方面涉及故障的事先探测、诊断、自适应修理等。预防的目的就是尽可能减少(完全消除是不可能的)或延迟故障的发生,或减轻故障带来后果的严重程度。然而,即使是有最好的防预技术和手段,也不可能保证没有故障发生,所以任何一个数据库系统都应该有一个故障恢复系统。在发生故障后,如何将系统从故障状态恢复到正常运作状态是一个很复杂的问题，因而恢复系统部件是一个 DBMS 中最难设计和实现的部件。

9.4.1 数据库恢复概述

所谓恢复就是利用自己的恢复工具将备份还原回来，保证数据库能够正常工作。根据不同的备份和恢复方案、策略可以有不同的恢复方式，可以将数据库恢复到不同的状态。

恢复也称为重载、重入或还原。与备份类型相对应，通过恢复可以：

- 恢复整个数据库。
- 恢复数据库的部分内容。
- 恢复特定的文件或文件组。
- 恢复事务。

在数据库的运行过程中，可能会发生各种数据库故障，即数据库被破坏或数据不正确。作为 DBMS 就需要把数据库从被破坏后不正确的状态，恢复到最近一个正确的状态。DBMS 的这种能力就是"可恢复性"(recovery)。图 9-7 是恢复的各个即时点。通过恢复可以将数据库恢复到做备份的即时点、发生故障的即时点或特定的事务即时点。

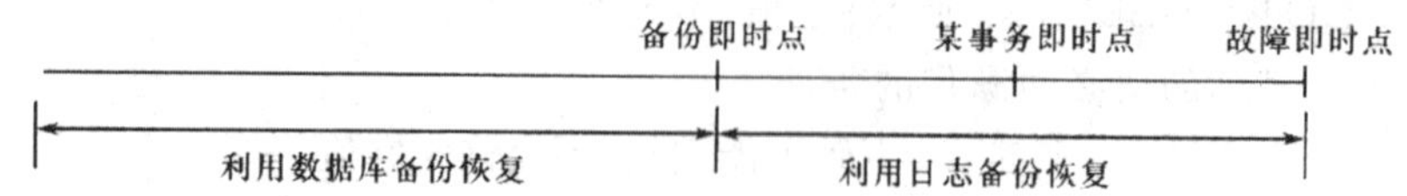

图 9-7 备份与恢复阶段

恢复管理的任务包含在未发生故障而系统正常运行时，采取一些必要措施为恢复工作打基础；在发生故障后进行恢复处理。可具体概括如下：

(1)事务正常执行时。为了在发生故障后能有效地恢复，必须执行的主要任务有：①记日志，即记录每一事物的每一行为活动、数据库的状态变化历史等；②设置"检验点"，它限制恢复时必要查看的日志长度；③数据库备份，它使数据库本身遭破坏时也能被恢复。

(2)事务提交时。将该事务的结果真正写入数据库，以实现事务的持久性，并在日志中记上该事务提交的记录。

(3)事务夭折时。要做的主要工作有：消除对读了它(们)的"脏数据"的其他事务的影响；消除它(们)对数据库所做的任何变更；在日志中记上相应事务夭折的记录。

(4)故障发生后。利用日志记录的各种信息、检验点信息及必要时利用最近的备份，依据故障的不同而用不同的技术与方法将数据库内容恢复到某个一致性状态，将受影响的事务恢复到原子性和永久性的状态，将受伤害或崩溃的系统服务恢复到正常运行状态。

图 9-8 是数据库故障恢复系统的体系结构。可以看出，数据库故障恢复系统的主要部件是日志管理、设置检验点、备份管理和恢复处理等，其中日志管理是核心。

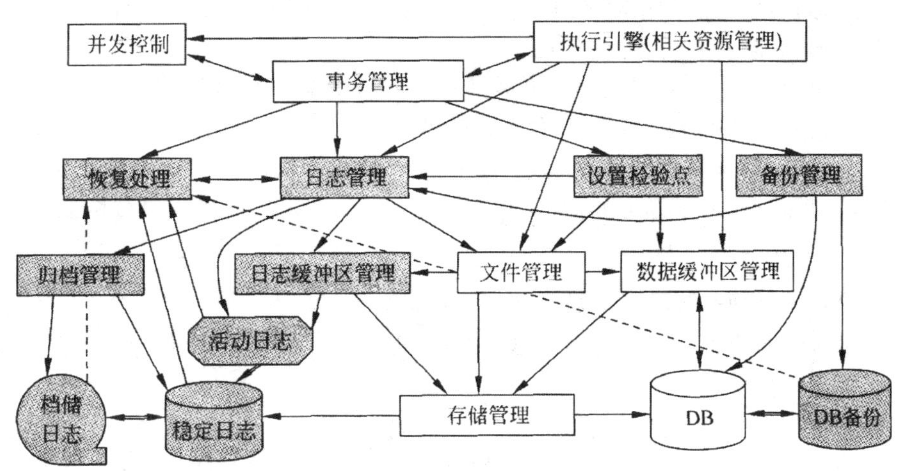

图 9-8　数据库故障恢复系统的体系结构

9.4.2　数据库恢复的原理及其实现技术

数据库恢复的基本原理十分简单，就是利用数据的冗余。数据库中任何被破坏或不正确的数据的修复，都是利用存储在其他地方的冗余来实现的。因此恢复系统应该提供两种类型的功能：一种是生成冗余数据，即对可能发生的故障做某些准备；另一种是冗余重建，即利用这些冗余数据恢复数据库。

登记日志文件和数据转储是生成冗余数据最常用的技术，在实际应用中，这两种方法常常结合在一起使用。

1. 登记日志文件(Logging)

日志文件是实时的。日志文件是对数据转储的补充，是系统建立的一个文件，该文件用来记录事务对数据库进行的更新操作，通常也称为事务日志。

登记日志文件的原则是必须先写日志文件，后写数据库；严格按照并发事务执行的时间次序来登记。例如，当磁盘发生故障而造成对数据库的破坏时，先利用数据转储恢复大部分数据库，然后运行数据库日志，将数据转储后所做的更新操作重新执行一遍，从而完全恢复数据库。

(1)日志文件的格式和内容

用来记录事务对数据库的更新操作的文件即为日志文件。日志文件主要有以下两种格式：

①以记录为单位的日志文件。内容主要包括事务的开始标记(BEGIN TRANSACTION)、事务的结束状态(COMMIT 或 ROLLBACK)、事务的更新操作。

②以数据块为单位的日志文件，每条日志记录的内容主要包括：事务标识(标明是哪个事务)和被更新的数据块。

每个日志记录的内容主要包括：

· 事务标识：执行写操作的事务的唯一标识。

· 数据项标识:所写的数据项的唯一标识,通常是数据项在磁盘上的位置。
· 操作类型:删除、插入、修改。
· 旧值:数据项的写前值。
· 新值:数据项的写后值。

操作的类型和操作对象等信息无须放入日志记录中,其原因在于由于将更新前的整个块和更新后的整个块都放入了日志文件中。

(2)日志文件的作用

①事务故障恢复和系统故障恢复必须使用日志文件。

②在动态转储方式中一定要建立日志文件,要想有效地恢复数据库必须后备副本和日志文件结合起来才能实现。

③在静态转储方式中,同样可建立日志文件。当数据库毁坏后可重新装入后援副本把数据库恢复到转储结束时刻的正确状态,再根据日志文件,重做处理已完成的事务,撤销处理故障发生时尚未完成的事务,如图 9-9 所示。

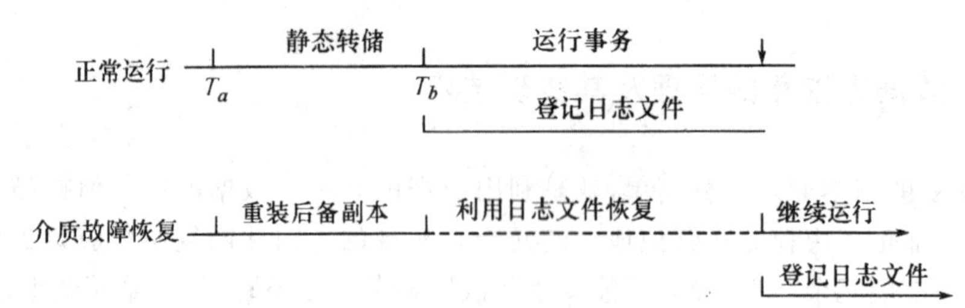

图 9-9　利用日志文件恢复

(3)登记日志文件

登记日志文件的原则如下:

①登记的次序必须严格根据并发事务执行的时间次序。

②先写日志文件,后写数据库。

为保证日志的安全,应该将日志和数据库放在不同的存储设备上,以免在存储设备损坏时,两者同时丢失或遭到破坏。如果二者不得不放在同一存储设备上,则应经常备份事务日志。

2. 数据转储(Data Dump)

数据转储是指定期地将整个数据库复制到多个存储设备(如磁带、磁盘)上保存起来的过程,它是数据库恢复中采用的基本手段。转储的数据称为后备副本或后援副本,当数据库遭到破坏后就可利用后备副本把数据库有效地加以恢复。

转储不能频繁进行,因为它的时间和资源的耗费十分严重。DBA 需要按照数据库使用情况设定一个相对适当的转储周期。

按照转储方式,数据转储可以分为海量转储和增量转储。海量转储是指每次转储整个数据库。增量转储每次只转储上次转储后被更新过的数据。上次转储以来对数据库的更新修改情况记录在日志文件中,这种转储可利用日志文件来进行,将更新过的那些数据重新写入上次转储的文件中，就完成了转储操作，这与转储整个数据库的效果是一样的，但耗时非常少。

按照转储状态，数据转储又可分为静态转储和动态转储。静态转储期间不允许有任何数据存取活动，因而需在当前用户事务结束之后进行，新用户事务又需在转储结束之后才能进行，这就使数据库的可用性有所降低。动态转储则不同，它允许转储期间继续运行用户事务，但产生的副本并不能保证与当前状态一致。解决的办法是把转储期间各事务对数据库的修改活动登记下来，建立日志文件。因此，使用后备副本加上日志文件就能把数据库恢复到某一时刻的正确状态。

综上，数据转储方法可以分为动态海量转储、动态增量转储、静态海量转储和静态增量转储四类，如表 9-3 所示。

表 9-3 数据转储分类

		转储状态	
		动态转储	静态转储
转储方式	海量转储	动态海量转储	静态海量转储
	增量转储	动态增量转储	静态增量转储

9.4.3 恢复数据库前的准备

在执行恢复操作前，应当验证备份文件的有效性，确认备份中是否含有恢复数据库所需要的数据，并关闭该数据库上的所有用户，备份事务日志。

1. 验证备份文件的有效性

通过对象资源管理器，可以查看备份设备的属性。具体操作为：右击相应的备份设备，在弹出的快捷菜单中选择“属性”命令，在“备份设备”属性对话框的“媒体内容”标签里，即可查看相应备份设备上备份集的信息，如备份时的备份名称、备份类型、备份的数据库、备份时间、过期时间等。另外，使用 SQL 语句也可以获得备份媒体上的信息。使用 RESTORE HEADERONLY 语句，获得指定备份文件中所有备份设备的文件首部信息。使用 RESTORE FILELISTONLY 语句，获得指定备份文件中的原数据库或事务日志的有关信息。使用 RESTORE VERIFYONLY 语句，检查备份集是否完整，以及所有卷是否可读。

2. 断开用户与数据库的连接

在恢复数据库前，还应当断开用户与该数据库的一切连接。即所有用户都不准访问该数据库，执行恢复操作的用户也必须将连接的数据库更改到 master 数据库或其他数据库，否则不能启动还原任务。

3. 备份事务日志

在执行恢复操作前，用户备份事务日志，有助于保证数据的完整性。另外，在数据库还原后还可以使用备份的事务日志，进一步恢复数据库的最新操作。

9.4.4 数据库的故障类型及其恢复策略

系统可能发生的故障有很多种，每种故障需要采用不同的方法来处理。一般来讲，数据库系统中，事务故障、系统故障和介质故障这 3 种故障是常发生的。

当系统运行过程中发生故障时，不同类型故障其恢复策略和方法也存在一定的差异。

1. 事务故障

事务故障指事务的运行没有到达预期的终点就被终止，有两种错误可能造成事务执行失败。一种为非预期故障，指不能由应用程序处理的故障，如运算溢出、与其他事务形成死锁而导致事务被撤销、违反了某些完整性限制等，但该事务在以后的某个时间该事务可以重新执行。另一种为可预期故障，指应用程序可以发现的事务故障，并且应用程序对事务的回滚能够有效控制。例如转账时发现账面金额不足。

可预期故障由应用程序处理，非预期故障不能由应用程序处理。后面所说的事务故障仅指这类非预期的故障。

事务故障属于夭折事务，应该将其回滚，事务对数据库已做的修改需要撤销掉。事务故障的恢复是由系统自动完成的，对用户是透明的。具体的恢复措施如下。

①反向扫描日志文件，查找该事务的更新操作。

②对该事务的更新操作执行逆操作，即将事务更新前的旧值写入数据库。

③继续反向扫描日志文件，查找该事务的其他更新操作，同样执行逆操作。

④如此处理下去，直至读到此事务的开始标识，事务的故障恢复就完成了。

需要注意的是，一定要反向撤销事务的更新操作，这是因为一个事务可能对同一数据项进行两次修改，后面的修改基于前面的修改结果。如果正向撤销事务的操作，那么最终数据库反映出来的是第一次修改后的结果，而非第一次修改前即事务开始前的状态。

假定发生故障时日志文件和数据库内容如图 9-10 所示。

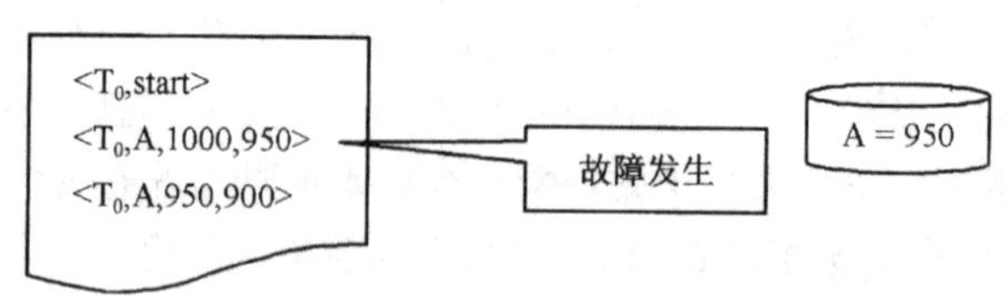

图 9-10 发生故障时日志文件和数据库内容

反向和正向撤销事务操作的结果为 A＝1000 和 A＝950。

2. 系统故障

系统故障又称软故障（Soft Crash），指在硬件故障、软件错误（如 CPU 故障、突然停电、DBMS、操作系统或应用程序等异常终止）的影响下，导致内存中的数据丢失，并使得事务处理终止，但外存中的数据库未遭到任何破坏。这种由于硬件错误和软件漏洞致使系统终止，而不破坏外存内容的假设又称为故障-停止假设(Fail-stop Assumption)。

当发生系统故障时,有些已完成的事务可能有一部分甚至全部留在缓冲区,没有来得及写回到磁盘上的物理数据库中,系统故障导致这些事务对数据库的修改部分或全部丢失,此时数据库的状态处于不一致,因此应将这些事务已提交的结果重新写入数据库。需要注意系统重新启动后,恢复子系统需要:撤销所有未完成的事务;所有已提交的事务需要重做(REDO)。

系统故障的恢复措施如下。

①正向扫描日志文件,将圆满事务找出来,将其事务标识记入重做队列;找出夭折事务,将其事务标识记入撤销队列。

②对撤销队列中的各个事务进行撤销处理。方法是:反向扫描日志文件,对每个撤销事务的更新操作执行逆操作,即将日志记录中"更新前的值"写入数据库。

③对重做队列中的各个事务进行重做处理。方法是:正向扫描日志文件,对每个重做事务重新执行日志文件登记的操作,即将日志记录中"更新后的值"写入数据库。

3. 介质故障

介质故障又称硬故障(Hard Crash),指由于磁盘的磁头碰撞、瞬时的强磁场干扰等造成磁盘被损坏,外存上的数据库被破坏,并使正在存取这部分数据的所有事务被影响。这类故障与前两类故障相比发生的可能性要小得多,然而其破坏性却是最大的。

发生介质故障时,磁盘上数据文件和日志文件都有可能遭到破坏。重装数据库,然后重做已完成的事务,是比较合理的恢复方法。可以按照下面的过程进行恢复,如图 9-11 所示。

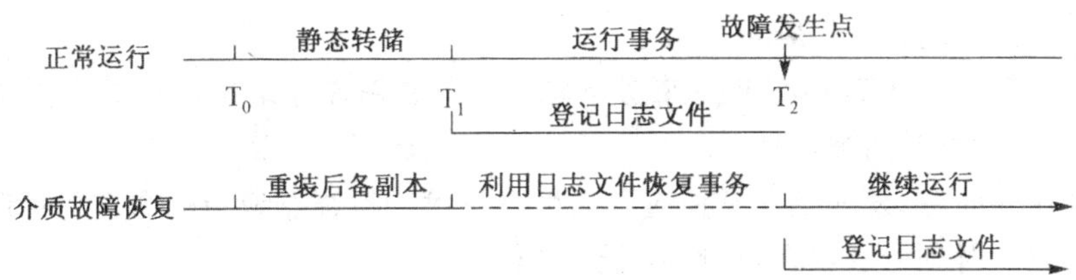

图 9-11　采用静态转储介质进行故障恢复

①装入最新的数据库后备副本,将数据库恢复到最近一次转储时的一致性状态。

②装入相应的日志文件副本,重做已完成的事务,即首先扫描日志文件,将故障发生时已提交的事务标识准确找出,将其记入重做队列。然后正向扫描日志文件,对重做队列中的所有事务进行重处理,即将日志记录中"更新后的值"写入数据库。

这样就可以将数据库恢复至故障前某一时刻的一致状态了。

介质故障的恢复需要 DBA 介入,但 DBA 只需要重装最近转储的数据库副本和有关的各日志文件副本,然后执行系统提供的恢复命令即可,仍由 DBMS 完成具体的恢复操作。

随着磁盘容量不断增大,价格日渐便宜,许多数据库管理系统采用数据库镜像(Mirror)功能用于数据库恢复。

数据库镜像根据 DBA 的要求,将整个数据库或其中的关键数据自动复制到另一个磁盘上。DBMS 自动保证镜像数据与主数据库的一致性,如图 9-12(a)所示。一旦出现介质故障,此时可由镜像磁盘继续提供使用,与此同时 DBMS 自动利用镜像磁盘数据进行数据库的恢复,如图 9-12(b)所示。

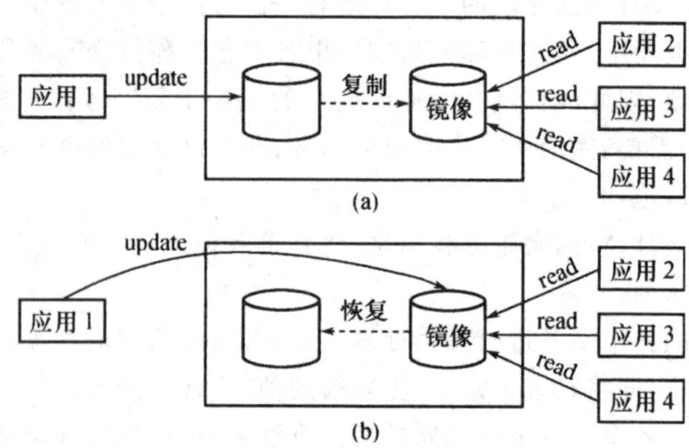

图 9-12　数据库镜像

因为数据库镜像的实现是通过复制数据,所以频繁地复制数据会导致系统运行效率降低,所以用户在实际应用中一般只选择对关键数据和日志文件镜像。

9.4.5　基于检查点的恢复技术

利用日志技术进行数据库恢复时,恢复子系统必须搜索日志,确定哪些事务需要 REDO,哪些事务需要 UNDO。一般来说,需要检查所有日志记录。这样做存在如下两个问题。

①耗费大量的时间进行搜索整个日志。

②实际上很多需要 REDO 处理的事务已将它们的更新操作结果写到数据库中了,又重新执行了这些操作,大量时间被浪费。

为了解决这些问题,发展了具有检查点的恢复技术。检查点记录的内容包括以下方面:

①建立检查点时刻所有正在执行的事务清单。

②这些事务最近一个日志记录的地址。

文件重新开始用来记录各个检查点记录在日志文件中的地址。图 9-13 说明了建立检查点 C_i 时对应的重新开始文件与日志文件。

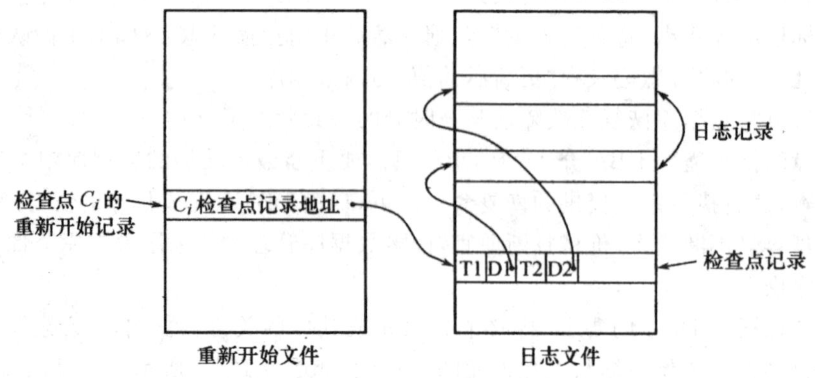

图 9-13　具有检查点的日志文件和重新开始文件

这种方法使系统在执行期间动态地维护系统日志，并且在日志中增加一类新的记录——检查点(checkpoint)记录。数据库恢复机构系统周期性地执行检查点，保存数据库状态，建立检查点。它需要执行以下动作序列。

①将当前位于主存的所有日志记录输出到稳定存储器上。

②将所有缓冲区中被修改的数据库的数据块写入磁盘上。

③将一个日志记录<checkpoint>写入稳定存储器。

检查点执行过程中事务想要执行任何更新动作的话都是不被允许的，如写缓冲块或写日志记录。

日志中加入记录<checkpoint>，使系统恢复过程的效率得以提高。当故障发生后，恢复机制检查日志来确定最近的检查点发生前开始执行的最近的一个事务 T_i，要找到这个事务只需搜索日志，找到<checkpoint>记录，然后继续向前搜索直至发现下一个<T_i，start>记录。该记录指明了事务 T_i 通过该记录得以有效指明。

一旦事务 T_i 被系统确定，则只需对事务 T_i 和所有事务 T_i 后开始执行的事务 T 执行 REDO 和 UNDO 操作。假设事务 T_i 在检查点之前提交。那么在日志中，记录<T_i，commit>出现在记录<checkpoint>之前。事务 T_i 所做的任何数据库修改一定都写入数据库，写入时间是在检查点之前或在这个检查点建立之时。因此，在恢复时对 T_i 执行的 REDO 操作就不再进行了。

系统出现故障时恢复子系统将根据事务的不同状态采取不同的恢复策略。一般 DBMS 产品自动实行检查点操作，无须人工干预。这个方法如图 9-14 所示。

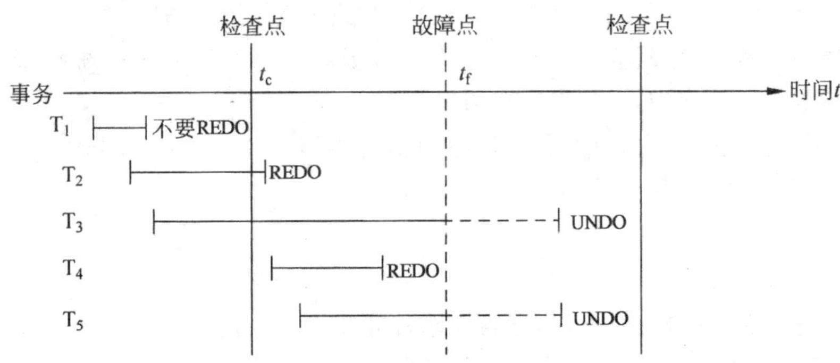

图 9-14 与检查点和系统故障有关的事务的可能状态

①事务 T_1 不必恢复。因为它们的更新已在检查点 t_c 时写到数据库中去了。

②事务 T_2 和事务 T_4 必须 REDO。因为它们结束在下一个检查点之前，它们对 DB 的修改仍然存在于内存缓冲区，还未写到磁盘。

③事务 T_3 和事务 T_5 必须 UNDO。因为它们还未做完，事务已对 DB 做的修改必须要进行撤销。

系统使用检查点方法进行恢复的步骤如下：

①从重新开始文件中找到最后一个检查点记录在日志文件中的地址，按照此地址在日志文件中找到最后一个检查点记录。

②根据检查点记录得到检查点建立时刻所有正在执行的事务清单 ACTIVE. LIST。

③从检查点开始对日志文件正向扫描。

这里建立 UNDO-LIST 和 REDO-LIST 两个事务队列。

④对 UNDO-LIST 队列中的一切事务执行 UNDO 操作,对 REDO-LIST 队列中的一切事务执行 REDO 操作。

9.5 数据库备份

尽管系统中采取了种种安全性措施,数据库的破坏依然还是可能发生的。如硬件故障、软件错误、操作失误、人为恶意破坏等。所以数据库的备份是非常关键的。

所谓备份就是将数据库文件复制到另外一个安全的地方。尽管数据恢复的技术有很多,但定期备份数据库是其中最稳妥的防止磁盘故障的方法,它能有效地恢复数据,是一种既廉价又保险的形式,同时也是最简单的,能够恢复大部分或全部数据的方法。即便是采取了其他备份技术,如冗余磁盘阵列等技术,数据库备份也是必不可少的工作。可以说,没有备份几乎是不可能恢复由于磁盘损坏而造成的数据丢失。

9.5.1 备份策略

常见的备份有两种:数据库备份,即周期性地对数据库备份,或转储到磁带一类的存储介质中;数据库操作的备份,即建立“日志”数据库。对于数据库的每一次更新操作,都要记下改变前后的值,写到“日志”库中,以便有案可查。

在实际应用系统的开发过程中,备份策略包括备份周期(一天、一周等)、备份介质(磁盘、磁带、光盘等)和备份数据库(介质)的存放等内容。

1. 备份周期

早期的数据库系统在进行备份时,通常要求停止正在进行的数据库工作,此时备份周期最短应为一天。随着技术的发展,已经有一些系统能够在数据库运行过程中进行备份,而不需要强迫所有的用户从系统中退出,因此,备份的周期就主要取决于应用需求。在此,只说“主要”而不是“完全”,是因为在做数据库备份时,系统性能将受影响,并且备份还受到数据库服务器计算机的磁盘容量的影响。

在确定备份周期时,可以考虑以下几个问题。

①如果没有数据库,企业的业务能力能支持多久?如果数据库对每天的事务处理都是至关重要的,那么就必须经常备份。

②对长期不会发生变化的历史数据可以只备份一次,但要多复制几个备份,以免备份介质损坏而造成数据丢失。

③执行恢复需要的时间是多长?是全备份的恢复省时?还是增量备份的恢复省时?如果是长期的增量备份,显然是全备份恢复省时;如果只有一两次增量备份,一般是增量备份恢复

省时;所以,可以考虑按周做全备份,每天做增量备份等。

④数据库的使用频率和更新频率是否非常高?如果数据库的使用频率和更新频率非常高,可以考虑每天做一次全备份,做几次增量备份;相反,如果数据库的更新频率不太高,只需要每周,甚至每月做一次全备份。

在实际应用中,可以测试所制定的备份策略。备份能否正确运行?它的备份和恢复所用时间是否能够接受?备份周期、全备份、增量备份安排是否合理?在实践中可以调整备份策略,使之更合理和实用。

值得一提的是,在提供在线备份的系统中,备份时间可以定在一些对数据库有较大影响的数据库操作之后或之前,用触发器或存储过程来实现这一备份工作。可以认为这是最有效的备份时间策略。

2. 备份介质

备份介质是指备份或还原操作中使用的磁带机或磁盘驱动器。它是创建备份和恢复数据库的前提条件,在创建备份时,必须选择要将数据写入的备份介质。

备份介质可以分为 3 种:磁盘介质、磁带介质以及物理和逻辑设备。其中,物理备份介质是操作系统用来标识备份介质的名称;逻辑备份介质是用户自定义的别名,用来标识物理备份介质,逻辑设备名称永久性地存储在 SQL Server 内的系统表中。

3. 备份数据库的存放

备份介质的存放需要引起高度重视,通常这些介质不会和数据库计算机放在同一机房中,这样就避免了发生灾害时一同被毁坏。备份介质一般应放在远离机房的安全地方,这里所谓的安全地方是指备份数据库的介质不会被盗或损坏等。

9.5.2 备份数据库的时机

通常系统数据库中会存储数据库的服务器配置信息、用户登录信息、用户数据库信息、作业信息等。因此,在进行数据库备份时,不但要备份用户数据库,还要备份系统数据库。

1. 备份系统数据库的时机

时机的选择是进行数据库备份的关键,下面以 SQL Server 数据库为例进行介绍。

①修改 master 数据库之后。master 数据库中包含了 SQL Server 中全部数据库的相关信息。因此,在创建用户数据库、创建和修改用户登录账户或执行任何修改 master 数据库的语句后,都需要对 master 数据库进行备份。

②修改 msdb 数据库之后。msdb 数据库中包含了 SQL Server 代理程序调度的作业、警报和操作员的信息。在修改 msdb 之后也应当对其进行备份。

③修改 model 数据库之后。model 数据库是系统中所有数据库的模板,当用户通过修改 model 数据库来调整所有新用户数据库的默认配置,也必须读 model 数据库进行备份。

2. 备份用户数据库的时机

①创建数据库后。在创建或装载数据库之后都需要对相应的数据库进行备份。

②创建索引之后。创建索引的同时还需要分析以及重新排列数据，且这个过程通常需要耗费时间和系统资源。而在这个过程之后备份数据库，备份文件中就会包含索引的结构，一旦数据库出现故障，再恢复数据库时不必重建索引了。

③清理事务日志之后。使用 BACKUP LOG WITH TRUNCATE ONLY 或 BACKUP LOG WITH NO LOG 语句清理事务日志后，需要备份数据库，因为此时，事务日志将不再包含数据库的活动记录，所以，不能通过事务日志恢复数据。

④执行大容量数据操作之后执行完大容量数据装载语句或修改语句后，SQL Server 通常不会将这些大容量的数据处理活动记录到日志中，所以应当进行数据库备份。例如，执行完 SELECT INTO、WRITETEXT、UPDATETEXT 语句后都需要备份数据库。

9.5.3 数据库备份的模式

常见的数据库备份模式有 4 种，下面分别进行介绍。

1. 完全备份

完全备份是一种最完整的数据库备份方式，它通过将数据库内所有的对象完整地拷贝到指定的设备上，来完成对所有数据库操作和事务日志中的事务进行备份。由于它备份的内容相对比较完整，因此，每个完整备份使用的存储空间比其他备份模式使用的存储空间要大，完成完整备份需要更多的时间。因而创建完整备份的频率通常要比创建差异备份的频率低，对于数据量较少，或者变动较小不需经常备份的数据库而言，可以选择使用这种备份方式。

在 SQL Server 中，完全备份的工作可以在"企业管理器"中利用交互工具完成，也可以使用命令方式完成。

备份数据库的命令是 BACKUP DATABASE，格式如下：

BACKUP DATABASE database_name

TO{DISK | TAPE}='physical_backup_device_name'

其中参数：

- database_name：指定要备份的数据库；
- TO DISK：说明备份到磁盘；
- TO TAPE：说明备份到磁带；
- 'physical_backup_device_name'：指定备份使用的物理文件名或物理设备名。

2. 差异备份

差异数据库备份是一种只会针对自从上次完全备份后有变动的部分进行备份处理的方式。采用这种备份模式时必须搭配完全备份一起使用，即需要先使用完全备份保存一份完整的数据库内容，然后再使用差异备份记录有变动的部分。

差异备份的命令也是 BACKUP DATABASE，格式如下：

```
BACK UP DATABASE database_name
TO{DISK | TAPE}='physical_backup_device_name'
WITH DIFFERENTIAL
```

与备份整个数据库的命令不同，增量备份是用短语 WITH DIFFERENTIAL 说明的。

例如，对 student 数据库做增量备份（备份到 C:\dump\dump1. bak），命令格式如下：

```
BACKUP DATABASE student
TO DISK='C:\dump\dump1. bak'
WITH DIFFERENTIAL
```

由于差异备份只备份有变动的部分，因此，其备份速度相对较快，占用的空间也不会太大，比较适合于那些数据量大且需要经常备份的数据库。使用差异备份可以减少数据库备份的负担。

需要注意的是，在使用完全备份和差异备份来备份数据库后，当需要还原数据库的内容时，必须先加载前一个完全备份的内容，然后再加载差异备份的内容。例如，在需要每天对数据库进行备份，其中星期一到星期六进行的是差异备份，星期天进行的是完全备份。当星期三发现数据库有问题，需要将数据库还原到星期二的状况时，必须先将数据库还原到上一个星期天完全备份，然后再还原星期二的差异备份。

3. 事务日志备份

事务日志备份与差异数据库备份非常相似，都是备份部分数据内容，但是，事务日志备份是针对自从上次备份后有变动的部分进行备份处理，而不是针对上次完全备份后的变动。也就是说，使用完全备份和事务日志来备份数据库，在还原数据库内容时，还必须先加载前一个完全备份的内容，然后再按顺序还原每一个事务日志备份的内容。例如，每天都需要对数据库进行备份，其中星期一到星期六做的是差异备份，星期天做完全备份。当星期三发现数据库有问题，需要将数据库还原到星期二的状况时，必须先将数据库还原到上一个星期天的完全备份，然后再还原星期二的差异备份，接着还需要还原星期三的事务日志备份。

事务日志备份是对数据库发生的事务进行备份，包括从上次进行事务日志备份、差异备份和数据库完整备份之后所有已经完成的事务。事务日志备份能够在相应的数据库备份的基础上，尽可能地恢复最新的数据库记录。由于它仅对数据库事务日志进行备份，所以其需要的磁盘空间和备份时间都比数据库备份少得多。

备份事务日志的命令是 BACKUP LOG，格式如下：

```
BACKUP LOG database_name
TO{DISK | TAPE}='physical_backup_device_name'
```

例如，备份 student 数据库的日志（备份到 C:\dump\dumplog. bak），命令格式如下：

```
BACKUP LOG student
TO DISK='C:\dump\dumplog. bak'
```

注意:简单恢复模型不允许备份事务日志。备份数据库、备份事务日志时,数据库系统并不截断和刷新日志,截断日志的命令格式如下:

```
BACKUP LOG database_name
WITH TRUNCATE_ONLY
```

例如,在备份了 student 数据库或事务日志后,为了截断 student 数据库的事务日志可以使用如下命令格式:

```
BACKUP LOG student
WITH TRUNCATE_ONLY
```

执行事务日志备份主要有两个原因:首先,要在一个安全的介质上存储自上次事务日志备份或数据库备份以来修改的数据;其次,要合适地关闭事务日志到它的活动部分的开始。

4. 文件和文件组备份

这是一种是以文件和文件组作为备份的对象备份模式,一般用于数据库非常庞大的情况下,主要针对的是数据库内特定的文件或特定文件组内的所有成员进行数据备份处理。通常,文件组包含了一个或多个数据库文件。当 SQL Server 系统备份文件或文件组时,指定需要备份的文件,最多指定 16 个文件或文件组。文件备份操作可以备份部分数据库,而不是整个数据库。

与数据库备份相比,文件备份的主要缺点是增加了管理的复杂性。因此,必须注意维护完整的文件备份集和所覆盖的日志备份。如果已损坏的文件没有备份,则介质故障可能导致整个数据库无法恢复。

这种数据库备份模式在使用时,还应该要搭配事务日志备份一起使用。其主要原因是当在数据库中还原文件或文件组时,也必须还原事务日志,使该文件能够与其他的文件保持数据一致性。

备份文件或文件组的命令格式如下:

```
BACKUP DATABASE database_name
{FILE=logic_file_list | FILEGROUP=fileegroup_list}
TO{DISK | TAPE}='physical_backup_device_name'
[WITH DIFFERENTIAL]
```

其中参数:

- FILE=logic_file_list:给出了要备份的文件清单(用逻辑文件名指出);
- FILEGROUP=filrgroup_list:给出了要备份的文件组清单;
- WITH DIFFERENTIAL:说明是增量备份,即文件备份也支持增量备份。

例如,要完成对 student 数据库课程文件的备份,命令如下:

```
BACKUP DATABASE student
FILE='课程'
TO DISK='C:\dump\file_1.bak'
```

而下列命令则完成了对 student 数据库文件组课程组的备份:

```
BACKUP DATABASE student
```

```
FILEGROUP='课程'
TO DISK='C:\dump\file_g.bak'
```

文件和文件组备份是备份和恢复数据库的另一种便捷方式，但它们并不是以数据库为单位进行备份的，因此在管理上可能会存在一定的难度。

第10章 数据库设计与实施

10.1 数据库设计概述

目前,数据库技术已经广泛地应用于管理信息系统、办公自动化系统和决策支持系统等信息系统。在这些现代化的信息系统中,数据库是其基础和核心部分,数据库设计的质量直接影响信息系统的质量和运行效率。因此,需要进一步从软件工程的角度来讨论如何进行数据库的设计。

10.1.1 数据库设计的概念

数据库设计既是一项涉及多学科的综合性技术,又是一项庞大的工程项目。数据库设计的特点是要求硬件、软件和干件相结合,这是一种反复探寻、逐步求精的过程。

对于数据库应用开发人员来说,数据库设计就是对一个给定的实际应用环境,如何利用数据库管理系统、系统软件和相关的硬件系统,将用户的需求转化成有效的数据库模式,并使该数据库模式非常容易地适应用户新的数据需求的过程。

从数据库理论的抽象角度看,数据库设计就是根据用户需求和特定数据库管理系统的具体特点,如何将现实世界的数据特征抽象为概念数据模型表示,最后将最优的数据库模式有效地构造出来,使之既能正确地反映现实世界的信息及其联系,对于用户各种应用需求(信息要求和处理要求)均能够有效满足的过程。

简单来说,根据选择的数据库管理系统和用户需求对一个单位或部门的数据进行重新组织和构造的过程就是所谓的数据库设计。

以下几个方面的技术和知识是一个从事数据库设计的专业人员应该具备的:

①数据库的基本知识和数据库设计技术。

②计算机科学的基础知识和程序设计的方法和技巧。

③软件工程的原理和方法。

④应用领域的知识。

数据库设计人员必须深入实际与用户密切结合,对应用环境、具体专业业务有具体深入的了解才能设计出符合实际领域要求的数据库应用系统。

通常都用生命周期理论来描述一个数据库应用系统的开发过程,具体内容是应用系统从提出需求、形成概念开始,经过分析论证、系统开发、使用维护,直到淘汰或被新的应用系统所取代的一个全过程。需求分析、系统设计、系统实现、系统测试和系统交付是其开发过程的 5 个阶段，如图 10-1 所示，每阶段应提交相应的文档资料，如需求分析报告、系统设计报告、系统测试大纲、系统测试报告及操作使用说明书等都是必要的资料。

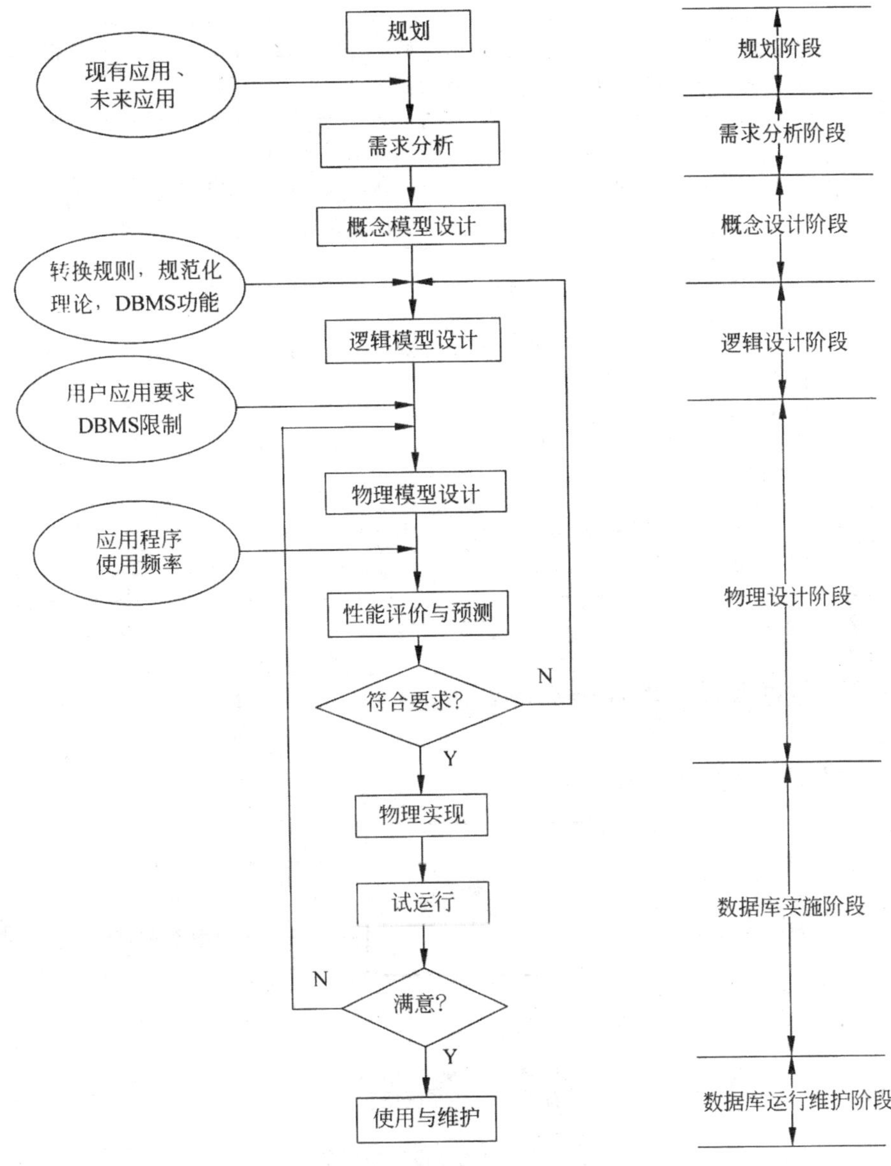

图 10-1　数据库设计步骤

上述设计过程概括起来，可用表 10-1 进行描述。

表 10-1　数据库系统设计阶段

设计阶段	设计描述	
	数据	处理
需求分析	数据字典、全系统中数据项、数据流、数据存储的描述	数据流程图和判定表(判定树)、数据字典中处理过程的描述
概念结构设计	概念模型(E-R)图、数据字典	系统说明书包括： ①新系统要求、方案和概念图 ②反映新系统信息流的数据流程图
逻辑结构设计	某种数据模型:关系或非关系模型	系统结构图(模块结构)
物理设计	存储安排、方法选择、存取路径建立	模块设计、IPO 表
实施阶段	编写模式、装入数据、数据库试运行	程序编码、编译连接、测试
运行和维护	性能监测、转储/恢复、数据库重组和重构	新旧系统转换、运行、维护(修正性、适应性、改善性维护)

10.1.2　数据库设计的任务及内容

数据库设计的任务如图 10-2 所示。

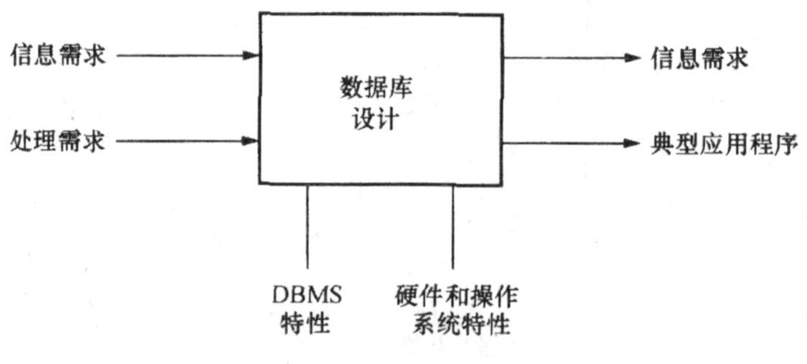

图 10-2　数据库设计的任务

数据库设计的内容主要包括数据库的结构特性设计、数据库的行为特性设计、数据库的物理模式设计。其中,数据库的结构特性设计最为关键,行为特性设计次之。

(1)数据库的结构特性设计

数据库的结构特性设计是指数据库结构的设计,设计结果能否得到一个合理的数据模型,是数据库设计的核心所在。由于数据库的结构特性是静态的,一般发生变动的情况并不多见,所以数据库的结构特性设计又称为数据库的静态结构设计。首先要将现实世界中的事物以及事物间的联系用 E-R 图表示出来，再对各个分 E-R 图进行汇总，从而得出数据库的概念结构模型，然后将概念结构模型转化为数据库的逻辑结构模型表示，最后进行数据库物理设计，并建立数据库。

(2)数据库的行为特性设计

数据库的行为特性设计是指应用程序、事务处理的设计。数据库的行为特性设计是立足于数据库用户的行为和动作进行设计，而用户行为总是更新数据库内容的操作，用户行为特性不是一成不变的而是不断发生变化的，所以数据库的行为特性设计又称为数据库的动态特性设计。首先要将现实世界中的数据用数据流程图和数据字典表示，并将其中的数据操作要求详细描述出来，系统的功能模块结构和数据库的子模式即可得出。

(3)数据库的物理模式设计

数据库的物理模式设计要求是：根据库结构的动态特性(即数据库应用处理要求)，在选定的 DBMS 环境下，把数据库的逻辑结构模型加以物理实现，数据库的存储模式和存取方法即可有效获得。

在数据库设计中，通常将结构特性设计和行为特性设计结合起来进行综合考虑，相互参照，同步进行，才能较好地达到设计目标。数据库设计者在进行设计时，计算机的硬件环境和软件环境也需要考虑到，考虑到当前以及未来时间段内对系统的需求，所设计的系统既能满足用户的近期需求，同时对远期的数据需求也具有相应的处理方案。也就是说，数据库设计者应充分考虑到系统可能的扩充和改动，尽可能地保障系统具有较长的生命周期。

10.1.3 数据库设计方法及选择

数据库设计方法学是利用现有的原则、工具和技术的结合，用于指导实施数据库系统的开发和研究的学科。数据库设计方法学主要就是研究如何规范开发数据库设计的方法以及注意事项的科学。

随着数据库技术的发展，数据库设计的方法层出不穷，常见的方法有以下几种：

- 基本设计法。
- 关系模式的设计方法。
- 新奥尔良方法(New Orleans)。
- 基于 E-R 模型的数据库设计方法。
- 基于 3NF 的设计方法。
- 基于抽象语法规范的设计方法。
- 计算机辅助数据库设计方法。

以上方法，可视系统结构复杂程度、应用环境等不同情况选择使用。其中，新奥尔良方法是比较常用的方法。

选择一种适合的设计方法应考虑如下原则：首先，设计人员能够以合理的工作量了解用户关于系统功能、性能、安全性、完整性及更新要求等各方面的要求；其次，设计方法应该灵活通用，能够为不同层次设计人员所掌握；最后，设计方法应具有确定性，不同的设计人员使用同样的方法解决同样的问题，应得到相近的结果。

10.1.4 对数据库设计有影响的特征分类

不同的应用环境具有各自的应用特征，而在不同应用环境下的数据也表现一些不同特点。它们对数据库系统开发的各个方面(包括数据库的逻辑与物理结构、数据模型与数据库管理软件的选择、系统的性能等)都施加了很大的影响。

数据特征有许多，这里主要考虑对数据库设计有影响的特征分类，具体说明如下。

1. 易变性

易变性指数据随时间而变的速率。有的数据基本不变或很难变，如“姓名”、“街道名”、“电话号码”等；有的则非常频繁甚至连续地变化，如“用户量”、“股票价格”、飞机飞行时的“飞行速度”等。前者可称为静态数据，后者就叫易变数据。

易变性或静止性的数据要求有不同的结构形式(包括逻辑和物理的结构)、存取方法与处理方式，因而要求不同功能特性的 DBMS 支持。设计时应分析确定各类数据的易变性或静止性，以便区别对待。

2. 流行性

当数据库服务的现实世界发生变化时，数据库中相应的数据就要变更以反映其实际状况。用来表示数据库所反映的状态和现实世界当前真实状态的一致性的数据特性称为流行性。不同的数据有不同的流行性要求，它表明了现实事件的发生时间到该事件的数据被记录到数据库中的时间两者之间可允许的延迟。一般有“当前流行”、“未来流行”和“过时流行”之分。例如，航空管理系统中关于未来、当前和过去航班的数据分别是未来流行、当前流行和过去流行的。

数据流行性的实现代价是较高的，它要求系统支持数据通信、联机的实时数据库维护，进而要求整体安全性、故障恢复的支持和提供适应快速修改的数据结构。当前的商务与管理型数据库大都忽略了这类数据特征。

3. 活跃性

涉及数据被存取的概率的大小。对数据的存取也存在所谓的“80—20 规则”，即大部分数据活动集中在少部分的某些数据上，我们称这种数据为活跃数据。

4. 敏感性

敏感性也可叫关键性，指的是数据对组织的影响度。有的数据对组织无足轻重，若丢失或遭到破坏对组织不产生太大影响，而有的数据则对组织至关重要，其丢失或破坏甚至会影响组织机构的正常运转或成败。

对敏感数据必须提供恰当的安全保护和丢失或毁坏后的恢复，这要求 DBMS 具有相应的安全机制与故障恢复设施。

10.2　系统需求分析

需求分析的目标是明确用户对系统的需求，包括数据需求和围绕这些数据的业务需求，从而得到设计系统所必需的需求信息。需求分析的结果是否准确反映了用户的实际要求，将直接影响到后面各个阶段的设计，并影响到设计结果是否合理和实用。

准确地、全面地理解用户要求是数据库设计的关键。需求分析的好坏事关数据库设计的成败。

10.2.1　需求分析的任务

需求分析阶段的主要任务如下：

①调查未来系统所涉及的用户的当前职能、业务活动及其流程，确定系统范围。分析需求调查得到的资料，将计算机应当处理和能够处理的范围进行明确，确定新系统应具备的功能。

②确定用户对未来系统的各种要求，包括信息要求、处理要求、安全性和完整性要求。在此过程中，必须重点了解各用户在业务活动中要输入什么数据，对这些数据的格式、范围有何要求。另外，还需要了解用户会使用什么数据，如何处理这些数据，经过处理的数据的输出内容、格式是什么。最后，还应明确处理后的数据该送往何处，谁有权查看这些数据。

③深入分析用户的业务处理，用数据流图表达整个系统的数据流向和对数据进行的处理，描述数据与处理间的关系。

④分析系统数据，建立需求说明文档，产生数据字典。

数据流分析是对事务处理所需的原始数据的收集及经处理后所得数据及其流向。在需求分析阶段，应当用文档形式整理出整个系统所涉及的数据、数据间的依赖关系、事务处理的说明和所需产生的报告，并且尽可能地借助数据字典加以说明。除了使用数据流程图、数据字典以外，判定表、判定树等工具在需求分析阶段也会有所涉及。

10.2.2　需求分析的分类

按现代结构化分析与设计方法，开发人员首先要确定被开发的系统需要做什么，需要存储和使用哪些数据，需要什么样的运行环境和达到的性能指标。因此，对数据库设计而言，首先要确定的需求可分为以下三大类。

1. 信息需求

信息需求是最基本的，它作用于整个数据库设计过程的各个步骤。数据需求中要包含以下两种观点的信息。

(1)信息结构观点(information structure perspective,ISP)信息

ISP 信息描述了数据库中所有自然的、概念的数据及其联系,而不局限于任何单个的处理或应用。它提供数据库的灵活性和适应性。

(2)使用观点(usage perspective,UP)信息

UP 信息描述了在各种处理或应用(当前的和已确定的未来应用)中被使用的数据及其联系,它提供数据库的可用性与高效性。

两种观点对数据库设计的影响是不一样的,ISP 代表组织单位的整体数据组织模型,代表数据的集成共享与长期可使用性;而 UP 则代表数据库要提供的诸如各种报表、特定查询及更新事务中需要的用户数据。理想地,UP 数据应是 ISP 数据的真子集,但实践上,不是所有的应用都能事先预计的,且有的应用处理是非结构化的、变化的或即席的查询或维护,因而需要以两种观点来同时收集数据需求。

2. 处理需求

处理需求就是用户需要数据库系统提供的各种处理功能。这里,用户类型必须有代表性、完全性,要包括业务层、计划管理层、领导层等用户。要考虑当前应用还要考虑可能的操作变化及未来的策略。

3. 运用需求

运用需求(operational requirements)是指如何使用数据库方面的要求,包括使用数据库的安全性、完整性、一致性限制;查询方式、输入输出格式、同时能支持的用户或应用个数等方面的要求;对数据库性能方面的要求,如响应速度、故障恢复速度等。

10.2.3 需求分析的步骤

需求调查、分析整理和评审三个步骤共同组成了需求分析的任务。

1. 需求调查

需求调查又称为系统调查或需求信息的收集。为了充分地了解用户可能提出的需求,在进行实际调查研究之前,充分的准备工作需要做足,明确调查的目的、确定调查的内容和调查的方式等。

(1)需求调查的目的

需求调查的目的主要是了解企业的组织机构设置,各个组织机构的职能、工作目标、职责范围、主要业务活动及大致工作流程,全面详细地获得各个组织机构的业务数据及其相互联系的信息,为分析整理工作做好前期基础工作。

(2)需求调查的内容

为了实现调查的目的,需求调查工作要从以下几个方面入手:

①组织机构情况。调查了解各个组织机构由哪些部门组成,各部门的职责是什么,各部门管理工作存在的问题,各部门中哪些业务适合计算机管理,哪些业务不适合计算机管理。

②业务活动现状。需求调查的重点是各部门业务活动现状的调查，要弄清楚各部门输入和使用的数据、加工处理这些数据的方法、处理结果的输出数据、输出到哪个部门、输入/输出数据的格式等。在调查过程中应注意收集各种原始数据资料，如台账、单据、文档、档案、发票、收据、统计报表等，从而将数据库中需要存储哪些数据一一确定下来。

③外部要求。调查数据处理的响应时间、频度和如何发生的规则，以及经济效益的要求、安全性和完整性要求。

④未来规划中对数据的应用需求等。这一阶段的工作是大量的和烦琐的。由于管理人员与数据库设计者之间存在一定的距离，所以需要管理部门和数据库设计者更加紧密地配合，充分提供有关信息和资料，为数据库设计打下良好的基础。

(3)需求调查方式

需求调查主要有以下几种方式：

①个别交谈。通过个别交谈对该用户业务范围的用户需求尽可能地了解，调查时也不受其他人员的影响。

②开座谈会。通过座谈会方式调查用户需求，可使与会人员互相启发，尽可能地获得不同业务之间的联系信息。

③发调查表。将要调查的用户需求问题设计成表格请用户填写，能获得设计人员关心的用户需求问题。调查的效果依赖于调查表设计的质量。

④查阅记录。就是查看现行系统的业务记录、票据、统计报表等数据记录，可了解具体的业务细节。

⑤跟班作业。通过亲自参加业务工作来了解业务活动情况，能够有效获得比较准确的用户需求，但比较费时。

(4)需求调查的策略

由于需求调查的对象可分为高层负责人、中层管理人员和基层业务人员 3 个层次，因此，对于不同的调查对象和调查内容，其相应的需求调查方式也会有所差异，也可同时采用几种不同的调查方式。需求调查也可以按照以下 3 种策略来进行：

①对高层负责人的调查，一般采用个别交谈方式。在交谈之前，应给他们一份详细的调查提纲，以便他们做到心中有数。从交谈中可以获得有关企业高层管理活动和决策过程的信息需求以及企业的运行政策、未来发展变化趋势等与战略规划有关的信息。

②对中层管理人员的调查，可采用开座谈会、个别交谈或发调查表、查阅记录的调查方式，这样对于企业的具体业务控制方式和约束条件做到有效了解，不同业务之间的接口，日常控制管理的信息需求并预测未来发展的潜在信息需求。

③对基层业务人员的调查，主要采用发调查表、个别交谈或跟班作业的调查方式，有时也可以召开小型座谈会，主要了解每项具体业务的输入输出数据和工作过程、数据处理要求和约束条件等。

2. 分析整理

分析整理的工作主要有以下方面：

(1)业务流程分析与表示

业务流程及业务与数据联系的形式描述的获得是业务流程分析的目的所在。一般采用数据流分析法,分析结果以数据流图(data flow diagram,DFD图)表示。

(2)需求信息的补充描述

由于用DFD图描述的仅仅是数据与处理关系及其数据流动的方向,而数据流中的数据项等细节信息则无法描述,因此除了用DFD图描述用户需求以外,还要用一些规范化表格对其进行补充描述。这些补充信息主要有以下内容:

①数据字典。主要用于数据库概念模式设计,即概念模式设计。

②业务活动清单。列出每一部门中最基本的工作任务,任务的定义、操作类型、执行频度、所属部门及涉及的数据项以及数据处理响应时间要求等相关信息都包括在内。

③其他需求清单。如完整性需求、一致性需求、安全性需求以及预期变化的影响需求等。

(3)撰写需求分析说明书

在需求调查的分析整理基础上,依据一定的规范,将需求说明书编写完成。数据的需求分析说明书一般用自然语言并辅以一定图形和表格书写。近年来许多计算机辅助设计工具的出现,如Power Designer、IBM Rational Rose等,已使设计人员可利用计算机的数据字典和需求分析语言来进行这一步工作,但由于这些工具对使用人员有一定知识和技术要求,在普通开发人员中的应用尚局限于一定的范围。

需求分析说明书的格式不仅有国家标准可供参考,一些大型软件企业也有自己的企业标准,这里不再详述。

3.评审

确认某一阶段的任务是否完成,以保证设计质量,避免重大的疏漏或错误,是评审工作的重点。

一定要有项目组以外的专家和主管部门负责人参加评审工作,以保证评审工作的客观性和质量,评审结果可作为以后系统验收的参考依据。评审常常导致设计过程的回溯与反复,即需要根据评审意见修改所提交的阶段设计成果,有时修改甚至要回溯到前面的某一阶段,进行部分乃至全部重新设计,然后再进行评审,直至达到全部系统的预期目标为止。

通过评审的需求分析说明书不仅作为需求分析阶段的结束标志,也作为下一个设计阶段的输入,在项目验收和鉴定过程中也可以参考依据。

10.2.4 用户需求的分析和表达

在数据需求分析阶段,任何调查研究没有用户的积极参加都是有一定难度的,设计人员应和用户取得共同的语言,帮助不熟悉计算机的用户建立数据库环境下的共同概念,所以这个过程中不同背景的人员之间互相了解与沟通也是非常关键的,同时方法也很重要。分析和表达用户需求的方法主要包括自顶向下和自底向上两类方法,如图10-3所示。

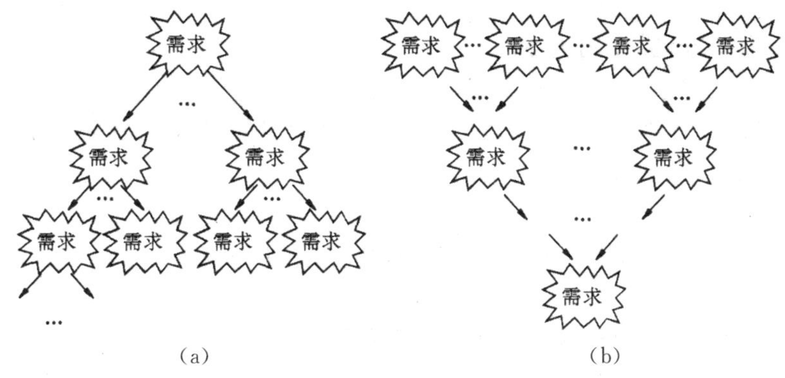

图 10-3　需求分析的策略

(a)自顶向下的需求分析;(b)自底向上的需求分析

其中自顶向下的结构化分析方法简称 SA 方法。用 SA 方法做需求分析,设计人员首先需要把任何一个系统都抽象为如图 10-4 所示的形式,然后将处理功能的具体内容分解为若干子功能,再将每个子功能继续分解,直到把系统的工作过程表达清楚为止。

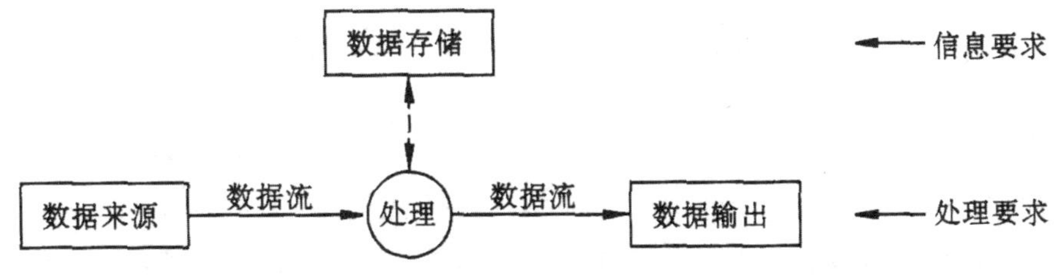

图 10-4　系统高层抽象图

对用户需求进行进一步分析与表达后,还必须再次提交给用户,征得用户的认可。图 10-5 描述了需求分析的过程。

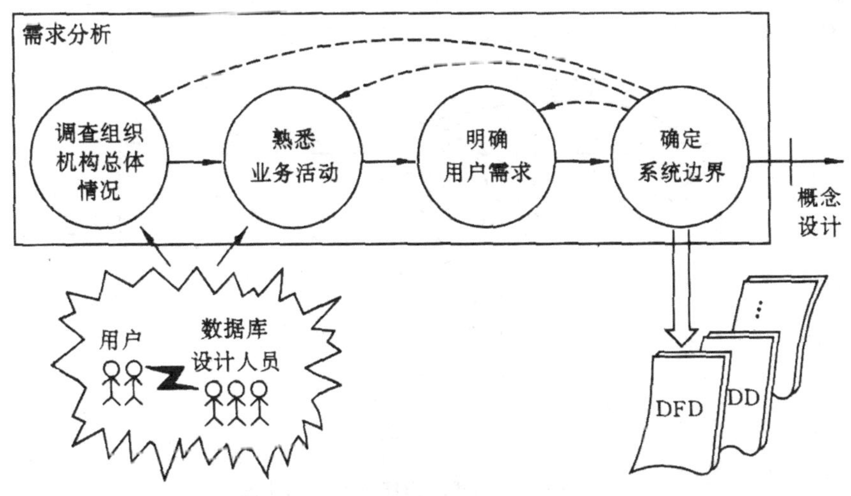

图 10-5　需求分析的过程

10.2.5 需求分析应用实例

现要开发高校图书管理系统。经过可行性分析和初步的需求调查，确定了系统的功能边界，该系统应能完成下面的功能：

(1)读者注册

工作人员通过计算机对读者进行信息注册，发放借书证。

(2)读者借书

首先输入读者的借书证号，检查借书证是否有效；如借书证有效，则查阅借还书登记文件，检查该读者所借图书是否超过可借图书数量(不同类别的读者具有不同的可借图书数量)。若超过，拒借；未超过，再检查库存数量，在有库存的情况下办理借书(修改库存数量，并记录读者借书情况)。

(3)读者还书

根据所还书籍编号及借书证编号，从借还书登记文件中，读出与读者有关的记录，查阅所借日期。如果超期，作罚款处理；否则，修改库存信息与借还书记录。

(4)图书查询

提供查询读者信息及读者借阅情况、图书信息及图书借阅情况、图书的库存情况统计等功能。

1. 数据流图

通过对系统的信息及业务流程进行初步分析后，首先抽象出该系统最高层的数据流图，即把整个数据处理过程看成是一个加工的顶层数据流图，如图 10-6 所示。

从图 10-6 中可以看出，已办理借书证的读者可以通过图书管理系统向图书馆申请借书，申请的结果是读者可能借到自己想要的书，也可能由于不符合借书的条件而被拒绝。当读者向图书管理系统还书时，可能还书成功，也可能因超期而被罚款。同时管理员或读者还可以通过图书管理系统查询读者的借阅情况以及图书的库存情况等。

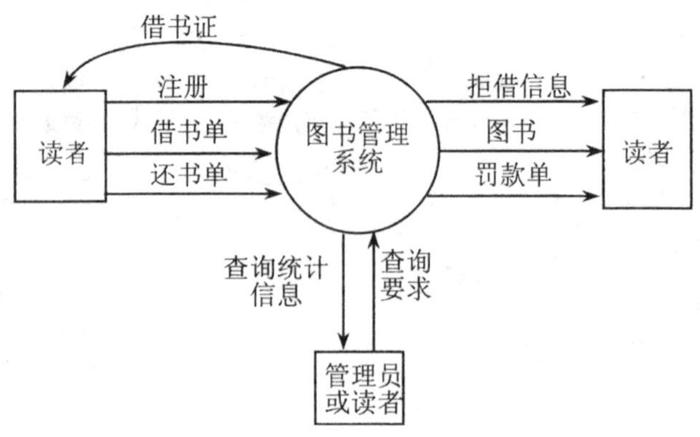

图 10-6 图书管理系统顶层数据流图

顶层数据流图反映了图书管理系统与外界的接口，但未表明数据的加工要求，需要进一步细化。根据前面图书管理系统功能边界的确定，再对图书管理系统顶层数据流图中的处理功能做进一步分解，可分解为读者注册、借书、还书和查询四个子功能，这样就得到了图书管理系统的第 0 层数据流图，如图 10-7 所示。

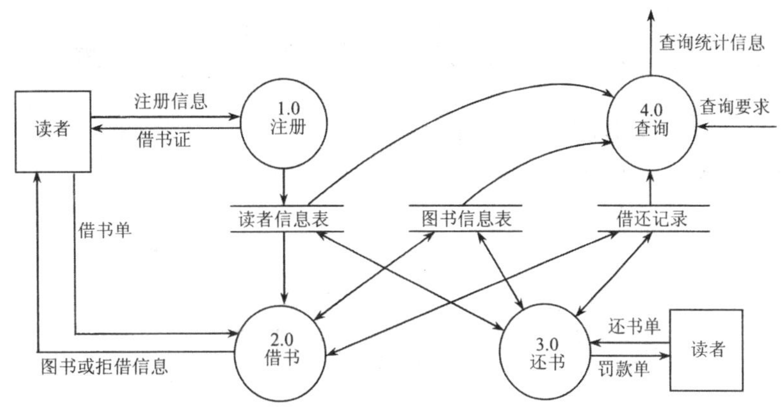

图 10-7　图书管理系统第 0 层数据流图

第 0 层数据流图通过反映整个系统中不同数据的流向，揭示了系统的组成部分及各部分之间的关系，这种关系体现在对数据的操作和处理上。第 0 层数据流图往往能够使我们比较清楚地了解系统的基本组成和主要功能。但在第 0 层数据流图上，只能看出某个功能对数据的使用情况，无法看出某一个具体功能的实现过程。因此为了表达具体功能的实现过程及该过程不同阶段对不同数据的使用情况，则要借助于第 1 层数据流图或者更低层次的数据流图。低层次的数据流图是对高层次数据流图在实现细节上的反映。

图 10-8 分别给出了借书、还书、查询子功能的第 1 层数据流图。

2. 数据字典

因图书管理系统涉及数据字典的内容较多，下面只给出该系统部分数据字典条目，以说明数据字典的定义方法。

(1)数据项描述

数据项名称：借书证号

别名：卡号

含义说明：唯一标识一个借书证

类型：字符型

长度：20

(2)数据结构描述

名称：读者类别

含义说明：定义了一个读者类别的有关信息

组成结构：类别代码＋类别名称＋可借阅数量＋借阅天数＋超期罚款额

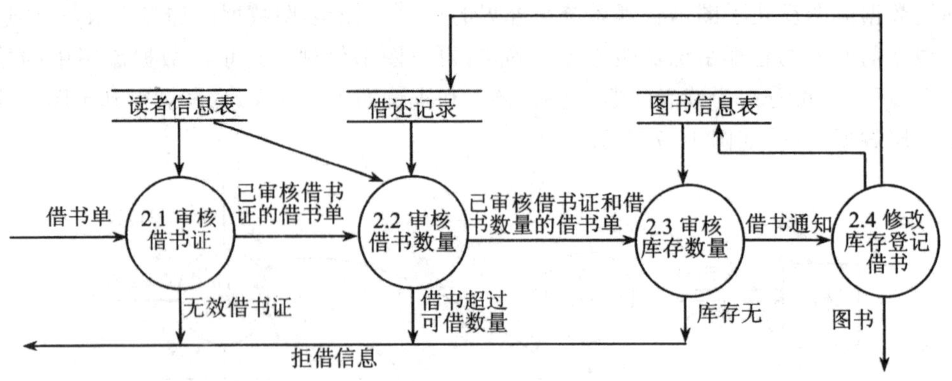

（a）借书处理

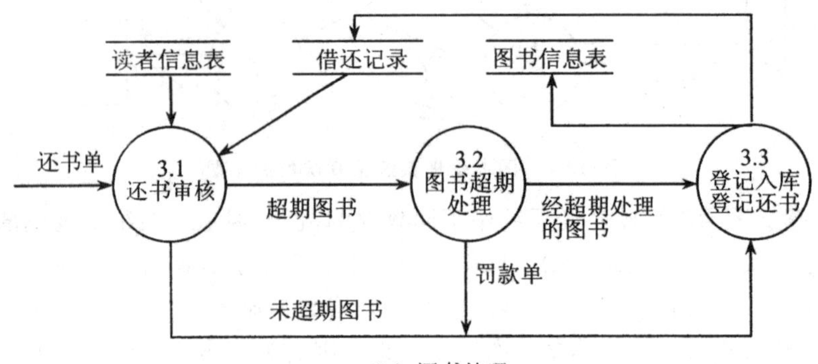

（b）还书处理

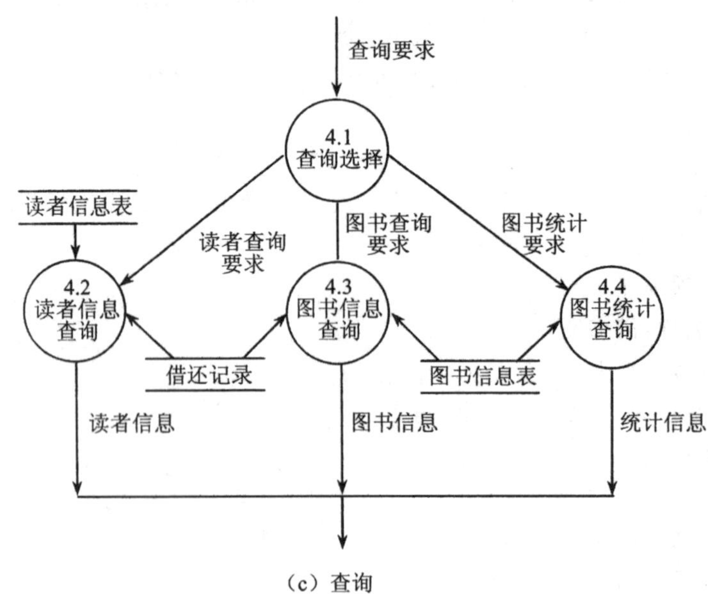

（c）查询

图 10-8　图书管理系统第 1 层数据流图

10.3　概念结构设计

概念结构设计的主要原料是需求分析中得到的用户信息。在设计的过程中，如果检查出需求分析中有遗漏或错误的地方，应返回需求分析进行补救。同时，概念结构设计的成果又是逻辑设计的原料，因此，概念结构设计在整个设计过程中比较重要。

10.3.1　概念结构设计的必要性

概念结构设计就是将需求分析得到的用户需求抽象为信息结构，即概念模型。在这个阶段，设计人员仅从用户角度看待数据及处理要求和约束，一个反映用户观点的概念模型得以有效产生，然后再把概念模型转换成逻辑模型。这样做的好处体现在以下 3 个方面。

①概念模型不受特定的 DBMS 限制，也独立于存储安排和效率方面的考虑，因此，相比逻辑模型来说更加稳定。

②具体的 DBMS 所附加的技术细节在概念模型中并不存在，进而使用户理解起来更加方便，因而更有可能准确反映用户的信息需求。

③从逻辑设计中分离出概念设计以后，各阶段的任务相对单一化，设计在很大程度上得以降低，组织管理起来比较方便。

设计概念模型的过程称为概念设计。概念模型在数据库的各级模型中的地位如图 10-9 所示。

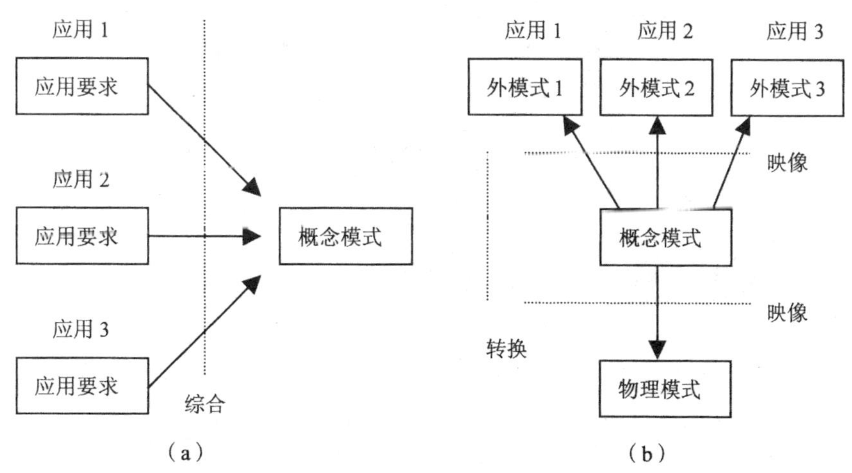

图 10-9　数据库各级模型的形成

10.3.2　概念结构设计的方法

概念结构的设计方法主要有两种：一种是集中模式设计方法(Centralized Schema Design

Approach)；另一种是视图集成法(View Integration Approach)。

1. 集中模式设计法

首先，将需求说明综合成一个统一的需求说明。其次，在此基础上设计全局数据模式。最后，根据全局数据模式为各个用户组或应用定义数据库逻辑设计模式。

2. 视图集成法

目前，视图集成法使用较多，下面就以此方法为主介绍概念结构设计。使用视图集成法设计概念结构通常有四类方法，如图 10-10 所示。

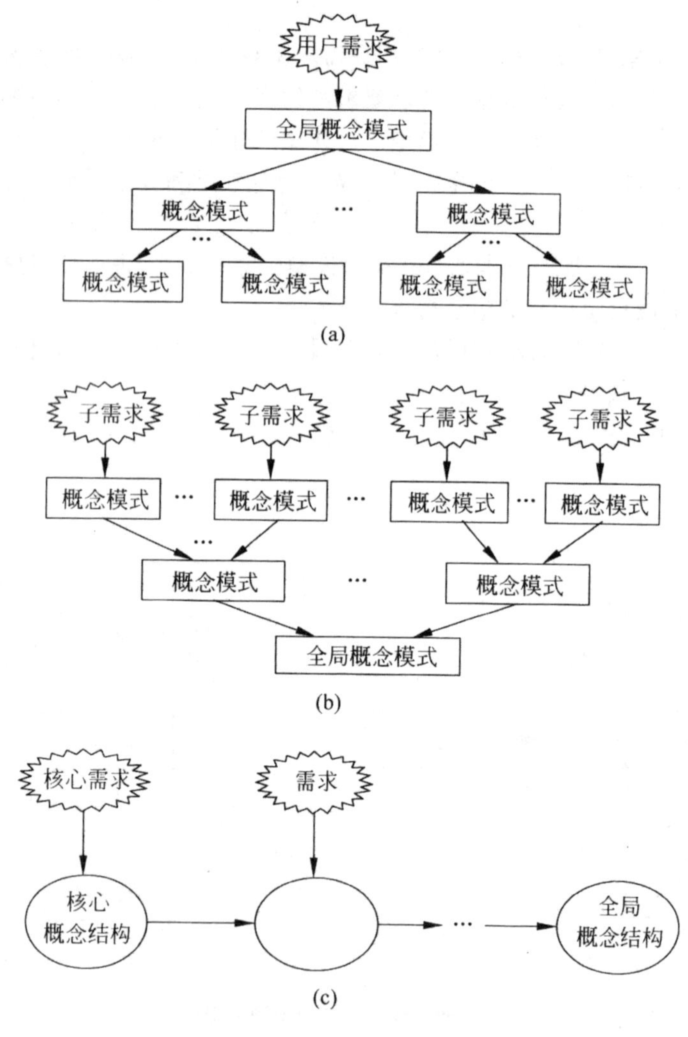

图 10-10　设计概念结构的策略

(a)自顶向下策略；(b)自底向上的策略；(c)逐步扩张策略

自顶向下的设计方法即首先定义全局概念结构的框架，然后逐步细化，最终得到一个完整的全局概念结构。

自底向上的设计方法即首先定义各局部应用的概念结构,然后将它们集成起来,得到全局概念结构。这是经常采用的方法。

逐步扩张的设计方法即首先定义最重要的核心概念结构,然后向外扩充,以滚雪球的方式逐步生成其他概念结构,直至总体概念结构。

混合策略,即将自顶向下和自底向上策略相结合,用自顶向下策略设计一个全局概念结构的框架,以它为骨架集成由自底向上策略中设计的各局部概念结构。其中,最经常采用的策略是自顶向下地进行需求分析,然后再自底向上地设计概念结构,如图 10-11 所示。

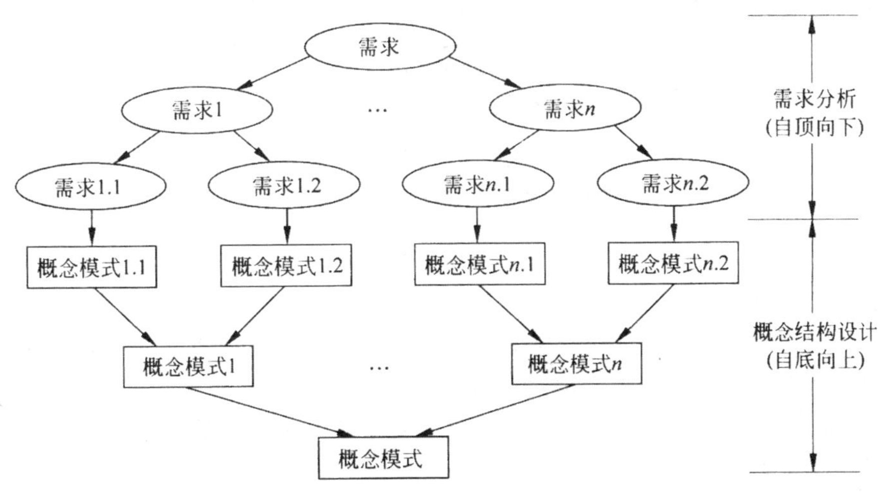

图 10-11　自顶向下需求分析与自底向上概念结构设计

10.3.3　概念结构设计的步骤

概念结构设计方法通常分为两步:第一步是抽象数据并设计局部视图;第二步是集成局部视图,从而得到全局的概念结构。概念结构设计步骤如图 10-12 所示。

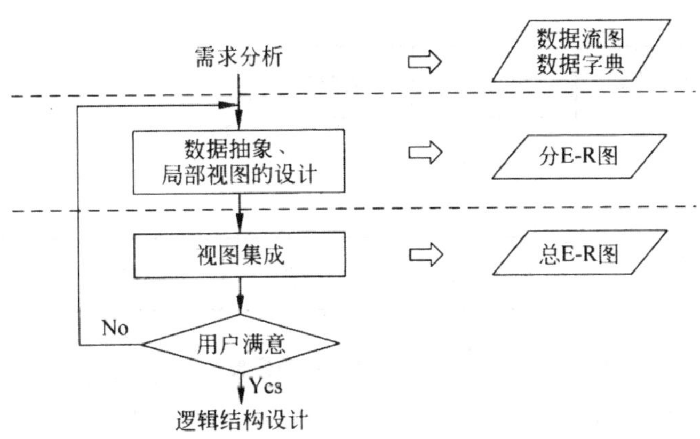

图 10-12　概念结构设计步骤

1. 进行数据抽象,设计局部概念模式

设计概念结构时,常用的数据抽象方法是分类、聚集和概括。

(1)分类(Classification)

定义某一类概念作为现实世界中一组对象的类型。这些对象具有某些共同的特性和行为。它抽象了对象值和型之间的"is member of"的语义。在 E-R 模型中,实体型就是这种抽象。例如网上微博系统,建立了微博用户机制。如有微博用户王飞(见图 10-13),表示王飞是微博用户中的一员(is member of 微博用户),具有微博用户共同的特性和行为。

图 10-13 分类

(2)聚集(Aggregation)

定义某一类型的组成成分。它抽象了对象内部类型和成分之间"is part of"的语义。在 E-R 模型中若干属性的聚集组成了实体型,就是这种抽象,如图 10-14 所示。编号、姓名、出生日期、性别等属性共同来描述微博用户这个实体。更复杂的聚集如图 10-15 所示,即某一类型的成分仍是一个聚集。

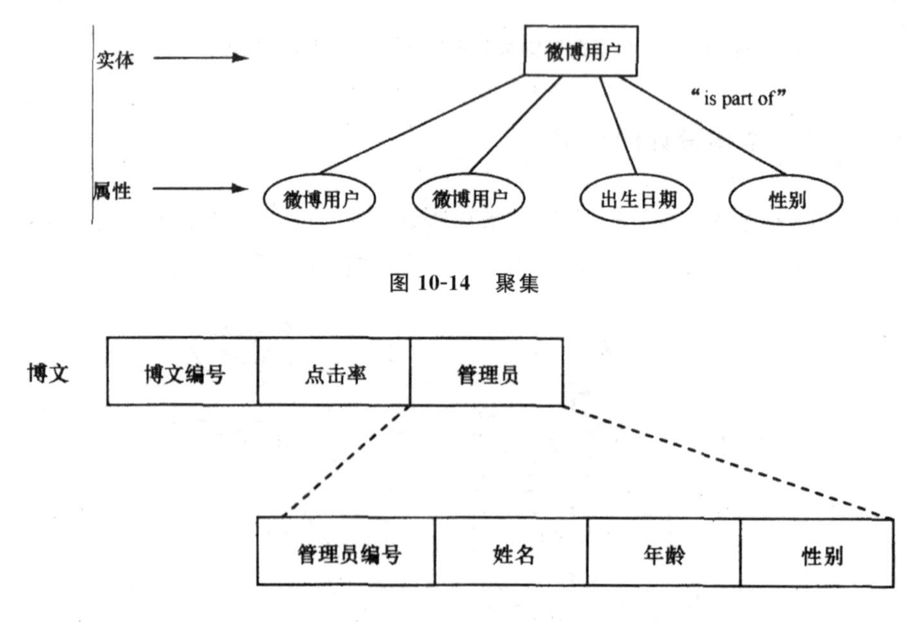

图 10-14 聚集

图 10-15 更复杂的聚集

(3)概括(Generalization)

定义类型之间的一种子集联系。它抽象了类型之间的"is subset of"的语义。例如微博用户是一个实体型,一级微博用户、Ⅳ级微博用户也是实体型。其中一级微博用户、Ⅳ级微博用户均是微博用户的子集。若把微博用户称为超类(Superclass),一级微博用户、Ⅳ级微博用户则被称为微博用户的子类(Subclass),如图 10-16 所示。

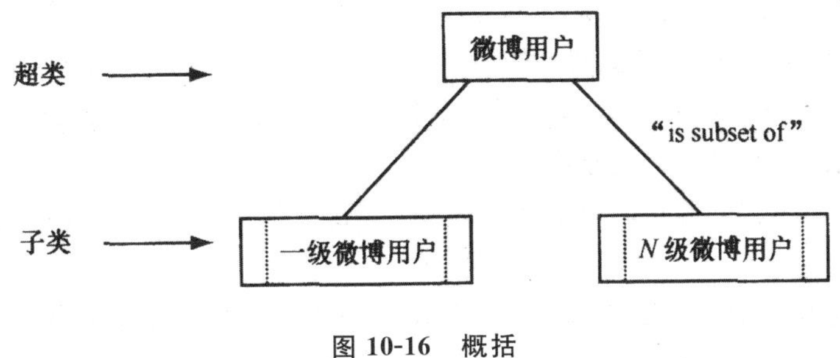

图 10-16　概括

概括有一个很重要的性质:继承性。子类继承超类上定义的所有抽象。这样,一级微博用户、N 级微博用户继承了微博用户类型的属性。

局部用户的信息需求是构造全局概念模式的基础。因此,需要先从个别用户的需求出发,为每个对数据的观点与使用方式相似的用户建立一个相应的局部概念结构。在建立局部概念结构时,要对需求分析的结果进行细化、补充和修改,如有的数据项要分为若干子项,有的数据的定义要重新核实等。局部 E-R 模型设计步骤如图 10-17 所示。

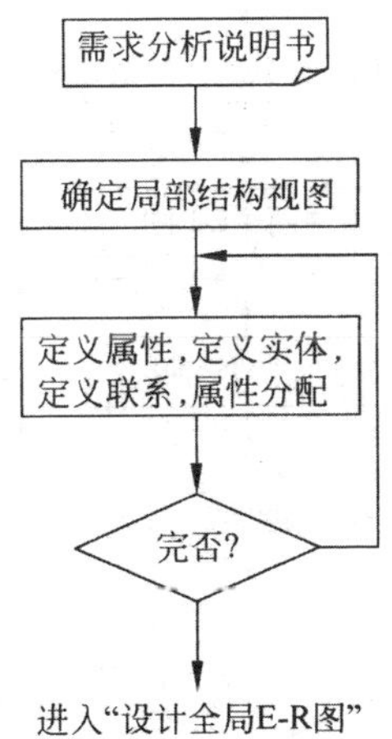

图 10-17　局部 E-R 模型设计步骤

选定某层的数据流图后,即确定了局部结构范围。现将局部应用涉及的数据从数据字典中抽取出来,并进行实体定义、联系定义和属性分配。

(1)实体定义

从信息需求和局部范围定义出发,确定每一个实体类型的属性和关键字。关键字可以是单个属性,也可以是属性组合。

(2)联系定义

依据需求分析的结果,考察局部结构中两实体之间是否存在联系;考察联系的类型是一对多、多对多或是一对一;再考察一个实体类型内部是否存在联系,两个实体类型之间是否存在联系,多个实体类型之间是否存在联系等。联系类型通常采用动词命名。

(3)属性分配

局部结构中的其他语义信息大部分可用于属性描述。工作分两类,即确定属性;属性分配到有关实体和联系中去。

为了简化 E-R 图的处置,现实世界的事物能作为属性对待的,尽量作为属性对待。

那么符合什么条件的事物可以作为属性对待呢?本来,实体与属性之间并没有形式上可以截然划分的界限,但可以给出两条准则:

①作为“属性”,不能再具有需要描述的性质。“属性”必须是不可分的数据项,不能包含其他属性。

②“属性”不能与其他实体具有联系,即 E-R 图中所表示的联系是实体之间的联系。

凡满足上述两条准则的事物,一般均可作为属性对待。

2.进行视图的集成,设计全局概念模式

综合各局部概念结构即可得到反映所有用户需求的全局概念结构。设计全局概念模型的过程如图 10-18 所示。

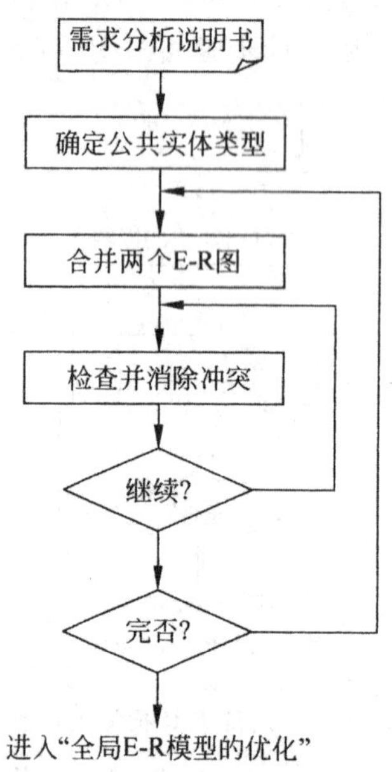

图 10-18 设计全局概念模型的过程

首先,各局部结构中的公共实体类型需要确定。在这一步中,公共实体类型的认定仅仅是根据实体类型名和关键字来实现的。一般把同名实体类型作为公共实体类型的一类候选,把具有相同键的实体类型作为公共实体类型的另一类候选。接下来就要把局部 E-R 图集成为全局 E-R 图。把局部 E-R 图集成为全局 E-R 图时,两两集成是比较常用的方法。

由于各类应用不同,不同的应用通常又由不同的人员设计成局部 E-R 模型,因此当将局部的 E-R 图集成为全局的 E-R 图时,不一致的地方也就无法避免,称为冲突。通常可能存在三类冲突,分别为属性冲突、命名冲突和结构冲突。

(1)属性冲突

①属性域冲突,即属性值的类型、取值范围或取值集合不同。例如对于零件号属性,不同部门可能会采用不同的编码形式,且定义的类型也各不相同,有的部门把它定义为整型,有的则定义为字符型。又如关于年龄,某些部门以出生日期来表示,另一些部门用整数表示职工年龄。这些属性域冲突需要各个部门之间协商解决。

②属性取值单位冲突。

(2)命名冲突

①同名异义冲突,即不同意义的对象在不同的局部应用中使用相同的名字。

②异名同义冲突,即意义相同的对象在不同的局部应用中有不同的名字。

(3)结构冲突

在不同局部应用中,同一对象有不同的抽象或同一实体包含的属性不完全相同,主要存在三类结构冲突。

①同一对象在不同应用中具有不同的抽象。

②同一实体对象在不同分 E-R 图中的属性组成不一致,即所包含的属性个数和属性排列顺序不完全相同。

③实体之间的联系在不同的分 E-R 图中为不同的类型。设有实体集 E1、E2 和 E3;在一个分 E-R 图中 E1 和 E2 是多对多联系,在另一分 E-R 图中 E1 和 E2 则又是一对多联系,这就是联系类型不同的情况;在某一个 E-R 图中 E1 和 E2 发生联系,而在另一个 E-R 图中 E1、E2 和 E3 三者之间发生联系,这就是联系涉及的对象不同的情况。

如图 10-19 所示就是一个综合 E-R 图的实例。一个分 E-R 图中零件与产品之间的"构成"联系是多对多联系,另一个分 E-R 图中产品、零件与供应商三者之间存在多对多的"供应"联系,显然这两个联系相互不包含,合并时需要把它们综合起来表示。

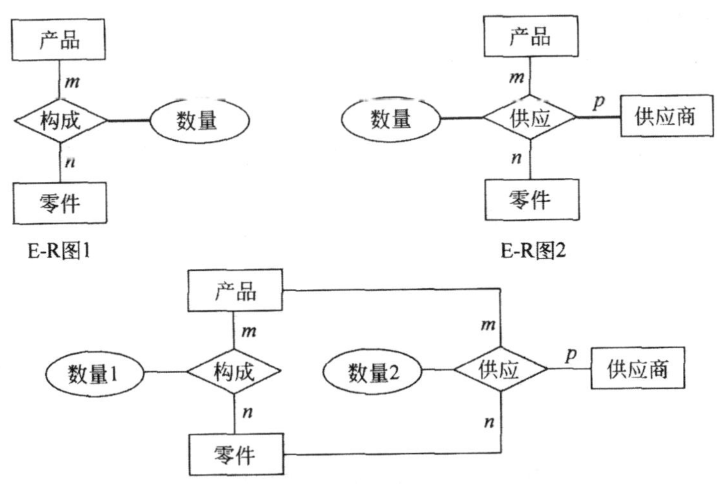

图 10-19　合并两个分 E-R 图时的综合

在综合过程中,主要处理各局部模式对各种对象定义的不一致问题,包括同名异义、异名同义和同一事物在不同模式中被抽象为不同类型的对象(例如,有的作为实体,有的又作为属性）等问题。此外，把各个局部结构合并，还会产生冗余问题，或导致对信息需求的再调整与分析，以确定确切的含义。

消除冗余的主要方法是用分析方法消除冗余和用规范化理论消除冗余。

(1)用分析方法消除冗余

分析方法是消除冗余的主要方法。有时为了提高数据查询效率、减少数据存取次数，在数据库中设计了一些数据冗余或冗余联系。

例如，在图 10-20 中，如果 $Q_3 = Q_1 \times Q_2$，且 $Q_4 = \sum Q_5$，则 Q_3 和 Q_4 是冗余数据，因此 Q_3 和 Q_4 可以被消去。而消去 Q_3，产品与材料间的多对多的冗余联系也应当被消去。但若物资部门经常需要查询各种材料的库存量，如果每次都要查询每个仓库中此种材料的库存，再求和，则查询效率非常低下，因此应保留 Q_4，同时把“$Q_4 = \sum Q_5$”定义为 Q_4 的完整性约束条件。每当 Q_5 被更新，就会触发完整性检查例程，以便对 Q_4 做相应的修改。

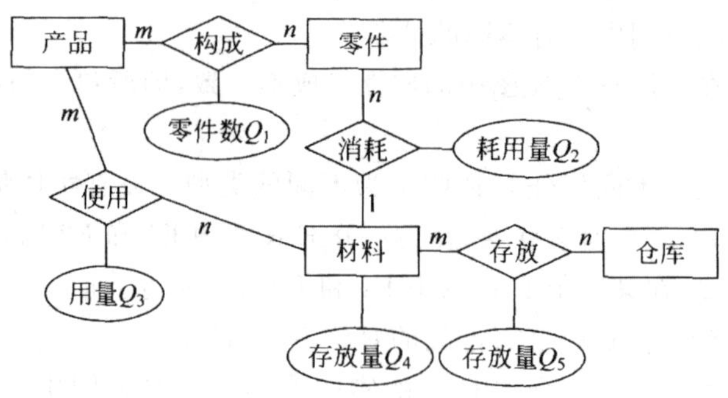

图 10-20 消除冗余的实例

(2)用规范化理论消除冗余

具体方法描述如下：

①确定分 E-R 图实体之间的数据依赖。

如图 10-21 中，部门和职工之间一对多的联系可表示为职工号→部门号；职工和产品之间多对多的联系可表示为（职工号，产品号）→工作天数。这样可以得到函数依赖集 F_L。

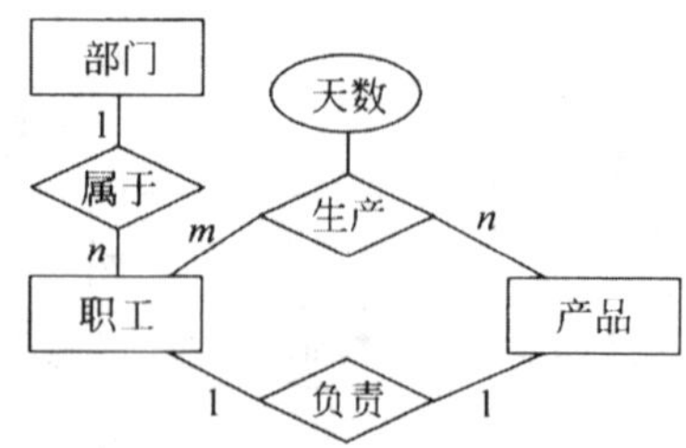

图 10-21 人事管理系统的分 E-R 图

②求函数依赖集 F_L 的最小覆盖 G_L，差集为 $D = F_L - G_L$。逐一考察差集 D 中的函数依赖，确定是否是冗余的联系，如果是冗余的联系则删除。

3. 评审

消除了所有的冲突后，就可以把全局结构提交评审。评审分为用户评审与 DBA 及应用开发人员评审两部分。用户评审的重点放在确认全局概念模式是否准确、完整地反映了用户的信息需求和现实世界事物的属性间的固有联系；DBA 和应用开发人员评审则侧重于确认全局结构是否完整，各种成分划分是否合理，是否存在不一致性，各种文档是否齐全等。文档应包括局部概念结构描述、全局概念结构描述、修改后的数据清单和业务活动清单等。

10.4 逻辑结构设计

10.4.1 逻辑结构设计的任务及步骤

概念结构是独立于任何一种数据模型的信息结构。逻辑结构设计的任务就是把概念结构设计阶段设计好的基本 E-R 图转换为与选用 DBMS 产品所支持的数据模型相符合的逻辑结构。设计逻辑结构时一般要分 3 步进行(见图 10-22)。

①将概念结构转换为一般的关系、网状、层次模型。

②将转换来的关系、网状、层次模型向特定 DBMS 支持下的数据模型转换。

③对数据模型进行优化。

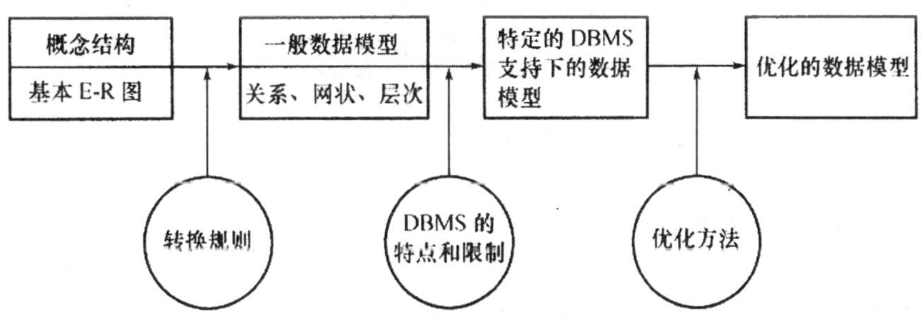

图 10-22 逻辑结构设计步骤

10.4.2 E-R 图向关系模型的转换

E-R 方法所得到的全局概念模型是对信息世界的描述，计算机无法对其进行直接处理，为适合关系数据库系统的处理，必须将 E-R 图进行转化。由概念结构设计得到的 E-R 模型可以转换为任何一种逻辑结构模型，但本书只讨论关系模型。因为关系模型是一种比较常见的逻辑结构模型。

1. 实体向关系模式的转换

将 E-R 图中的实体逐一转换成为一个关系模式，实体名和关系模式的名称保持对应关系，实体的属性转换成关系模式的属性，实体标识符就是关系的键。

2. 联系向关系模式的转换

E-R 图中的联系有一对一联系、一对多联系和多对多联系 3 种，针对这 3 种不同的联系，其转换方法也各不相同。

(1)一对一联系的转换

如果联系类型为 1∶1(一对一)型，设计人员可以在两个实体类型转换成的两个关系模式中任意一个关系模式的属性中加入另一个关系模式的键和联系的属性。

图 10-23 所示模型转换为逻辑结构图。

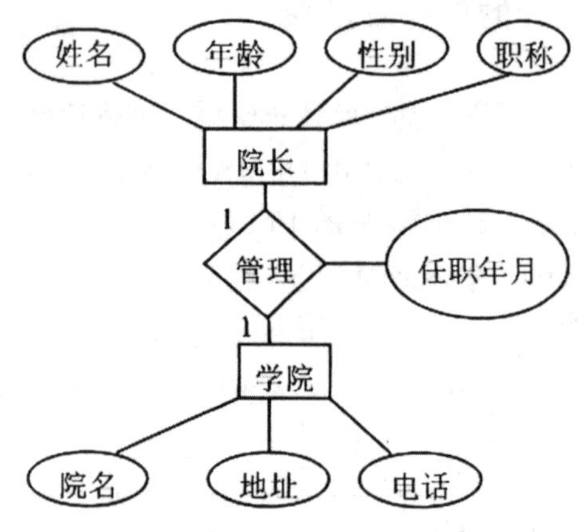

图 10-23　1∶1 型

转换为逻辑结构(下划线表示关键字)

方案一：

学院(<u>学院名称</u>,院长姓名,地址,电话,任职年月)

院长(<u>姓名</u>,年龄,性别,职称)

方案二：

院长(<u>姓名</u>,学院名称,年龄,性别,职称,任职年月)

学院(<u>学院名称</u>,地址,电话)

(2)一对多联系的转换

如果联系类型为一对多(1∶*N*)，则 *N* 端实体类型转换成的关系模式中加入 1 端实体类型转换成的关系模式的键和联系类型的属性，如图 10-24 所示。

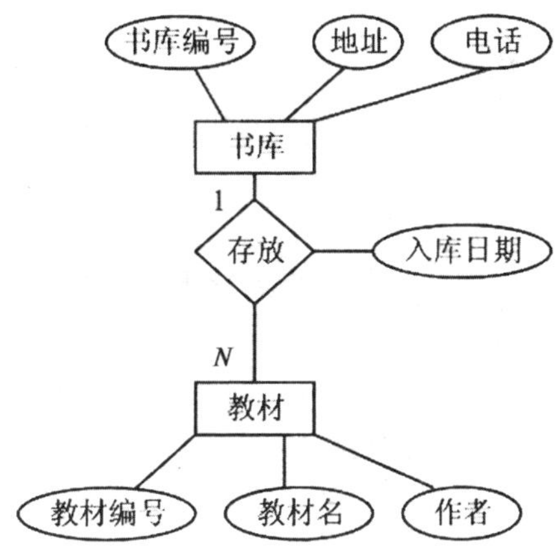

图 10-24　1：N 型

转换为逻辑结构：

书库(书库编号,地址,电话)

教材(教材编号,书库编号,教材名,作者,入库日期)

(3)多对多联系的转换

如果联系类型为多对多(N：M),则两端实体转换为两个关系模式。联系类型也转换为关系模式,其属性为两端实体类型的键和联系的属性,此关系的键为组合键。

例如,如图 10-25 所示联系,转换为关系模式。

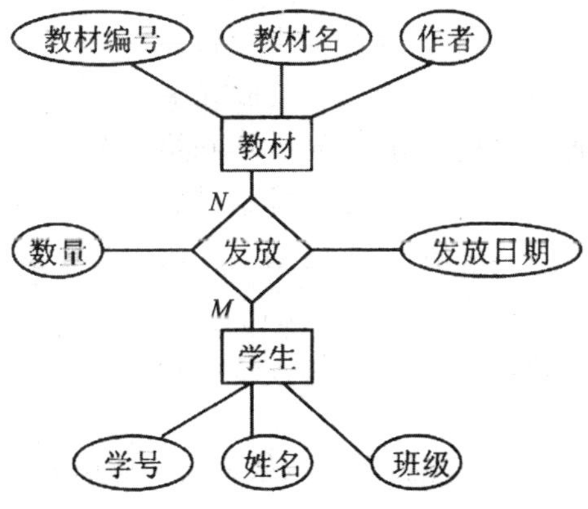

图 10-25　N：M 型

将其转换为关系模式：

教材(教材编号,教材名:作者)

学生(学号,姓名,班级)

发放(学号,教材编号,发放日期,数量)

10.4.3 关系模型的优化

1. 关系模型设计

模式设计得合理与否,对数据库的性能有很大影响。数据库及其应用的性能和调整优化都是建立在良好的数据库设计基础上的。

关系模式的优化就是对照需求分析阶段得到的用户信息要求和信息处理需求,进一步分析通过上述设计过程得到的关系模式是否符合有关要求,是否需要将某些模式进行合并或分解,并从查询效率的角度出发,考虑是否将某些模式进行合并。关系数据模型的优化方法如下。

①确定数据依赖。

②消除冗余的联系。

③确定各关系模式分别属于第几范式。

④确定是否要对某些模式进行合并或分解。

⑤对关系模式进行必要的分解,提高数据库操作的效率和存储空间的利用率。

2. 关系模型的优化

关系规范化是指将 E-R 图转换为数据模型后,通常以规范化理论为指导,对关系进行分解或合并,这是关系模式的初步优化。可通过以下两步来实现:

①考察关系模式的函数依赖关系。按照需求分析得到的语义关系,将各个关系模式中的函数依赖关系提炼出来,对其进行极小化处理,消除冗余。

②按照数据依赖理论,将关系模式分解,至少达到第三范式,即部分函数依赖和传递依赖得以消除。并不是规范化程度越高关系就越优,因为规范化程度越高,系统就会越经常做连接运算,这时效率就无法得到保障。一般来说,达到第三范式就足够了。

10.4.4 设计用户子模式

将概念模型转换为全局逻辑模型后,还应该根据局部应用需求,结合具体 DBMS 的特点,设计用户的外模式。

目前,RDBMS 一般都提供了视图概念,可以利用这一功能设计更符合局部用户需要的外模式。

定义数据库模式主要是从系统的时间效率、空间效率、易维护等角度出发进行的。由于用户外模式与模式是独立的,因此在定义用户外模式时应该更注重考虑用户的习惯与方便。具体包括以下三个方面。

①合用户习惯的别名。在合并各局部 E-R 图时,曾进行了消除命名冲突的工作,以使一个数据库中关系和属性具有唯一的名字,这在设计数据库的整体结构时是非常必要的。运用视图机制可以在设计用户视图时重新定义某些属性名,使其与用户的使用习惯一致。

②不同级别的用户定义不同的外模式，以满足系统对安全性的要求。不同级别的用户可以处理的数据只能是系统的部分数据，而确定关系模式时并没有考虑这一因素。如学校的学生管理，不同的院系只能访问和处理自己的学生信息，这就需要建立针对不同院系的视图，以满足这一要求。这样做可以在一定程度上提高数据的安全性。

③对系统的使用。如果某些应用中经常要使用某些很复杂的查询，则为了方便用户，可以将这些复杂查询定义为视图。用户每次只对定义好的视图进行查询，大大简化了用户的使用操作。

10.5　物理结构设计

数据库系统的实现离不开计算机，在实现数据库逻辑结构设计之后，就要确定数据库在计算机中的具体存储方法。数据库在物理设备上的存储结构与存取方法称为数据库的物理结构，它依赖于给定的计算机系统。为一个给定的逻辑数据模型选取一个最适合应用要求的物理结构的过程，就是数据库的物理结构设计。

10.5.1　物理结构设计的环境

物理结构设计的整个过程，以逻辑结构设计的结果——模式和外模式为原料，综合考虑应用处理频率、操作顺序等用户具体要求，以及软硬件环境等各方面的因素，在检查逻辑结构设计正确的基础上，设计出理想的物理结构，如图 10-26 示。

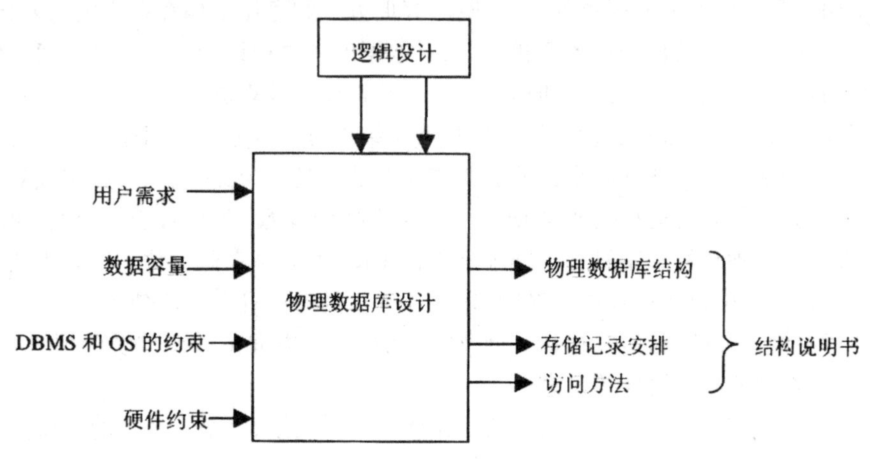

图 10-26　物理结构设计的环境

其中，输入信息包括：

- 逻辑数据库结构包括模式和外模式结构，为物理设计提供一个工作框架。
- 应用处理频率、操作顺序和运行要求由需求分析得到的用户需求而定。
- 数据容量视系统给定的存储空间而定。

· DBMS 和 OS 为物理结构设计提供软件环境。

· 硬件特性为物理结构设计提供硬件环境。

输出信息是物理数据库结构说明书，即物理结构设计的产品。说明书的主要内容有：存储记录格式、存储记录位置分布、访问方法等。

10.5.2 数据库物理设计的内容和方法

数据库的物理设计通常分为两步，如图 10-27 所示。一是确定数据库的物理结构；二是对物理结构进行评价，评价的重点是时间和空间效率。

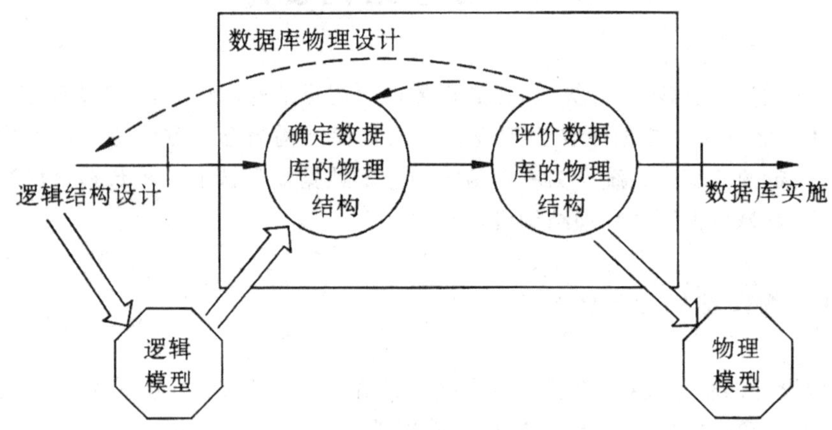

图 10-27 数据库物理设计

由于不同的数据库产品所提供的物理环境、存取方法和存储结构存在一定的差异，供设计人员使用的设计变量、参数范围也各不相同，在对数据库的物理设计时可遵循的通用的设计方法是不存在的，仅有一般的设计内容和设计原则供数据库设计人员参考。

数据库设计人员都希望自己设计的物理数据库结构对于事务在数据库上运行时响应时间短、存储空间利用率高和事务吞吐率大的要求能够有效满足。为此，设计人员应该对要运行的事务进行详细的分析，获得选择物理数据库设计所需要的参数，并且对于给定的 DBMS 的功能、DBMS 提供的物理环境和工具做到详细全面地了解，尤其是存储结构和存取方法。

数据库设计者在确定数据存取方法时，以下 3 种相关的信息需要清楚明白：

①数据库查询事务的信息，它包括查询所需要的关系、查询条件所涉及的属性、连接条件所涉及的属性、查询的投影属性等信息。

②数据库更新事务的信息，它包括更新操作所需要的关系、每个关系上的更新操作所涉及的属性、修改操作要改变的属性值等信息。

③每个事务在各关系上运行的频率和性能要求。

例如，某个事务必须在 5s 内结束，这能够直接影响存取方法的选择。这些事务信息会不断地发生变化，所以数据库的物理结构要能够做适当的调整，对事务变化的需要做到尽可能地满足。

关系数据库物理设计的内容主要指选择存取方法和存储结构，包括确定关系、索引、聚簇、日志、备份等的存储安排和存储结构、确定系统配置等。

10.5.3　数据库物理结构设计的三个方面

1. 聚簇设计

聚簇(cluster)是将有关的数据元组集中存放于一个物理块内或若干相邻物理块内或同一柱面内,使得查询效率得以提高的数据存储结构。目前,对一个关系按照一个或几个属性进行聚簇存储的功能在商品化 RDBMS 中都具备,即提供了建立聚簇索引的命令。所谓聚簇设计,就是根据用户需求确定每个关系是否需要建立聚簇,如果需要,则在该关系的哪些属性列上建立聚簇是需要确定的。

当一个关系按照某些属性列建立聚簇后,关系中的元组都按照聚簇属性列的顺序存放在磁盘的一个物理块或若干相邻物理块内,因此对这些属性列的查询效果显著,它可以明显提高查询效率,但是对于非聚簇属性列的查询效果就不是特别理想。此外,数据库系统建立和维护聚簇的开销很大,每次修改聚簇属性列值或增加、删除元组都将导致关系中的元组移动其物理存储位置,并且该关系的聚簇得以重建。因此,只有在遇到以下一些特定情况时才考虑对一个关系建立聚簇:

①当对一个关系的某些属性列的访问是该关系的主要应用,而对其他属性的访问很少或是次要应用时,可以考虑对该关系在这些属性列上建立聚簇。

②如果一个关系一旦装入数据,某些属性列的值需要修改的情况很少,也很少增加或删除元组,则可以考虑对该关系在这些组属性列上建立聚簇。

③如果一个关系在某些属性列上的值重复率很高,则对该关系在这些组属性列上建立聚簇就有必要进行考虑。

2. 索引设计

数据库物理设计的基本问题即为索引的设计,对关系选择有效的索引对提高数据库访问效率有很大的帮助。索引也是按照关系的某些属性列建立的,它与聚簇的不同之处体现在当索引属性列发生变化,或增加、删除元组时,变化的发生仅仅局限于索引,而关系中原先元组的存放位置不受影响。此外,每个关系只能建立一个聚簇,但却可以同时建立多个索引。

对于一个确定的关系,索引的建立通常在下列情况下可以考虑:

①在主键属性列和外键属性列上通常都可分别建立索引,不仅有助于唯一性检查和完整性检查,而且可以加快连接查询的速度。

②以查询为主的关系使得尽可能多的索引得以建立。

③对等值连接,但满足条件的元组较少的查询可考虑建立索引。

④如果查询可以从索引直接得到结果而不必访问关系,则对此种查询可建立索引。比如,为查询某个属性的 MIN、MAX、AVG、SUM、COUNT 等函数值,可在该属性列上建立索引。

3. 分区设计

数据库中的数据包括关系、索引、聚簇、日志等，一般都存放在磁盘内，由于数据量的增大，就需要涉及多个磁盘驱动器或磁盘阵列，数据在多个磁盘如何分配的问题也就产生了，即磁盘分区设计问题。磁盘分区设计的本质是确定数据库数据的存放位置，其目的是提高系统性能，是数据库物理设计的内容之一。

磁盘分区设计的一般原则如下：

①分散热点数据，均衡 I/O 负担。在数据库中数据访问的频率不是均匀分布的，那些经常被访问的数据称为热点数据(hot spot data)，此类数据宜分散存放于不同的磁盘上，以均衡各个磁盘的负荷，充分发挥多磁盘并行操作的优势。

②减少访问冲突，提高 I/O 并行性。多个事务并发访问同一磁盘时，会产生磁盘访问冲突从而使得效率无法得到保障，如果事务访问数据能均匀分布于不同磁盘上，则 I/O 可并发执行，从而提高数据库访问速度。

③保证关键数据快速访问，缓解系统“瓶颈”。在数据库中有些数据如数据字典等的访问频率很高，为保证对它的访问不直接影响整个系统的效率，可以将其存放在某一固定磁盘上，从而使得快速访问得到保证。

根据以上原则，并结合应用情况可将数据库数据的易变部分与稳定部分、经常存取部分和存取频率较低部分分别存放在不同的磁盘上。例如，可以将关系和索引放在不同的磁盘上，在查询时，由于两个磁盘驱动器并行工作，物理 I/O 的效率得以有效提高；也可以将比较大的关系分放在两个磁盘上，使得存取速度得以加快；还可以将日志文件与数据库本身放在不同的磁盘上以改进系统的性能。此外，数据库的数据备份和日志文件备份等只在故障恢复时才使用，且数据量很大，因此可以存放在磁带上。

10.5.4 数据库存储结构的确定

要综合考虑存取时间、存储空间利用率和维护代价三方面的因素来确定数据的存储位置和存储结构。这三个方面常常相互矛盾，需要进行权衡，选择一个折中的方案。

1. 确定数据的存放位置

为了提高系统性能，应该根据应用情况将数据的易变部分与稳定部分、经常存取部分和存取频率较低部分分开存放，尽可能地保证系统性能的提高。

对于有多个磁盘的计算机，可以采用下面几种存取位置的分配方案。

①将表和索引放在不同的磁盘上，这样在查询时，由于两个磁盘驱动器并行工作，可以提高物理 I/O 读写的效率。

②将日志文件、备份文件与数据库对象(表、索引等)放在不同的磁盘上，以改进系统的性能。

③将比较大的表分别存放在两个磁盘上，以加快存取速度，这在多用户环境下特别有效。

④对于经常存取或对存取时间要求高的对象(如表、索引)应放在高速存储器(如硬盘)上，

相应地，对于存取效率小或对存取时间要求低的对象(如数据库的数据备份和日志文件备份等只在故障恢复时才使用)，如果数据量很大，可以存放在低速存储设备上。

由于各个系统所能提供的对数据进行物理安排的手段、方法各不相同，因此设计人员应该仔细了解给定的 DBMS 提供的方法和参数，针对具体应用环境的要求，对数据进行适当的物理安排。

2. 确定系统配置

DBMS 产品一般都提供了一些系统配置变量和存储分配参数供设计人员和 DBA 对数据库进行物理优化。在初始情况下，系统都为这些变量赋予了合理的默认值。但是这些默认值对所有的应用环境不一定都适用。在进行数据库的物理设计时，还需要重新对这些变量赋值，以改善系统的性能。

系统配置变量很多，例如同时使用数据库的用户数、同时打开的数据库对象数、内存分配参数、缓冲区分配参数(使用的缓冲区长度、个数)、存储分配参数、物理块的大小、物理块装填因子、时间片大小、数据库的大小和锁的数目等，这些参数值能够对存取时间和存储空间的分配产生影响。进行物理设计时需要根据应用环境确定这些参数值，以使系统性能最佳。

3. 评价物理结构

多性能测量方面设计者能灵活地对初始设计过程和未来的修整做出决策。假设数据库性能用“开销”(Cost)，即时间、空间及可能的费用来衡量，则在数据库应用系统生存期中，规划开销、设计开销、实施和测试开销、操作开销和运行维护开销都包括在总的开销之内。

对物理设计者来说，操作开销是主要考虑的方面，即为使用户获得及时、准确的数据所需的开销和计算机资源的开销。

10.6　数据库实施

数据库的物理设计完成之后，设计人员就要用 DBMS 提供的数据定义语言和其他实用程序将数据库逻辑设计和物理设计结果严格描述出来，成为 DBMS 可以接受的源代码，再经过调试产生目标模式，接着就可以组织数据入库了，这就是数据库实施阶段。

系统实施的主要任务是按系统设计阶段给出的系统功能模块的设计方案，具体实施系统的逐级控制和各功能模块的建立，从而形成一个完整的应用开发系统。

在数据库应用系统开发的实施阶段，一般采用“自顶向下”的设计思路和步骤来开发系统。通过系统菜单或系统控制面板逐级控制低一层的模块，确保每一个模块完成一个独立的任务，且受控于系统菜单或系统控制面板。

具体设计数据库应用系统时，尽可能使每一个功能模块小而简明，模块间接口数目尽量少，从而使得每一个模块易维护、易修改。

在完成数据库应用系统的建立后，就进入了系统的调试和维护阶段。

这一阶段，不但要通过调试工具检查、调试数据库应用系统，还要通过模拟实际操作或实际数据验证数据库应用系统，若出现错误或有不适当的地方要及时加以修正，并根据用户使用后反馈的情况，修正数据库系统的缺陷，完善系统各项功能。

10.6.1 建立实际数据库结构

DBMS 提供的数据定义语言(DDL)可以定义数据库结构。我们可使用 SQL 定义语句中的 CREATE TABLE 语句定义所需的基本表，使用 CREATE VIEW 语句定义视图。

10.6.2 载入数据

载入数据又称为数据库加载，是数据库实施阶段的主要工作。

由于数据库的数据量一般都很大，它们分散于一个企业各个部门的数据文件、报表或多种形式的单据中，它们存在着大量的重复，并且其格式和结构一般都不符合数据库的要求，必须把这些数据收集起来加以整理，去掉冗余并转换成数据库所规定的格式，这样处理之后才能装入数据库。因此，需要耗费大量的人力、物力，是一种非常单调乏味而又意义重大的工作。

由于应用环境和数据来源的差异，所以不可能存在普遍通用的转换规则，现有的 DBMS 并不提供通用的数据转换软件来完成这一工作。

对于一般的小型系统，装入的数据量较少，可以采用人工方法来完成。首先将需要装入的数据从各个部门的数据文件中筛选出来，转换成符合数据库要求的数据格式，然后输入到计算机中，最后进行数据校验，检查输入的数据是否有误。但是，人工方法不仅效率低，而且容易产生差错。对于数据量较大的系统，应该由计算机来完成这一工作。通常是设计一个数据输入子系统，其主要功能是从大量的原始数据文件中筛选、分类、综合和转换数据库所需的数据，把它们加工成数据库所要求的结构形式，最后装入数据库中。

为了防止不正确的数据输入到数据库内，应当采用多种方法多次对数据进行校验。由于要入库的数据格式或结构与系统要求不完全一样，有的差别可能还比较大，所以向计算机内部输入数据时会发生错误，数据转换过程中也有可能出错。数据输入子系统要充分重视这部分工作。

如果在数据库设计时，原来的数据库系统仍在使用，则数据的转换工作是将原来老系统中的数据转换成新系统中的数据结构。同时还要转换原来的应用程序，使之能在新系统下有效地运行。

数据的转换、分类和综合常常需要多次才能完成，因而输入子系统的设计和实施是很复杂的，需要编写许多应用程序。由于这一工作需要耗费较多的时间，为了保证数据能够及时入库，应该在数据库物理设计的同时编制数据输入子系统，而不能等物理设计完成后才开始。

通常情况下可以采取以下办法载入数据：

①使用已有的软件工具或者编写专用的软件工具，将诸如账本、票据等纸质资料输入数据库中。

②在原有系统不中止的情况下，将原有系统中的数据转移到新系统的数据库中。这一步要非常小心，不能贸然停止旧系统的运行，否则可能会带来巨大的损失。

③如果由于客观原因，暂时不能载入旧数据，或原有数据量不足以验证新系统的能力，就需要建立新的模拟数据。此时应该编写专用的软件工具，以利用它生成大量的测试数据。模拟实际系统运行时所需的数据。

由于数据的输入非常烦琐且容易出错，同时，原有数据库中数据的结构和格式一般不符合新系统的需求，因此应尽可能地编写专门的输入工具，以对原数据进行提取、分类、检验、综合，从而保证数据的正确性。这个输入工具一般可作为最终的应用程序的一部分，称为输入子系统。

10.6.3　应用程序编码与调试

数据库应用程序的设计属于一般的程序设计范畴，但数据库应用程序有自己的一些特点。

数据库结构建立好之后，就可以开发编制与调试数据库的应用程序，这时由于数据入库尚未完成，调试程序时可以先使用模拟数据。

10.6.4　数据库试运行

应用程序编写完成，并有了一小部分数据装入后，应该按照系统支持的各种应用分别试验应用程序在数据库上的操作情况，这就是数据库的试运行阶段，或者称为联合调试阶段。

在这一阶段要完成两方面的工作。

①功能测试。实际运行应用程序，测试它们能否完成各种预定的功能。

②性能测试。测量系统的性能指标，分析其是否符合设计目标。如果不满足，则要对应用程序部分修改、调整，直至达到设计要求为止。

这里特别要注意以下两方面的工作：

①组织数据入库是十分费时、费力的事，如果试运行后还要修改数据库的设计，还要重新组织数据入库。

②在数据库试运行阶段，由于系统还不稳定，软硬件故障随时都可能发生。

10.6.5　整理文档

在程序的编码调试和试运行中，应该将发现的问题和解决方法记录下来，将它们整理存档作为资料，供以后正式运行和改进时参考。全部的调试工作完成之后，应该编写应用系统的技术说明书和使用说明书，在正式运行时随系统一起交给用户。完整的文件资料是应用系统的重要组成部分，这一点不能忽视。必须强调这一工作的重要性，引起用户与设计人员的充分注意。

10.7 数据库维护

试运行一段时间后，应对系统实施监控，并分析系统试运行指标，如果指标能够满足正式运行要求，那么就可以认为数据库实施阶段结束，接着就进入了数据库的运行维护阶段。

数据库的维护是一项长期细致的工作。一方面，系统在运行过程中可能产生各种软硬件故障；另一方面，数据库只要在运行使用，就需要对它进行监控、评价、调整、修改等。在这个阶段的工作主要由 DBA 来完成。

数据库维护的主要工作有以下几个方面。

10.7.1 数据库的安全性、完整性控制

根据用户的实际需求授予不同的操作权限，根据应用环境的改变修改数据对象的安全级别，经常修改口令或者保密手段，这是 DBA 维护数据库安全的主要工作内容之一。

维护数据库的完整性也是 DBA 的主要工作之一。一般来说，数据库应用程序应提供相应的功能，修正一些“敏感”数据，DBA 应根据数据的变化情况，适时地执行该功能。同时，随着应用环境的改变，数据库完整性约束条件也会发生改变，DBA 应根据实际情况做出相应的修正。

10.7.2 数据库的转储与恢复

在系统运行过程中，可能存在无法预料的自然或者人为的意外情况，如电源、磁盘故障等，导致数据库运行的中断，甚至破坏数据库的部分内容，所以数据库的转储和恢复是系统正式运行后最重要的维护工作之一。

DBA 要针对不同的应用要求制订的转储计划也有所区别，定期对数据库和日志文件进行备份，以保证数据库中数据在遭到破坏后能及时进行恢复。现在的商品化 RDBMS 都为 DBA 提供了数据库转储与恢复的工具或命令。

10.7.3 数据库性能监控、分析和改进

在数据库运行过程中，监测系统运行，并对监测数据进行分析，找出改进系统性能的方法是 DBA 的又一重要任务。目前，有些 DBMS 产品提供了监测系统性能参数的工具，DBA 可以利用这些工具方便地得到系统运行过程中一系列性能参数的值。DBA 可以通过分析这些性能参数，判断当前系统运行状况，从而做出相应的改进。

10.7.4　数据库的重组与重构

数据库在经过一定时间运行后，其性能会有一定的下降，下降的原因主要是由于不断地修改、删除与插入所造成的。因为不断地删除会造成磁盘区内碎块的增多使 I/O 速度受到影响，此外，不断地删除与插入会造成聚簇的性能下降，同时也会造成存储空间分配的零散化，使一个完整关系的存储空间过分零散，存取效率也就会有所下降。正因为如此，必须对数据库进行重组。

数据库重组改变的是数据库物理存储结构，而不是改变数据库的逻辑和物理结构。其目的是提高数据库的存取效率和存储空间的利用率。若数据库需要重组，则要暂停数据库的运行，并使用 DBMS 提供的重组工具进行重组。

数据库的重构则不同，它是指部分修改数据库的模式和内模式。数据库重构可能涉及数据内容、逻辑结构、物理结构的改变。因此，可能出现许多问题，一般应由 DBA、数据库设计人员及用户共同参加，并注意做好数据备份工作。

当然，数据库重构的程度是有限的，若应用需求变化太大，重构起到的作用也非常微弱，则表明数据库的生存期已经结束，应该重新设计数据库，从而新数据库的生存期就开始了。

第 11 章　数据管理技术前沿

11.1　数据库技术的未来发展

传统关系数据库系统支持对格式化数据的处理，能够较好地满足商业事务处理需求，因此取得了较大的成功。但是，对于对许多传统商业应用之外的领域就显得不适合了，如CASE（计算机辅助软件工程）、CIM（计算机集成制造）、图像DB（资源卫星数据、地理信息系统、医学系统）、IR（信息检索）等新的应用领域，要处理的数据更加多样化。再如，多媒体数据、空间数据、时态数据、超文本、复杂对象和知识等，对传统数据库技术提出了更大的挑战，它们要求数据库技术在类型扩充、数据表示、多媒体支持、复杂对象、存取模式、事务处理、规则处理、存储处理和并发控制等方面都能有新的突破，而这些对于传统的关系数据库就显得力不从心了。

11.1.1　数据库技术面临的挑战

在许多新的数据库应用领域前面，传统的数据库技术和系统已不能满足需求，对传统的数据库技术和研究工作提出了挑战。数据库技术面临的挑战主要来自以下几个方面：

①环境的变化。数据库系统的应用环境由可控制的环境转变为多变的异构信息集成环境和 Internet 环境。

②数据类型的变化。数据库中的数据类型由结构化扩大至半结构化、非结构化和多媒体数据类型。

③数据来源的变化。大量数据将来源于实时和动态的传感器或监测设备，需要处理的数据量成倍剧增。

④数据管理要求的变化。许多新型应用需要支持协同设计和工作流管理。

为了应付这些挑战，许多数据库技术研究和实践人员认为有两条可行的途径。第一条可行途径是反思原先的研究和开发思路，将原有的思想和技术进行扩充、推广和转移来解决面临的难题。第二条可行路径是拓宽研究思路，研究全新的技术，提出新的数据库管理系统概念。实际上，只有结合这两个方面，才有可能开辟新的数据库技术研究局面。

11.1.2　传统数据库存在的问题

第一，传统数据库模型是面向机器的语法数据模型，强调的是数据的高度结构化，因此，其只能用于存储离散的、有限的数据与数据之间的联系，且语法数据模型的语义表示能力差，无法表示客观世界中的复杂对象，因而限制了数据库对文本、超文本、图形、图像、CAD 图件、声音、工程、地理、测绘等领域中的非格式化、非经典数据等复杂对象的处理能力。同时，对于数据之间的深层含义和内在联系，应用传统数据模型也无法揭示。另外，工程中的对象往往拥有许多异形结构，一个复杂对象可能由许多具有不同结构的子对象组成。要对这些复杂对象进行表示，就需要有一种比关系模型更复杂的抽象机制。

在传统的关系数据库系统中，通常会将逻辑上是一个整体的复杂对象分解为几个基本关系，但这样，其内部数据库结构与外部对象就不再一一对应了。对许多基本操作来说，人们更希望把所有操作的部分抽象为一个逻辑单位，但关系模型不支持这一点。因而，人们必须从关系模式的片段中构造复杂对象，但这样会造成许多冗余数据的不自然的复杂查询，进而导致连接构造的视图一般不可更新的问题。

第二，传统数据库关心的是数据的独立性及存取数据的效率，由于它是语法数据库，因而语义表达能力较差，难以抽象化地模拟行为。这样，对象的行为特征在传统数据库系统中最多只能由应用程序来表示。因此，在传统数据模型中，结构与行为被完全分割开了。

第三，传统的关系数据库管理系统 RDBMS 只能理解、存储和处理简单的数据类型，不能依据某一应用所需的特定数据类型来扩展其类型集。对于复杂的数据类型，在传统的 DBMS 中，只能由用户编写程序并借助高级语言功能用简单的数据类型来构造、描述和处理，这不仅不能保证数据的一致性，同时也加重了用户的负担。

第四，阻抗失配是指数据操纵语言与通用程序设计语言之间的失配，在传统数据库系统中，这种不匹配主要表现在两个方面：一是编程模式不同，即描述性的数据操纵语言与指令式的编程语言不同；二是类型系统不匹配。编程语言不能直接表示数据库结构，在其界面就会丢失信息。当然，正是由于是两个类型系统，自动的类型检查也成了问题。

第五，传统数据库系统只能被动地响应和重做用户要求它们做的事情，而在实际应用中，往往要求一个系统能够主动管理它本身的状态，发现异常能够及时通知用户；能够主动响应某些操作或外部事件，并自动采取规定的行动；能够在一些预定的（或动态计算的）时间间隔中自动执行某些操作，即要求系统更加主动、更加智能化。显然，传统的数据库系统不能适应这一要求。

第六，传统数据库主要用于完成数据的存储、管理、查询、排序和报表生成等比较简单的、离散化的信息处理工作，缺乏知识管理和对象管理的能力。并且其数据库中反映的是客观世界中静态的、被动的事实，不具有演绎和推理的功能，无法满足信息管理和决策支持系统，从而限制了数据库技术的高级应用。

第七，传统数据支持非嵌套事务，但对长事务的响应较慢，且在长事务发生故障时恢复也比较困难。而新的应用领域往往需要数据库系统能够支持存储复杂对象、数据类型，支持常驻内存的对象管理和对大量对象的存取和计算，实现程序设计语言和数据库语言无缝地集成，以及对长事务和嵌套事务的处理等功能。传统的数据库所固有的局限性决定了当前数据库的研究方向与未来的努力方向，从而也就促进了新一代数据技术的产生。

11.1.3 现代应用对数据库系统的新要求

1. 提供强有力的数据建模能力

数据模型是一个概念集合，用来帮助人们研究设计和表示应用的静态、动态特性和约束条件，这是任何数据库系统的基础。而现代应用要求数据库有更强的数据建模能力，要求数据库系统提供建模技术和工具支持。

一方面，系统要提供丰富的基础数据类型，除了整型、实型、字符型和布尔型的原子数据类型外，还要提供如记录、表、集合的基本构造数据类型及抽象数据类型（Abstract Data Type, ADT）。

另一方面，系统要提供复杂信息建模和数据的新型操作，有多种数据抽象技术，如聚集、概括、特化、分类和组合等，并提供复杂的数据操作、时间操作、多介质操作等新型操作。

2. 提供强有力的数据存储与共享能力

要求数据库系统要有更强的数据处理能力，一方面，要求可以存储各种类型的“数据”，不仅包含传统意义上的数据，还可以是图形、过程、规则和事件等；不仅包含传统的结构化数据，还可以是非结构化数据和超结构化数据；不仅是单一介质数据，还可以是多介质数据。另一方面，人们能够存取和修改这些数据，而不管它们的存储形式及物理储存地址。

3. 提供新的查询机制

由于数据类型的多样化，要求系统提供特制查询语言功能，如特制的图形浏览器、使用语义的查询设施和实时查询技术等。而且，系统要求能够进行查询方面的优化措施，如语言查询优化、整体查询优化和时间查询优化等。

4. 提供先进的图形设施

要求数据库系统提供用户接口、数据库构造、数据模式、应用处理的高级图形设施的统一集成。

5. 提供复杂的事务管理机制

现代应用要求数据库系统支持复杂的事务模型和灵活的事务框架，要求数据库系统有新的实现技术。例如，基于优先级的调度策略，多隔离度或无锁的并发控制协议和机制等。

6. 提供触发器或主动能力

要求数据库系统有主动能力或触发器的能力，即数据库系统中的“行为”不仅受到应用或者程序的约束，还有可能受到系统中条件成立的约束。例如，出现符合某种条件的数据，系统就发生某种对应的“活动”。

7. 提供时态处理机制

要求数据库系统有处理数据库时间的能力，这种时间可以是现实世界的“有效时间”或者数据库的“事务时间”，但是不能仅仅是“用户自己定义的时间”。

11.1.4　数据库技术与其他技术的结合

数据库技术与其他学科的内容相结合，是数据库技术的一个显著特征，随之也涌现出以下各种新型的数据库系统。

①数据库技术与分布处理技术相结合，出现了分布式数据库系统。

②数据库技术与 Web 技术相结合，出现了网络数据库。

③数据库技术与 XML 技术相结合，出现了 XML 数据库。

④数据库技术与多媒体技术相结合，出现了多媒体数据库系统。

⑤数据库技术与模糊技术相结合，出现了模糊数据库系统等。

⑥数据库技术与移动通信技术相结合，出现了移动数据库系统。

⑦数据库技术与并行处理技术相结合，出现了并行数据库系统。

⑧数据库技术与人工智能技术相结合，出现了知识库系统和主动数据库系统。

计算机科学中的技术发展日新月异，这些新的技术对数据库的发展产生重大影响，给数据库技术带来了新的生机。数据库与这些技术不是简单的集成和组合，而是有机结合、互相渗透，数据库中的某些概念、技术内容、应用领域甚至某些原理都有了重大的变化。

11.1.5　数据库技术未来的发展方向

信息爆炸时代带给我们的不仅仅是对信息剧增的无所适从，同时还包括数据库技术的飞速发展和琳琅满目的数据库应用。数据库技术在未来的发展过程中还会表现出哪些明显趋势呢？

1. 网络计算

随着 Internet 和 Web 应用的迅猛发展，网络化已成为现代数据库应用的基本特征。而怎样最大限度地利用网络进行分布式数据计算，处理大型计算任务的需求及重新利用现有软硬件资源成为现代数据库技术必须要解决的问题。

通过网络计算就可以实现各自独立的异构软硬件资源之间的共享，同时降低总拥有成本并提供更加出色的性能、伸缩性，还支持数据共享与协作。网络计算的优势在于削减了处理时间并优化了资源的使用。网络计算的一个显著特点就是可以从不同的资源(计算机、数据库、存储系统等)请求特定的服务。同时，还可为协作提供基础架构，如在企业内大规模地集成信息等。由于可以在不同的节点多次复制数据，因此也为网络计算提供了强大的伸缩性。

网络计算实际上提供了一个虚拟计算机。在网络中，单独的数据库系统可作为共享资源。通过标准数据库编程界面编写标准的数据库应用，就可以尽量利用网络的功能。然后通过数据联合将发现并查询相关的数据源，并进行大规模的集成。通过将不同的数据源作为非共享并行处理器中的节点，网络可使查询与数据计算进行得更快。

网络具有一定的动态特性，在网络环境中，当需要对数据管理技术进行扩展时，用户就可以通过对所需的内容进行描述来查找数据。找到数据源后，通过数据库联合进行自我配置，以便访问该数据源。数据动态自动复制特性，能够应对负载失衡、停机及性能等一些问题，为网络用户提供更好的伸缩性、灵活性及性能。

目前，各个行业中的企业也都在探索网络计算。

2. 数据库规模将呈“两头”发展

数据库的规模的“两头”发展，即大的越来越大，小的越来越小。所谓“大”的，主要是指企业级数据库的规模。随着数据量的不断增大，企业会需要更大的数据库来做支撑，这就是数据库的发展方向之一，当然，这也是未来人们生活一个重要的方面。数据越来越多，数据库技术想要自如应对这样的发展，只有越来越大。而所谓“小”，是指数据库又会越来越小。例如，目前国外一款比较流行的卡西欧手表中就带有 Sybase 的数据库。通过手表可以随时记录当天的天气、气压情况，以及佩戴者的血压、心跳、步频等数据。同时，佩戴者还可以把这些数据下载到计算机上做简单的分析。这种小型的数据库系统虽然并不要求存储大量的数据信息，但却要求在低计算量的情况下能快速反应，并能适应外界环境的变化。小数据库主要集中在移动数据库领域，目前现有技术已经能够提供很好的支持。

3. 存储方式将向“列存储”靠拢

传统的数据库都是以行的形式存储数据的，这主要是由于用户需要的是对单条数据的读取和存储，而目前，随着经济的发展，信息的增大，单纯的数据记录已经不足以支撑企业发展了，企业更需要以数据分析和决策支持来进行各种环节的管理工作，此时，单纯的一条记录也就没有了意义。这就需要通过“列”的概念来将所有数据的某项共性统计出来进行分析。

列存储的出现，实际上就是对数据分析需求的增多，而分析需求则一定是对某一个列的访问。例如，中国移动的上亿用户，每个月都有超过 TB 级的数据，哪些是 VIP 用户，该如何根据他们的需求提供专有服务？对于那些动感地带的用户，到底应该制定哪些优惠政策？通过简单看话费是不是还可以从中挖掘出这些客户的消费特点，进行更有针对性的业务推广活动？

通过对中国移动公司客户的上述的需求分析可以看出，这些信息以不再是一条数据的问题，而需要频繁对列进行操作。以列为存储方式的数据库对企业从事数据挖掘等具有重大的应用价值。

4. 协同化与综合应用

协同技术是软件发展的重要方向，同时也是现代数据库应用的重要特征之一。新一代的信息系统不是简单的单一数据库系统，往往是由多系统、异构数据库系统组成的。数据库协同技术和应用主要有工作流数据库、XML 数据库、数据仓库技术、数据交换技术、博客、即时通信、视频会议、协同编著等。

现代数据库是一个不断发展的范畴，它集成了传统关系数据库技术、计算机新技术，以及各个领域内相关的科学知识，相信在不久的将来新的数据库类型将会成为人们生活的一部分，为人类的进步而不断努力。

11.2　大数据的兴起

大数据是一个让所有人充满期待的科技新时代。在这个时代中，社会管理效率的提升、社会生产率的提升、社会生活模式的提升，在很大程度上依赖从大数据中所获取的巨大价值。而得到这样巨大的价值，却不需要耗费金银铜等原材料；不需要耗费水电煤等能源；不需要厂房工地；不需要大量劳动力；特别重要的，是不会污染空气水质。正因为这样，在不久的将来，数据将会像土地、石油和资本一样，成为经济运行中的根本性资源，而数据科学家被一致认为是下一个十年最热门的职业。

"大数据时代"来得如此神速，确实有点出乎常人的意料。目前，在数据的获取、存储、搜索、共享、分析、挖掘，乃至可视化展现式，都成为当前重要的热门研究课题。一个新的词汇——"大数据"，不仅悄然诞生，还在全世界迅速流行；一个新的时代，被命名为"大数据时代"的新社会，已经展露其娇媚的容颜；一场"大数据革命"，正在以异乎寻常的狂热，席卷着地球的各个角落。有人甚至描绘了一幅更加动人心魄的画面来突出大数据的无穷魅力："当每时都有惊喜的海量数据出现在眼前，这是怎样的一幅风景？在后台居高临下地看着这一切，会不会就是上帝俯视人间万物的感觉？"

所有这一切，预示着一个全新的科技时代——大数据时代已经来到了我们的面前，它必将会带来荡涤旧物、开创新界的巨大能量，人类社会在它的覆盖下，也将呈现全新的面貌。

所有这一切，令地球人充满期待。

11.2.1　什么是大数据

大数据不是一项单一的技术，而是一个概念，是一套技术，是一个生态圈。大数据技术和专业术语多达几十个，记录了大数据从炒作到成熟并进入主流应用的过程。数据科学家、预测分析、开放政府数据，都属于大数据范畴，大数据技术也逐渐变得越来越复杂。政府和企业希望从自己的数据中获得更多的信息，软件厂商希望将"大数据解决方案"融入公司的产品之中。在大数据软件公司的助推下，政府和企业已经有能力利用廉价的服务器、开源技术和云计算来进行开销不大的大数据部署。

对于什么是"大数据"，不同的研究机构从不同的角度给出了不同的定义，如图 11-1 所示。

所谓大数据，是一个综合性概念，它包括因具备 4V(Volum、Variety、Velocity 和 Value)特征而难以进行管理的数据，对这些数据进行存储、处理和分析的技术，以及能够通过分析这些数据获得实用意义和观点的人才和组织。大数据定义如图 11-2 所示。

对大数据
的不同认识

· Cvdrtner

大数据是需要新处理模式才能具有更强的决策力、洞察发现力和流程优化能力的海量、高增长率和多样化的信息资产

· 麦肯锡

大数据指的是大小超出常规的数据库工具获取、存储、管理和分析能力的数据集。但它同时强调，并不是说一定要超过特定TB值的数据集才能算是大数据

· 维基百科

大数据是指无法在可承受的时间范围内用常规软件工具进行捕捉、管理和处理的数据集合

· IDG认为

大数据一般会涉及2种或2种以上数据形式，它要收集超过100TB的数据，并且是高速实时数据流；或者是从小数据开始，但数据每年会增长60%以上

图 11-1　对大数据的不同认识

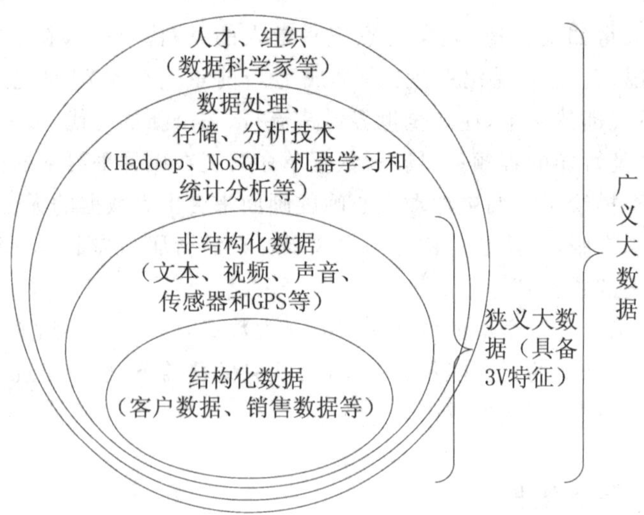

图 11-2　广义的大数据

从客户的角度来看，大数据技术的战略意义不在于拥有多么庞大的数据信息，而在于对这些含有意义的大数据进行专业化处理，从中获得商业价值。比如，以色列已经把所有政府部门的视频整合到一个大数据管理平台上，并在这个平台上开发了一套智慧安防系统。在这个系统上，只要把某一个人的人脸或人的主要特征数据输入系统，就能从海量的监控记录中查出同那个人相关的视频片段，并自动变成一个有时间顺序的片子。

11.2.2　大数据的技术体系

随着云计算技术的出现和计算能力的不断提高，人们从数据中提取价值的能力也在显著提高。此外，由于越来越多的人、设备和传感器通过网络连接起来，产生、传送、分析和分享数据的能力也得到彻底变革。数据在类型、深度与广度等方面都在飞速地增长着，给当前的数据管理和数据分析技术带来了重大挑战。为了从大数据中挖掘出更多的信息，需要应对大数据在容量、数据多样性、处理速度和价值挖掘 4 个方面的挑战，而云计算技术是大数据技术体系的基石。一个典型的大数据处理系统主要包括数据源、数据采集、数据存储、数据处理、分析应用和数据展现等，其技术体系如图 11-3 所示。

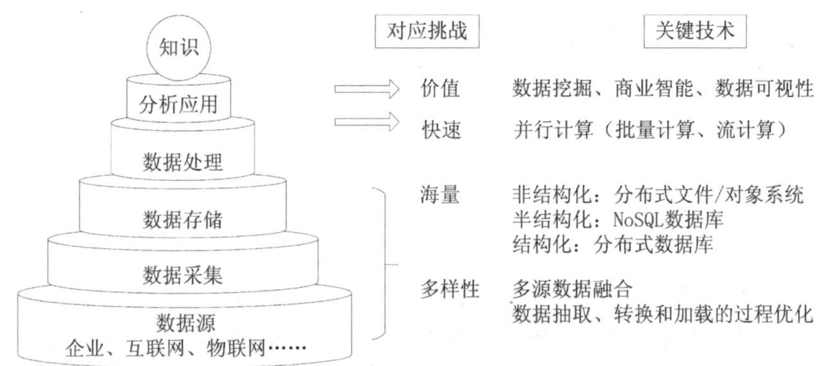

图 11-3　大数据技术体系

1. 数据采集

在大数据时代，企业、互联网、移动互联网和物联网等提供了大量的数据源，这不同于以往数据主要产生于企业内部的情况，增大了数据采集难度。同时，为了对这些不同种类的数据进行预处理，需要对这些数据进行清洗、过滤、抽取、转换和加载，以及不同数据源的融合处理等操作。

2. 数据存储

大数据时代首先需要解决的问题就是数据的存储问题，除了传统的结构化数据，大数据面临更多的是非结构化数据和半结构化数据存储需求。非结构化数据主要采用分布式文件系统或对象存储系统进行存储，如开源的 HDPS(Hadoop Distributed File System)、Lustre、GlusterFS 和 Ceph 等分布式文件系统可以扩展至 10PB 级甚至 100PB 级。半结构化数据主要使用 NoSQL 数据库存放，结构化数据仍然可以存放在关系型数据库中。

3. 数据处理

在大数据时代，数据处理需要满足如下几个重要特性，如表 11-1 所示。

数据仓库是处理传统企业结构化数据的主要手段，其在大数据时代产生了 3 个变化：①数据量，由 TB 级增长至 PB 级，并仍在继续增加；②分析复杂性，由常规分析向深度分析转变，当前企业已不仅满足对现有数据的静态分析和监测，而更希望能对未来趋势有更多的分析和预测，以增强企业竞争力；③硬件平台，传统数据库大多是基于小型机等硬件构建，在数据量快速增长的情况下，成本会急剧增加，大数据时代的并行仓库更多的是转向通用 x86 服务器构建。同时，传统数据仓库在处理过程中需要进行大量的数据移动，在大数据时代代价过高；传统数据仓库不能快速适应变化，对于大数据时代处于变化的业务环境，其效果有限。

表 11-1 大数据时代数据处理要求

特性	说明
高度可扩展性	Scale-out 方式扩展，支持大规模并行数据处理
高性能	快速响应数据查询与分析需求
较低成本	基于通用硬件服务器，性价比较高
高容错性	查询失败时，只需重做部分工作
易用且开放接口	既能方便查询，又能进行复杂分析
向下兼容	支持传统商业智能工具

为了应对海量非(半)结构化数据的处理需求，以 MapReduce 模型为代表的开源 Hadoop 平台几乎成为非(半)结构化数据处理的事实标准。当前开源 Hadoop 及其生态系统已日益成熟，大大降低了数据处理的技术门槛，如图 11-4 所示。基于廉价硬件服务器平台，可以大大降低海量数据处理的成本。

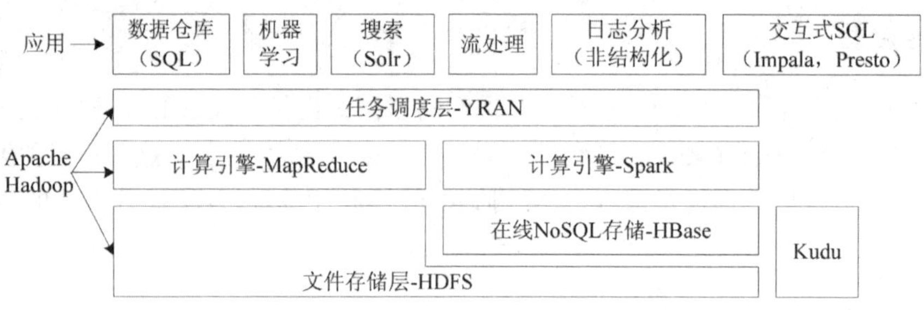

图 11-4 Hadoop 生态系统示意图

数据的价值随着时间的流逝而降低，因此需要对数据或事件进行及时处理，而传统数据仓库或 Hadoop 等工具最快也要分钟级才能输出结果。为了应对这种数据实时性的处理需求，业界出现了实时流数据分析方法和复杂事件处理(Complex Event Processing，CEP)。其主要用于实时搜索、实时交易系统、实时欺骗分析、实时监控、社交网络等，随着数据的流动获取和分析，只保存极少量的数据。常见系统有 Yahoo S4、Twitter Storm 和各种商业公司的 CEP 产品等。

4. 数据挖掘

大数据时代数据挖掘主要包括并行数据挖掘、搜索引擎技术、推荐引擎技术和社交网络分析等。

并行数据挖掘的挖掘过程包括预处理、模式提取、验证和部署 4 个步骤，对于数据和业务目标的充分理解是做好数据挖掘的前提，需要借助 MapReduce 计算架构和 HDFS 存储系统完成算法的并行化和数据的分布式处理。

搜索引擎技术可以帮助用户在海量数据中迅速定位到需要的信息，只有理解了文档和用户的真实意图，做好内容匹配和重要性排序，才能提供优秀的搜索服务，需要借助 MapReduce 计算架构和 HDFS 存储系统完成文档的存储和倒排索引的生成。

推荐引擎技术帮助用户在海量信息中自动获得个性化的服务或内容，其是搜索时代向发现时代过渡的关键动因，冷启动、稀疏性和扩展性问题是推荐系统需要直接面对的永恒话题，推荐效果不仅取决于所采用的模型和算法，还与产品形态、服务方式等非技术因素息息相关。

社交网络分析从对象之间的关系出发，用新思路分析新问题，提供了对交互式数据的挖掘方法和工具，是群体智慧和众包思想的集中体现，也是实现社会化过滤、营销、推荐和搜索的关键性环节。

5. 数据可视化展示

数据可视化旨在借助图形化的手段，揭示隐藏在数据背后的模式与数据之间的联系。在大数据时代，如何从海量的数据中找到有用的信息，并以直观、清晰、有效的形式展现出来，已经成为一大挑战，其可以有效地提升对数据的使用效率。

目前数据可视化已经提出了许多方法，这些方法根据其可视化原理的不同可以划分为基于几何的技术、面向像素的技术、基于图标的技术、基于层次的技术、基于图像的技术和分布式技术等。

11.2.3　大数据的技术架构

图 11-5 所示为适合大数据的四层堆栈式技术架构。

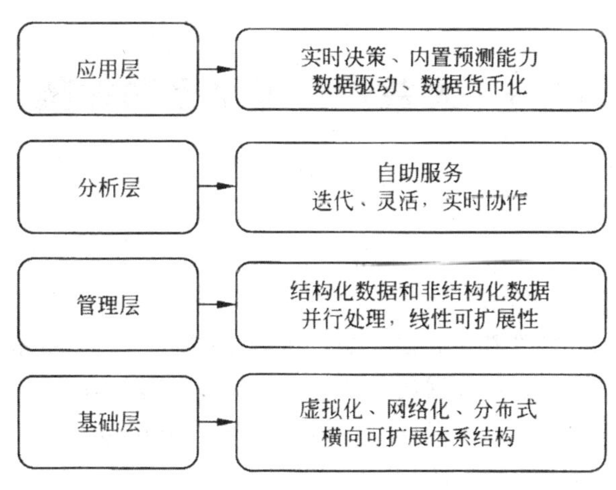

图 11-5　四层堆栈式技术架构

1. 基础层

第一层作为整个大数据技术架构基础的最底层，也是基础层。要实现大数据规模的应用，企业需要一个高度自动化的、可横向扩展的存储和计算平台。这个基础设施需要从以前的存储孤岛发展为具有共享能力的高容量存储池。容量、性能和吞吐量必须可以线性扩展。

云模型鼓励访问数据并通过提供弹性资源池来应对大规模问题,解决了如何存储大量数据及如何积聚所需的计算资源来操作数据的问题。在云中,数据跨多个节点调配和分布,使数据更接近需要它的用户,从而缩短响应时间,提高效率。

2. 管理层

大数据要支持在多源数据上做深层次的分析,在技术架构中需要一个管理平台,即管理层使结构化和非结构化数据管理为一体,具备实时传送和查询、计算功能。本层既包括数据的存储和管理,也涉及数据的计算。并行化和分布式是大数据管理平台所必须考虑的要素。

3. 分析层

大数据应用需要大数据分析。分析层提供基于统计学的数据挖掘和机器学习算法,用于分析和解释数据集,帮助企业获得深入的数据价值领悟。可扩展性强、使用灵活的大数据分析平台更可能成为数据科学家的利器,起到事半功倍的效果。

4. 应用层

大数据的价值体现在帮助企业进行决策和为终端用户提供服务的应用上。不同的新型商业需求驱动了大数据的应用。反之,大数据应用为企业提供的竞争优势使企业更加重视大数据的价值。新型大数据应用不断对大数据技术提出新的要求,大数据技术也因此在不断的发展变化中日趋成熟。

11.3 大数据处理平台和框架

11.3.1 Hadoop

Hadoop 是由 Apache 软件基金会研发的一种开源、高可靠性、伸缩性强的分布式计算系统,主要用于对大于 1TB 的海量数据的处理。Hadoop 采用 Java 语言开发,是对 Google 的 MapReduce 核心技术的开源实现。目前 Hadoop 的核心模块包括分布式文件系统(Hadoop Distri buted File System,Hadoop HDFS)和分布式计算框架 MapReduce,这一结构实现了计算和存储的高度耦合,十分有利于面向数据的系统架构,因此已成为大数据技术领域的事实标准。

Hadoop 并不仅仅是一个用于存储的分布式文件系统,而且是用于由通过计算设备组成的大型集群上执行分布式应用的框架。实际上,狭义的 Hadoop 就是指 HDFS 和 MapReduce,是一种典型的 Master-Slave 架构,如图 11-6 所示。

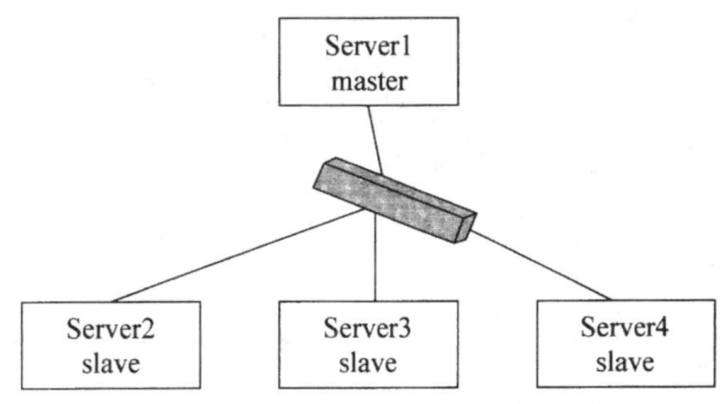

图 11-6 Hadoop 基本架构

图 11-7 显示了 Hadoop 开源技术框架包含的主要基础设施和组件，HDFS 和 MapReduce 作为 Hadoop 技术的核心，前者提供了类似于 Goolge GFS 的底层分布式文件系统，为用户提供具有高伸缩性和高容错性的底层分布式存储，后者作为 Google MapReduce 开源实现，为用户提供逻辑简单、底层透明的并行处理框架。

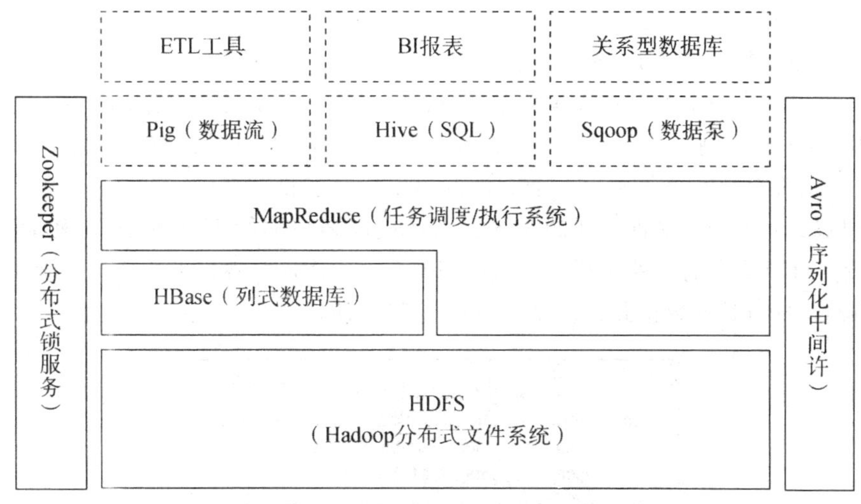

图 11-7 Hadoop 开源技术框架

1. 分布式文件系统 HDFS

Hadoop 是一个分布式计算框架，它能在由大量廉价的硬件设备组成的集群上运行应用程序，并且为应用程序提供一组既稳定又可靠的接口。Hadoop 计算框架的目的是构建一个具有高可靠性和良好扩展性的分布式操作系统。随着云计算的逐渐流行，这一项目被越来越多的个人和企业运用。

HDFS 采用了主从(Master/Slave)结构模型，一个 HDFS 集群是由一个 NameNode 和若干个 DataNode 组成的。HDFS 的体系结构如图 11-8 所示。图 11-8 中展示了 HDFS 的 NameNode、DataNode 以及 Client(客户端)之间的存取访问关系，单一节点的 NameNode 使系统的架构大大地简化了。NameNode 负责保存和管理所有的 HDFS 元数据，因而用户数据就不需要通过 NameNode，也就是说文件数据的读写是直接在 DataNode 上进行的。

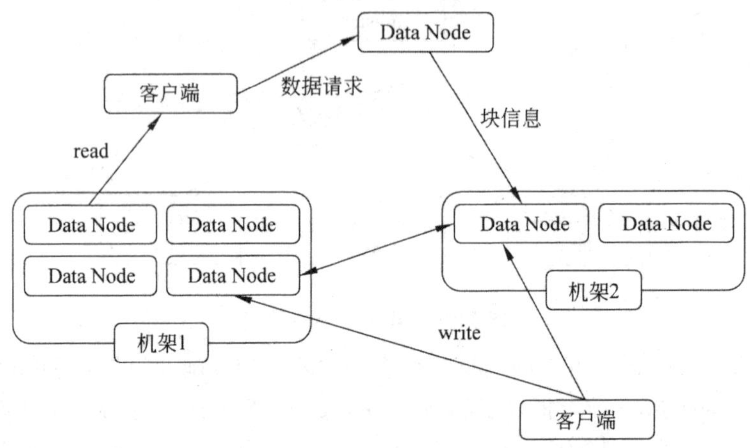

图 11-8　HDFS 体系结构

HDFS 的好处在于，它支持冗余备份数据，在默认情况下，数据会被分成 64MB 的数据块，这些数据块会被复制到多台 DataNode 上。

HDFS 被设计成一个可以在大集群中、跨机器、可靠地存储海量数据的框架。它将每个文件存储成块(Block)序列，除了最后一个 Block，所有的 Block 都是同样的大小。文件的所有 Block 为了容错都会被冗余复制。每个文件的 Block 大小和复制(Replication)因子都是可配置的。Replication 因子在文件创建的时候会默认读取客户端的 HDFS 配置，然后创建，以后也可以改变。HDFS 中的文件只写入一次(wriite-one)，并且严格要求在任何时候只有一个写入者(writer)。HDFS 的数据冗余复制示意如图 11-9 所示。

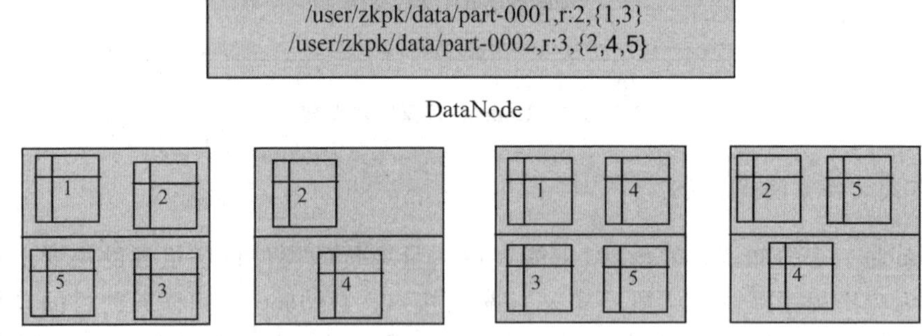

图 11-9　HDFS 的数据冗余复制示意

由图 11-9 可见，文件/user/zkpk/data/part-0001 的 Replication 因子值是 2，Block 的 ID 列表包括 1 和 3，可以看到块 1 和块 3 分别被冗余备份了两份数据块；文件/user/zkpk/data/part-0002 的 Replication 因子值是 3，Block 的 ID 列表包括 2、4、5，可以看到块 2、4、5 分别被冗余复制了三份。在 HDFS 中，文件所有块的复制会全权由名称节点(NameNode)进行管理，

NameNode 周期性地从集群中的每个数据节点(DataNode)接收心跳包和一个 BlockReport。心跳包的接收表示该 DataNode 节点正常工作,而 BlockReport 包括了该 DataNode 上所有的 Block 组成的列表。

此外 HDFS 支持机架感知技术。具体来说就是用户将机架与主机信息通过脚本的形式提供给 Hadoop,Hadoop 再把数据在不同机架上进行冗余,这就保证了当一个机架出现故障后,HDFS 依然可以正常访问数据。

分布式文件系统(HDFS)是 Hadoop 的储存系统,从用户角度看,和其他的文件系统没有什么区别,都具有创建文件、删除文件、移动文件和重命名文件等功能。

HDFS 中的数据具有"一次写,多次读"的特征,即保证一个文件在一个时刻只能被一个调用者执行写操作,但可以被多个调用者执行读操作。HDFS 是以流式数据访问模式来存储超大文件,运行于商用硬件集群上。HDFS 具有高容错性,可以部署在低廉的硬件上,提供了对数据读写的高吞吐率。非常适合具有超大数据集的应用程序。HDFS 为分布式计算存储提供了底层支持,HDFS 与 MapReduce 框架紧密结合,是完成分布式并行数据处理的典型案例。

2.分布式计算框架 MapReduce

MapReduce 是一种为多台计算机并行处理大量数据而设计的并行计算框架。MapReduce 的主要吸引力在于:它支持使用廉价的计算机集群对规模达到 PB 级的数据集进行分布式并行计算,是一种编程模型。它由 Map 函数和 Reduce 函数构成,分别完成任务的分解与结果的汇总。MapReduce 的用途是进行批量处理,而不是进行实时查询,即特别不适用于交互式应用。它极大地方便了编程人员在不会分布式并行编程的情况下,将自己的程序运行在分布式系统上。MapReduce 架构如图 11-10 所示。

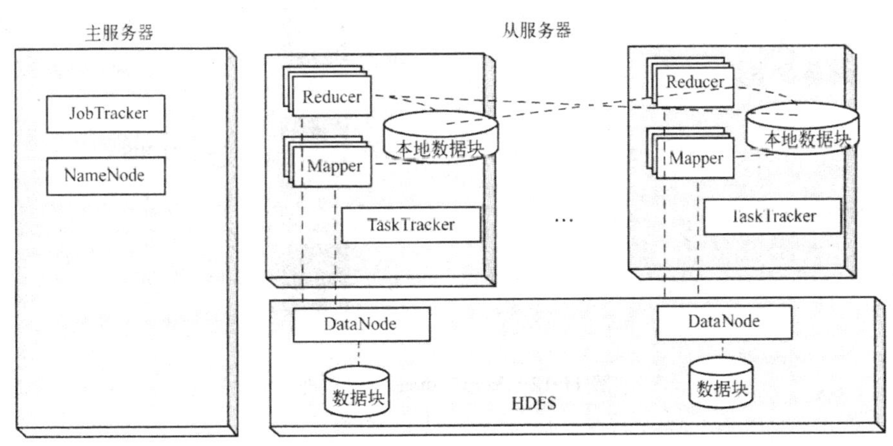

图 11-10 MapReduce 架构

MapReduce 是用于并行数据处理的一种高效的编程模型。模型思想很简单——它将计算分解为 Map 和 Reduce 两个阶段,并将不同的计算任务并行分布到多节点完成,每一个 Map 计算在任务节点执行,并负责处理不同的数据片段,多个 Map 节点输出 Key/Value 结果集合,经过中间处理后,交给 Reduce 计算任务透行合并处理并生成新的 Key/Value 输出作为新的最终结果。具体的计算任务是由 TaskTracker 组成的集群各物理节点完成的，而 JobTracker 负责对整个集群资源的管理监控，作业拆分分配和任务管理等工作。

图 11-11 所示的 MapReduce 数据流图体现了 MapReduce 处理大数据集的过程。图11-11 中的每一个 Map 任务和每一个 Reduce 任务均可以同时运行于一个单独的计算节点上，可想而知其运算效率是很高的。

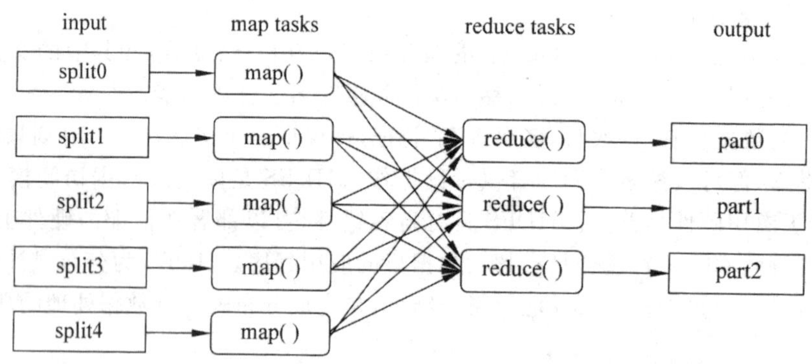

图 11-11 MapReduce 数据流

对于某些任务来说，可能并不一定需要 Reduce 过程，如只需要对文本的每一行数据作简单的格式转换即可，那么只需要由 Mapper 处理后就可以了。所以 MapReduce 也有简单的编程模型，该模型只有 Mapper 过程，由 Mapper 产生的数据直接写入 HDFS，如图 11-12 所示。

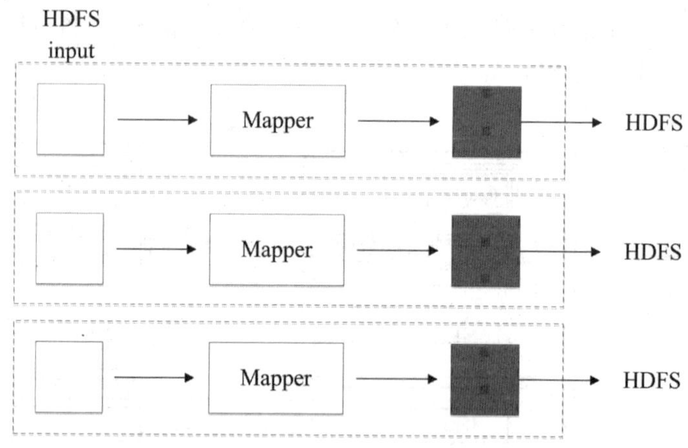

图 11-12 MapReduce 简单模型

11.3.2 Spark

ApaChe Spark 是一个新兴的大数据处理通用引擎，提供了分布式的内存抽象。Spark 作为新一代大数据快速处理平台，集成了大数据相关的各种能力。Hadoop 的中间数据需要存储在硬盘上，这产生了较高的延迟。而 Spark 基于内存计算，解决了这个延迟的速度问题。Spark 本身可以直接读写 Hadoop 上任何格式数据，这使批处理更加快速。

图 11-13 是以 Spark 为核心的大数据处理框架。最底层为大数据存储系统，如 HDFS、HBase 等。在存储系统上面是 Spark 集群模式(也可以认为是资源管理层)，这包括 Spark 自带的独立部署模式、YARN 和 Mesos 集群资源管理模式，也可以是 Amazon EC2。Spark 内核之上是为应用提供各类服务的组件。Spark 内核 API 支持 Java、Python、Scala 等编程语言。Spark Streaming 提供高可靠性、高吞吐量的实时流式处理服务，能够满足实时系统要求：*MLib* 提供机器学习服务，Spark SQL 提供了性能比 Hive 快了很多倍的 SQL 查询服务，GraphX 提供图计算服务。

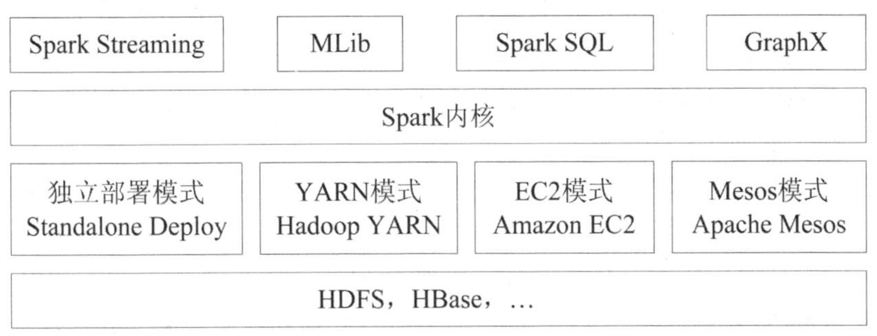

图 11-13　Spark 框架

Spark 的大数据处理平台是建立在统一抽象的 RDD 之上。RDD 是弹性分布式数据集(Resilient Distributed Dataset)的英文简称，它是一种特殊数据集合，支持多种来源，有容错机制，可以被缓存，支持并行操作。Spark 的一切都是基于 RDD 的。RDD 就是 Spark 输入的数据。

Spark 运行基本流程如图 11-14 所示，流程如下。

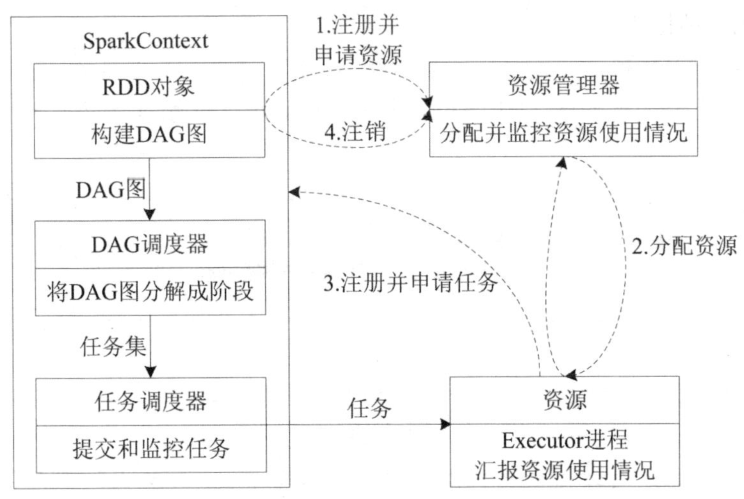

图 11-14　Spark 运行基本流程

①当一个 Spark 应用被提交时，首先需要为这个应用构建起基本的运行环境，即由任务控制节点(Driver)创建一个 SparkContext，由 SparkContext 负责资源管理器(Cluster Manager)

的通信以及进行资源的申请、任务的分配和监控等。SparkContext 会向资源管理器注册并申请运行 Executor 的资源。

②资源管理器为 Executor 分配资源，并启动 Executor 进程，Executor 运行情况将随着“心跳”发送到资源管理器上。

③SparkContext 根据 RDD 的依赖关系构建 DAG 图，DAG 图提交给 DAG 调度器(DAG-Scheduler)进行解析，将 DAG 图分解成多个“阶段”(每个阶段都是一个任务集)，并且计算出各个阶段之间的依赖关系，然后把一个个“任务集”提交给底层的任务调度器(TaskScheduler)进行处理；Executor 向 SparkContext 申请任务，任务调度器将任务分发给 Executor 运行，同时 SparkContext 将应用程序代码发放给 Executor。

④任务在 Executor 上运行，把执行结果反馈给任务调度器，然后反馈给 DAG 调度器，运行完毕后写入数据并释放所有资源。

目前，Spark 支持 3 种不同类型的部署方式，包括 Standalone、Spark on Mesos 和 Spark on YARN。

①Standalone 模式。与 MapReduce 1.0 框架类似，Spark 框架本身也自带了完整的资源调度管理服务，可以独立部署到一个集群中，而不需要依赖其他系统来为其提供资源管理调度服务。在架构的设计上，Spark 与 MapReduce 1.0 完全一致，都是由一个 Master 和若干个 Slave 构成，并且以槽(Slot)作为资源分配单位。不同的是，Spark 中的槽不再像 MapReduce 1.0 那样分为 Map 槽和 Reduce 槽，而是只设计了统一的一种槽提供给各种任务来使用。

②Spark on Mesos 模式。Mesos 是一种资源调度管理框架，可以为运行在它上面的 Spark 提供服务。由于 Mesos 和 Spark 存在一定的血缘关系，因此 Spark 这个框架在进行设计开发的时候就充分考虑到了对 Mesos 的充分支持。相对而言，Spark 运行在 Mesos 上，要比运行在 YARN 上更加灵活、自然。目前，Spark 官方推荐采用这种模式，所以许多公司在实际应用中也采用这种模式。

③Spark on YARN 模式。Spark 可运行于 YARN 之上，与 Hadoop 进行统一部署，即“Spark on YARN”，其架构如图 11-15 所示，资源管理和调度依赖 YARN，分布式存储则依赖 HDFS。

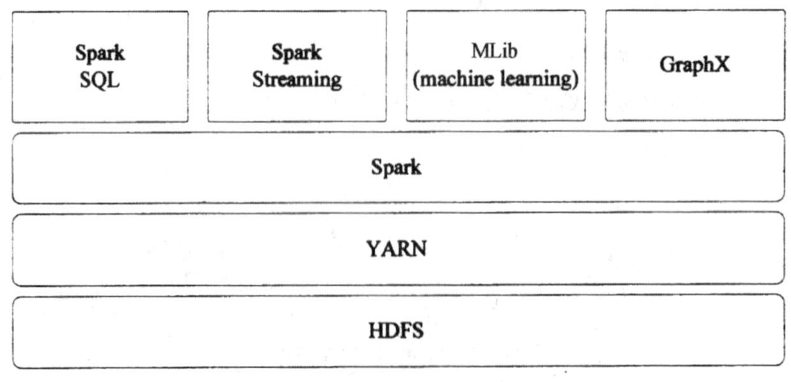

图 11-15　Spark on YARN 架构

11.3.3　Hadoop 和 Spark 的比较及统一部署

与 Hadoop 相比，Spark 真正的优势在于速度，除了速度之外，Spark 还有很多的优点，如表 11-2 所示。

表 11-2　Spark 与 Hadoop 的比较

项目	Hadoop	Spark
工作方式	非在线、静态	在线、动态
处理速度	高延迟	比 Hadoop 快数十倍至上百倍
兼容性	开发语言：Java 语言最好在 Linux 系统下搭建，对 Windows 的兼容性不好	开发语言：以 Scala 为主的多语言 对 Linux 和 Windows 等操作系统的兼容性都非常好
存储方式	磁盘	既可以仅用内存存储，也可以在磁盘上存储
操作类型	只提供 Map 和 Reduce 两个操作，表达力欠缺	提供很多转换和动作，很多基本操作如 Join、GroupBy 已经在 RDD 转换和动作中实现
数据处理	只适用于数据的批处理，实时处理非常差	除了能够提供交互式实时查询外，还可以进行图处理、流式计算和反复迭代的机器学习等
逻辑性	处理逻辑隐藏在代码细节中，没有整体逻辑	代码不包含具体操作的实现细节，逻辑更清晰
抽象层次	抽象层次低，需要手工编写代码来完成	Spark 的 API 更强大，抽象层次更高
可测试性	不容易	容易

一方面，由于 Hadoop 生态系统中的一些组件所实现的功能，目前还是无法由 Spark 取代的，比如，Storm 可以实现毫秒级响应的流计算，但是 Spark 则无法做到毫秒级响应；另一方面，企业中已经有许多现有的应用，都是基于现有的 Hadoop 组件开发的，完全转移到 Spark 上需要一定的成本。因此，在许多企业实际应用中，Hadoop 和 Spark 的统一部署是一种比较现实合理的选择。由于 Hadoop MapReduce、HBase、Storm 和 Spark 等都可以运行在资源管理框架 YARN 之上，因此，可以在 YARN 之上进行统一部署（见图 11-16）。

这些不同的计算框架统一运行在 YARN 中，可以带来如下好处。

①计算资源按需伸缩。

②不用负载应用混搭，集群利用率高。

③共享底层存储，避免数据跨集群迁移。

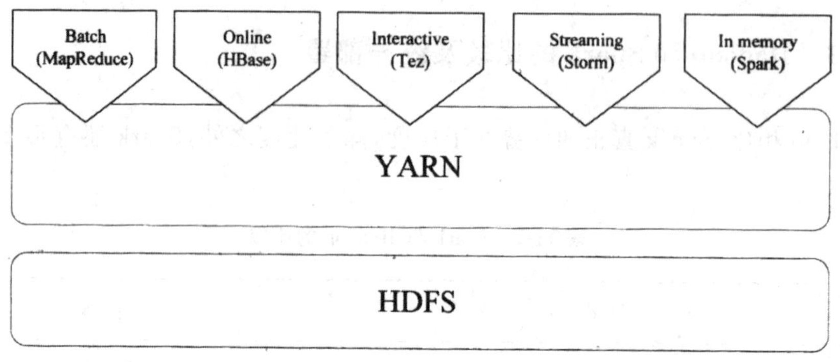

图 11-16 Hadoop 和 Spark 的统一部署

11.4 NoSQL 数据库

关系数据库自诞生以来，从理论发展到现实产品，逐渐在数据库领域里上升到霸主地位。但近年来，对于规模日益扩大的海量数据，其 I/O 瓶颈、性能瓶颈都难以有效地突破，开始出现了大批针对特定场景，以高性能和使用便利为目的的功能特异化的数据库产品，NoSQL 数据库就是其中的佼佼者，如 BigTable、Cassandra、CouchDB 等。这些数据库在设计上与传统的 SQL 数据库有很大差异，非常关注对数据高并发的读写和海量数据的存储，更加注重数据库的扩展性和并发可访问性。这些数据库也被统称为 NoSQL 数据库，它已成为云数据库中的一支主流队伍。

11.4.1 NoSQL 数据库的简介

NoSQL 数据库是电子商务、社交网站兴起催生的面向大数据的解决方案，是对传统关系型数据库的革新和挑战。NoSQL 的原意是 Not Only SQL，它并非要彻底地否定关系型数据库，而是作为其有效补充，在特定的场景下能发挥出难以想象的高效率和高性能。例如，专注于关键字查询的 Redis，面向文档的数据库 Mongodb，面向列的数据库 Hbase，面向图的数据库 Ne04J 等。它们的共同特点是以“大道至简”作为设计理念，把一切与高性能目标无关的架构删除，大部分的 NoSQL 数据库产品属于开源，支持分布式，使用户以最小的付出获得最高的性能。

作为下一代数据库技术，NoSQL 数据库的主要特点是非关系、分布式、水平可扩展，非常适合云计算中的海量数据运算。它具有极高的并发读写性能，在保证海量数据存储的同时，还具有良好的查询性能，具有弹性的可扩展能力。但是，NoSQL 数据库的安全远没有关系型数据库那样强键，它缺乏保密性和完整性的特质，缺少模式，不能在表、行或列上分隔权限，缺乏内在的安全机制，故对其研究还有较长的路要走。

现在 NoSQL 的发展呈现出 4 个明显特点：

一是超越了实验阶段,进入了主流,被应用于核心应用;
二是被各行业的主流公司所采用,使用场景非常广泛;
三是早期采用者已经受益,高性能、易扩展、开发快、资源利用率高;
四是成为了现代大数据基础设施中的重要部分。

11.4.2 NoSQL 的体系结构

尽管目前流行的 NoSQL 数据存储系统的设计与实现方式各有不同,但是总结起来,NoSQL存储系统都具有如图 11-17 所示的四层结构。

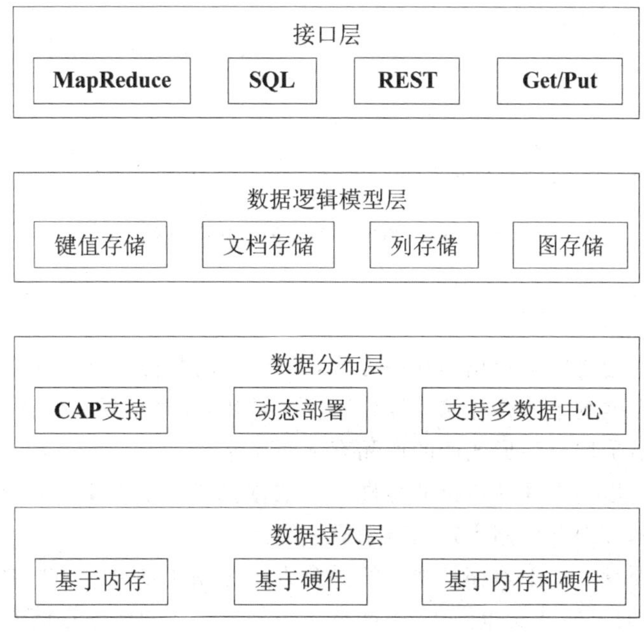

图 11-17　NoSQL 数据库体系结构

1. 接口层(Interfaces)

接口层,顾名思义,是为应用提供接口的结构。与传统关系型数据库相比,NoSQL 数据库所能提供的接口包括 REST 协议、RPC 协议 Thrift、MapReduce、采用 Get/Put 的产品接口、API、SQL 子集等,远远超出 RDBMS 所能提供的接口数量。

2. 数据逻辑模型层(Logical Data Model)

数据逻辑模型指的是数据在数据库中的组织形式,NoSQL 数据库能够支持模式不固定的结构化和半结构化数据,因而在数据组织形式方面要比传统关系型数据库灵活得多,拥有键值存储、文档存储、列存储、图存储 4 种组织形式。

3. 数据分布层(Data Distribution Model)

数据分布层定义了数据的分布机制。NoSQL 数据库的分布机制要比关系型数据库的多，主要的分布机制如图 11-18 所示。

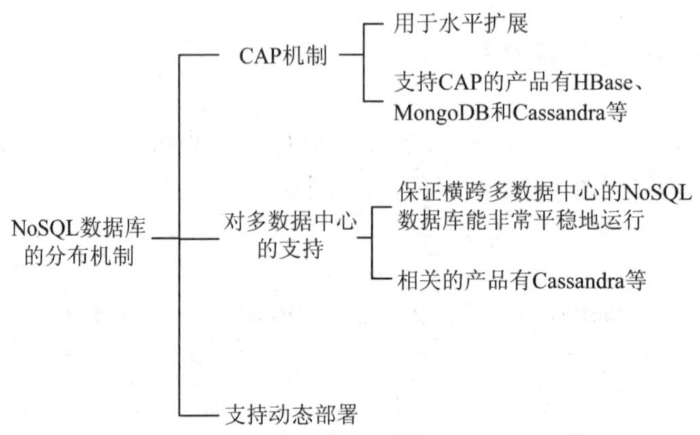

图 11-18 NoSQL 数据库的分布机制

4. 数据持久层(Data Persistence)

数据持久层的作用是定义数据的存储方式，NoSQL 的数据存储方式有 3 种，具体如下：

①基于内存。数据基于内存存储的操作速度非常快，同时也要看到在一些糟糕状况下，数据可能会丢失。目前采用内存形式的的产品有 Redis 等。

②基于硬件。这里的硬件主要指的是硬盘。数据基于硬盘存储可以保存非常久的时间，但是处理速度比起基于内存存储方式而言稍逊一筹。

③基于内存和硬盘。基于内存和硬盘的混合方式克服了前两种方式的缺点，不仅具有较快的速度，数据丢失的可能性变得微弱，因此被认为是最合适的数据存储方式。采用这种形式的产品有 Cassandra 和 MongoDB 等。

11.4.3 NoSQL 数据库的数据模型

NoSQL 数据库非常关注对数据高并发读写和海量数据的存储，在架构和数据模型方面做了简化，而在并发及扩展等方面做了增强。其数据模型主要有 4 类，如图 11-19 所示。

云数据库的数据模型有着各自的优、缺点，它们适用于不同的领域，需要根据实际应用的场景进行选择，有时单一的数据模型并不能满足实际需求，对于许多大型应用需要集成多种数据模型。目前，有的云数据库产品可以同时支持关系模型和键值模型，还有的可以同时维护多种不同模型的数据存储，从而有效处理各种不同类型的负载。针对一个具体的应用而言，采用何种数据模型组织、存储数据，取决于应用环境、负载类型特点和服务需求等因素。

图 11-19 NoSQL 数据库分类示意图

1. 键值模型

该模型的主要特点是通常以(键,值)的形式存储数据,可以通过 key 快速查询相应 value,不必考虑 value 的存储格式。键值类型的 NoSQL 系统提供一个类似于 MapReduce 的 key-value 存储。和其他类型的数据库相比,它的数据模型十分简洁,从而可以提供极佳的性能,即扩展性高、灵活性高、复杂性低。它适用于通过主键对数据进行查询和更新等操作,能够提供海量数据存储及其之上的快速查询和高并发操作。缺点是数据缺少结构化,不支持复杂数据的操作。运用此模型的代表数据库有 BigTable、Redis 等。

2. 列式模型

该模型的主要特点是按"列"来存储数据,将同一列数据存放在一起,以提高存储和查询效率。其数据库查找速度快,可扩展性强,十分适用于数据仓库类应用(每次需处理数据的列数较少但量大)。缺点是其功能有一定的局限性。运用此模型的代表数据库有 Cassandra、Hbase(Apache)和 Hypertable 等。

3. 图形模型

其数据结构为图结构,可以很方便地利用图的相关算法。这类数据库擅长存储图,是图形关系的最佳选择。可以在其中存储图中的结点和边,还可以设置边或点的权重。如果使用关系型数据库存储的话,性能低,而且设计复杂。图存数据库主要适用于关系较强的数据,但适用范围较小。其缺点是需要对整个图做计算才能得出结果,不易做分布式的集群方案。运用此类模型的数据库有 Ne04J、InfoGrid 等。

4. 文档模型

该模型也是一个关键字对应一个值的结构,但该值主要以 XML 等格式的文档进行存储,是有语义的,并且文档数据库还可以对值创建二级索引,以方便上层的应用,而这点是普通键-值模型数据库所无法支持的。其性能好、扩展性高、灵活性高、复杂性低。其缺点是查询性能不高,且缺乏统一的查询语法。运用此类模型的代表数据库有 MongoDB、CouchDB 等。其中 MongoDB 是这类数据库中最流行的一个例子。

11.4.4 NoSQL 数据库的三大基础

NoSQL 数据库存在并且发展有三大基础,分别为 CAP、BASE 和最终一致性。

CAP(图 11-20)分别指 Consistency(一致性)、Availability(可用性,指的是快速获取数据)和 Tolerance of network Partition(分区容忍性,分布式)。这个理论已经被证明其正确性,且需要注意的是,一个分布式系统至多能满足三者中的两个特性,无法同时满足三个特性。

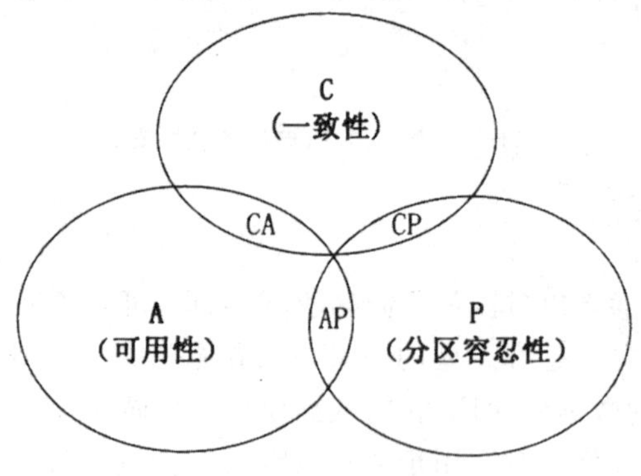

图 11-20 CAP 理论

ACID 分别指 Atomicity(原子性)、Consistency(一致性)、Isolation(隔离性)和 Durability(持久性)。传统的关系数据库以 ACID 模型为基本出发点的,ACID 可以保证传统的关系数据库中的数据的一致性。但是大规模的分布式系统对 ACID 模型是排斥的,无法进行兼容。

由于 CAP 理论的存在,为了提高云计算环境下的大型分布式系统的性能,可以采取 BASE 模型。BASE 模型牺牲高一致性,获得可用性或可靠性。BASE 包括 Basically Available(基本可用)、Soft State(软状态/柔性事务)、Eventually Consistent(最终一致)三个方面的属性。BASE 模型的三种特性不要求数据的状态与时间一定要时时同步一致,只要最终数据是一致的就可以。

11.4.5 NoSQL 产品

Aerospike(以下简称 AS)是一个以分布式为核心基础,可基于行随机存取内存中索引、数据或 SSD 存储中数据的数据库。Aerospike 提供的内存内速度优势吸引到了众多要求实现毫秒级响应时间的广告网络以及其他 Web 规模企业的高度关注。它主要用于百 G、数 T 等大数据量并且在数万以上高并发情况下,对性能也有 ms 读取插入要求的场景。目前主要集中于互联网广告行业,如 eXelate、BlueKai、MediaV、InMobi、applovin 等。

Apache Cassandra 是一套开源分布式数据库管理系统，最初由 Facebook 开发，用于储存特别大的数据。Apache Cassandra 的主要优势包括灵活性、NoSQL 数据模型、多数据中心支持以及在集群化商用硬件上的线性可扩展特性。Cassandra 一直享有最具可扩展性 NoSQL 数据库的良好声誉，不过它的高度复杂性也一直饱受诟病。Couchbase 与 HBase 都是 Cassandra 的主要竞争对手，其中后者运行在 Hadoop 环境下、也被广泛视为最关键的一大潜在威胁。

Couchbase 一直致力于涵盖所有业务类型，承诺提供 MongoDB 当中的文档处理优势以及 Cassandra 的可扩展性优势。该公司最新推出的方案为 Couchbase Mobile，该项目能够保证移动应用在联网或者不联网的情况下始终正常运行。该系统将 Couchbase Lite 可嵌入设备数据库与接入中央 Couchbase Server 的 Couchbase Sync Gateway 相结合。我们将继续关注 Couchbase 能否在各条战线上获得成功。

Dynamo 是亚马逊的 key-value 模式的存储平台，可用性和扩展性都很好，性能也不错：读写访问中 99.9%的响应时间都在 300ms 内。Amazon 公司开发出 Dynamo 是为了扩大其发展势头迅猛的电子商务业务的规模。DynamoDB 数据库服务于 2012 年正式推出，当初它的出现可谓一枝独秀，不过目前数据库服务阵营已经逐渐扩张。目前大家可以选择在同一套云环境中使用多种流行开源数据库(例如 Couchbase、MongoDB 以及 Riak 等)，并在必要时将其迁移至其他云或者是内部环境当中。目前还没有哪种内部或者云备选方案能够取代 DynamoDB。如果大家在企业中已经全面采用 AWS，那么 DynamoDB 无疑是一套快速、灵活且具备高可扩展性的解决选项。

HBase 是一个分布式的、面向列的开源数据库，它运行在 HDFS 之上，在 Hadoop 之上提供了类似于 BigTable 的能力。HBase 是 Apache 的 Hadoop 项目的子项目。HBase 不同于一般的关系数据库，它是一个适合于非结构化数据存储的数据库。其特性包括巨大的可扩展性(被用于 Facebook 的消息传输系统当中)、读取与写入一致性、表分区自动化处理与可配置能力以及自动故障转移功能。HBase-Hadoop DataBase 是一个高可靠性、高性能、面向列、可伸缩的分布式存储系统，利用 HBase 技术可在廉价 PC Server 上搭建起大规模结构化存储集群。

MarkLogic 早在 NoSQL 概念广泛普及之前就已经作为成功的 XML 数据库而拥有悠久的发展历史。MarkLogic 被广泛用于各类大规模技术、金融、法律、医疗以及科学等要求灵活管理并重新使用信息的重量级领域。目前这款与架构无关且具备高度可扩展性的集群化 DBMS 作为 NoSQL 文档存储方案而获得了广泛应用。

开源 MongoDB 是一款人气很高的 NoSQL 数据库。Mongo 使用 C++开发。Mongo 最大的特点是它支持的查询语言非常强大，其语法有点类似于面向对象的查询语言，几乎可以实现类似关系数据库单表查询的绝大部分功能，而且还支持对数据建立索引。

甲骨文 NoSQL 数据库的目标客户群体显然由那些忠诚的甲骨文方案买家构成，这也符合大多数主导型厂商的供求关系。该数据库也被绑定在甲骨文大 Big Data Appliance 中并与其基于 Cloudera 的 Hadoop 发行版相集成。甲骨文 NoSQL 技术社区实际上并不会发布公告或者组织活动，但甲骨文庞大的客户群体当中仍有可观的一批支持者将其视为灵活且可扩展的 NoSQL 备选方案。

Riak 是以 Erlang 编写的一个高度可扩展的分布式数据存储。开源 Riak 在设计目的上主要考虑到高度可扩展性、可用性、容错性以及操作便捷性。由 Basho 支持的 Riak 企业版及 Raik CS 版还加入了对企业级功能的支持以及与 Amazon Web Services S3 云存储相兼容的能力。The Weather Channel 将 Riak 引入 Amazon 云，并以其简便性、可扩展性以及始终可用性作为主要卖点。Riak 支持多节点构建的系统，每次读写请求不需要集群内所有节点参与也能胜任。Riak 非常易于部署和扩展。可以无缝地向群集添加额外的节点。

11.5 NewSQL 数据库

NoSQL 数据库可以提供良好的扩展性和灵活性，很好地弥补了传统关系数据库的缺陷，较好地满足了 Web 2.0 应用的需求。但是，NoSQL 数据库也存在自己的天生不足之处。由于采用非关系数据模型，因此它不具备高度结构化查询等特性，查询效率尤其是复杂查询方面不如关系数据库，而且不支持事务 ACID 四性。在这个背景下，近几年，NewSQL 数据库开始逐渐升温。

NewSQL 是对各种新的可扩展/高性能数据库的简称，这类数据库不仅具有 NoSQL 对海量数据的存储管理能力，还保持了传统数据库支持 ACID 和 SQL 等特性。这类系统既能达到 NoSQL 系统的吞吐率，又不需要在应用层进行事务的一致性处理。此外，它们还保持了高层次结构化查询语言 SQL 的优势。Clustrix、NimbusDB 及 VoltDB 等都属于这类系统。

11.5.1 NewSQL 数据库的简介

有学者专家认为，在关系数据库管理系统(Relational Database Management System，RDBMS)中，一些锁机制、日志机制和缓冲区管理等因素制约了关系数据库的扩展和存储管理能力，只要优化如图 11-21 所示的因素，就能使关系数据库获得良好的性能。

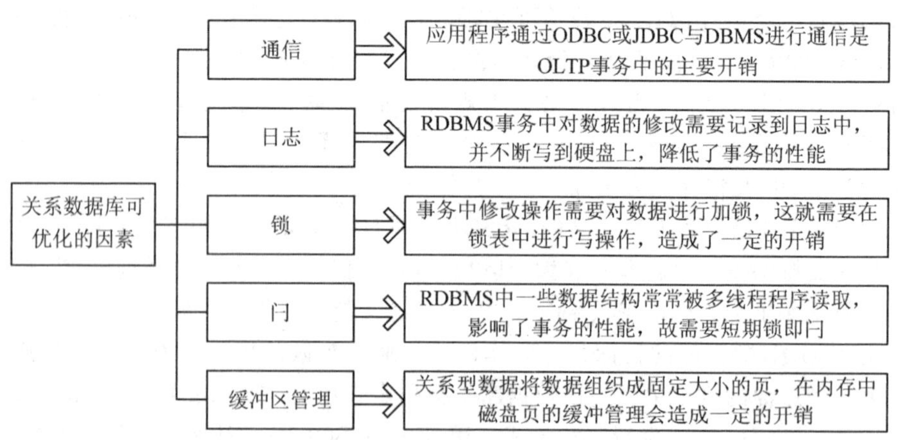

图 11-21 关系数据库可优化的因素

通过对上述因素的优化，出现了一种具有高扩展、高性能的 SQL 关系库，称为 NewSQL，用以区别传统的关系型数据库。因此，NewSQL 被认为是针对 New OLTP 系统的 NoSQL 或者是 OldSQL 系统的一种替代方案。NewSQL 既可以提供传统的 SQL 系统的事务保证，又能提供 NoSQL 系统的可扩展性。如果 New OLTP 将来有一个很大的市场的话，那么将会有越来越多不同架构的 NewSQL 数据库系统出现。

NewSQL 系统涉及很多新颖的架构设计，例如，可以将整个数据库都在主内存中运行，从而消除数据库传统的缓存管理(Buffer)；可以在一个服务器上面只运行一个线程，从而去除轻量的加锁阻塞(Latching)(尽管某些加锁操作仍然需要，并且影响性能)；还可以使用额外的服务器来进行复制和失败恢复的工作，从而取代昂贵的事务恢复操作。

NewSQL 是一类新型的关系数据库管理系统，对于 OLTP 应用来说，它们可以提供和 NoSQL 系统一样的扩展性和性能，另外还能保证像传统的单结点数据库一样的 ACID 事务保证。

用 NewSQL 系统处理某些应用非常合适，这些应用一般都具有大量的下述类型的事务，即短事务、点查询和 Repetitive(用不同的输入参数执行相同的查询)。另外，大部分 NewSQL 系统通过改进原始的 System R 的设计来达到高性能和扩展性，比如取消重量级的恢复策略、改进并发控制算法等。

11.5.2 NewSQL 的类型

NewSQL 系统的分类是根据厂商们采取的不同方法(既保留 SQL 接口，又解决传统的 OLTP 方案的扩展性和性能的问题)来划分的，具体如图 11-22 所示。

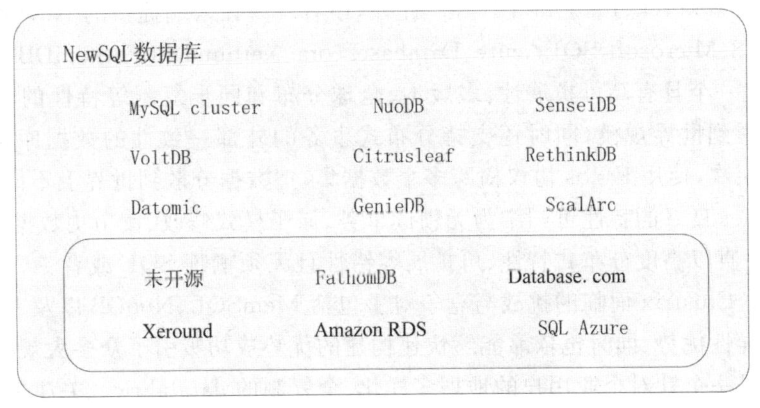

图 11-22 NewSQL 系统的分类

1. 新数据库系统

NewSQL 系统为了达到扩展性和性能的目标，完全重新设计了它们的架构。当然对数据库底层系统的一些改变(希望只有很小的改变)也是需要的，另外对数据的迁移操作也是必需的。在提升性能时，主要的关注点是使用非磁盘(内存)或者其他介质的磁盘(如 Flash 或 SSD)来当作数据库主要的存储媒介。目前，这类解决方案可以仅仅是数据库软件(VoltDB、

NuoDB、Drizzle 和 Google Spanner)或者是一整套完整的应用程序(Clustrix 和 Translattice)。

2. 新的 MySQL 存储引擎

MySQL 是 LAMP 架构的一部分,目前被广泛应用在 OLTP 的环境中。为了克服 MySQL 的可扩展性问题,一系列的存储引擎也被开发出来,包括 Xeround、Akiban、MySQL NDB cluster、GenieDB 和 Tokutek 等。这样做的好处是不用改变 MySQL 的接口。不足之处是目前还不支持从其他数据库(包括旧的 MySQL 引擎)向这类新的 MySQL 中进行数据迁移。

3. 透明的集群

这种方案会保留原有的 OLTP 数据库,但是会提供一个透明的插件层来对这些数据库进行集群管理,从而保证可扩展性。另外,还可以提供透明的 Sharding 功能来提高系统的可扩展性。目前,Schooner MySQL、Continuont Tungsten 和 ScalArc 使用的是前一种方案,而 ScaleBase 和 dbShards 使用的是后面一种 Sharding 的方案。这两种方案都可以对原有的数据库生态系统进行重用,避免完全重写数据库引擎代码来进行数据迁移的操作。

11.5.3 NewSQL 产品

目前,具有代表性的 NewSQL 数据库主要包括 Spanner、Clustrix、GenieDB、ScalArc、Schooner、VoltDB、RethinkDB、ScaleDB、Akiban、CodeFutures、ScaleBase、Translattice、NimbusDB、DrizZle、Tokutek、JustOne DB 等。此外,还有一些在云端提供的 NewSQL 数据库,包括 Amazon RDS、Microsoft SQLAzure、Database. com、Xeround 和 FathomDB 等。

Spanner 是一个具有高可扩展性、多版本、全球分布和同步复制等特性的数据库,它是第一个将数据扩展到世界规模,同时还支持分布式事务的外部一致性的数据库系统。Spanner 立足于高抽象层次,使用 Paxos 协议横跨多个数据集,把数据分散到世界上不同数据中心的状态机中。Spanner 良好的特性可归结为无锁读事务、原子模式修改、读历史数据无阻塞。

Clustrix 一直以高度分布式特性、可扩展容错性且无须牺牲 SQL 或者 ACID 事务处理性能为主要卖点。Clustrix 面临的挑战与竞争对手包括 MemSQL、NuoDB 以及 VoltDB,它们既拥有自己的差异性优势、同时也依靠能够快速构建的优势成功吸引了众多大规模客户。

GenieDB 是一个针对企业用户的地理多样化、全复制的 datafabric。关注于要组织管理多个地点的应用,并且需要全球的一致性,用户数据相近,在广泛范围内可用或可扩展的企业应用。

Schooner MySQL 对使用 InnoDB 存储引擎的 MySQL 进行了优化,使它们可以利用 Flash 存储及多核处理器的力量和效率。

ScaleBase Database Load Balancer 在数据库应用和后台的数据库实例之间起负载均衡的作用。具体实现和标准与基于互联网的负载均衡器类似。

Akiban 的表分组技术可以有效地替代目前的数据库的聚合。它可以不用修改数据库的模式,就能够消除 SQL 连接操作的代价。用户不必分析他们的数据库和计划复杂的数据库架构与应用逻辑的改变。Akiban 可以保证高的性能和高的扩展性。

CodeFutures 公司的 dbShards 利用数据库 Shardin9 的技术来帮助企业扩展高容量的数据库。数据库 Shardin9 是一个被许多著名的大容量互联网站点(比如 Flickr、YouTube 和 Google)广泛使用的数据库扩展性架构。和传统的数据仓库方案不同,dbShards 大大提高了 OLTP 数据库、软件即服务(SaaS),以及其他有着并发访问用户的系统的响应时间和扩展性,这些系统都使用廉价的硬件。

TransLattice 提供了第一个地理分布的关系数据库系统来适应目前出现的相关应用。

NimbusDB 是一个 NewSQL 数据库。外部接口和传统的 SQL 数据库是一样的,但是内部的实现却完全不一样。它是针对新的数据中心的一类新的数据库。

DriTzle 是一个社区开源项目,基础是 MySQL 数据库。Drizzle 开发团队去除了 MySQL 中的一些非必需的代码,重新组织代码结构到一个 plugin-based 架构中,并且将代码变为 C++。

MySQL Cluster 是工业界唯一的实时事务关系数据库系统,集成了 99.999%的可用性和很低的 TCO。它使用了无共享的分布式架构,没有单点故障,从而可以保证高可用性和性能。

Tokutek 是一个高扩展、自动恢复的 MySQL 和 MariaDB 存储引擎。它提供了基于索引的查询加速,并且允许 Hot Schema 修改。

Continuent Tungsten 包含两个独特的工业领先产品,它们使用数据复制和分布式管理技术,在开源数据库基础上创建商业应用。

VoltDB 整合了经过验证的关系处理模型,具有高吞吐率线性可扩展和无缝的容错能力。VoltDB 对于需要高吞吐率,并且需要 100%的数据一致性和实时分析功能的数据应用,是一个理想的数据库解决方案。

顾名思义,MemSQL 与其他大规模 NoSQL 方案的主要区别在于它结合了内存内机制、符合 ACID 原则的事务处理性能以及 SQL 兼容性。除了将关系型接口添加到内存内数据层,MemSQL 还在闪存与磁盘存储选项中支持压缩列式存储机制,从而深度实现历史分析功能。MemSQL 的主要竞争对手为老牌方案 VoltDB(以及其他 NewSQL 数据库),因此这场进行中的竞逐将在比拼的同时拓展 NewSQL 地位以及客户的接纳程度。

NuoDB 承诺为客户带来可扩展性、地理分布部署以及各类为人们所熟知的 SQL 特性。不出所料,它具备良好的高可用性、热升级、数据冗余以及灾难恢复能力。NuoDB 的一大发展转折在于通过内置的多租户支持能力着重强调云部署方案。它是一款很有前途的产品,但作为一家年轻的 NewSQL 供应商,NuoDB 仍然需要进一步向客户证明自身的卓越之处。

Splice Machine 能够在 Hadoop 之上运行事务型应用程序并且同时支持分析型应用,这实在是种独特的思路。其客户 Harte Hanks 公司表示,他们目前运行着大量专门针对传统数据库所设计的应用程序,其中包括 IBM Unica、COgnos BI 以及 Ab Initio 数据集成软件。

Amazon Relational Database Service(Amazon RDS)是一个可以快速、方便地在云中安装、操作和扩展关系数据库的互联网服务。

SQL Azure 提供的云数据库服务可以方便地替用户创建、管理和维护数据库,使得用户可以集中到开发应用上来。Azure 是在 SQL Server 的基础上构建的,是 Windows Azure 大平台的一部分。

Database. com 是一个现代、开放的服务，可以在云环境中自动扩展。它会在社交或者移动网络的需求之下进行内核的编译构建，而不是在之后突然要用到社交网络环境时才进行构建。

Xeround 是第一个解决了扩展性等问题，并且没有牺牲数据库的功能，比如 ACID 特性及获得关系数据库 SQL 的支持。Xeround 针对 MySQL 上的应用的云数据库可以提供无缝的 MySQL 的扩展性和高可用性，所有这些都是通过它简单的、一键式的 DBaaS 功能提供的。

FathomDB 在云上替用户管理关系数据库并且维护数据库服务器。关系数据库即服务是它的一个主要特点。

ScaiArciDB 是一个针对云或者数据中心的高性能的 SQL 加速器。

11.5.4 数据处理架构的变革

综合来看，大数据时代的到来，引发了数据处理架构的变革。以前，业界和学术界追求的方向是一种架构支持多类应用(One Size Fits All)，如图 11-23 所示，包括事务型应用(OLTP 系统)、分析型应用(OLAP、数据仓库)和互联网应用(Web 2.0)。但是，实践证明，这种理想愿景是不可能实现的，不同应用场景的数据管理需求截然不同，一种数据库架构根本无法满足所有场景。

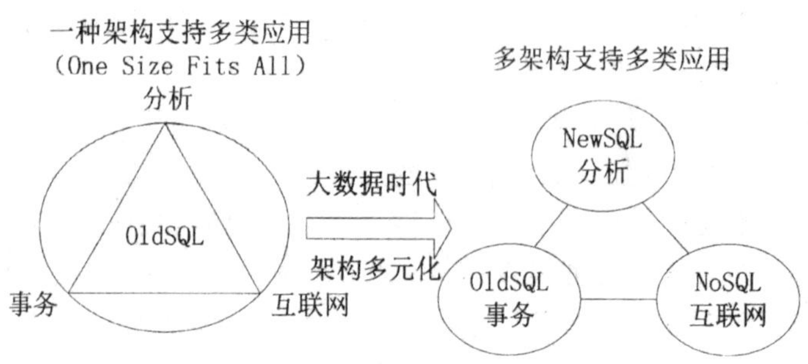

图 11-23　大数据引发数据处理架构变革

到了大数据时代，数据库架构开始向着多元化方向发展，并形成了传统关系数据库(OldSQL)、NoSQL 数据库和 NewSQL 数据库 3 个阵营，三者各有自己的应用场景和发展空间。尤其是传统关系数据库，并没有就此被其他两者完全取代，在基本架构不变的基础上，许多关系数据库产品开始引入内存计算和一体机技术以提升处理性能。在未来一段时期内，3 个阵营共存共荣的局面还将持续，可以肯定的一点就是传统关系数据库的辉煌时期已经过去了。

为了更加清晰地认识传统关系数据库、NoSQL 和 NewSQL 数据库的相关产品，图 11-24 给出了 3 种数据库相关产品的分类情况。

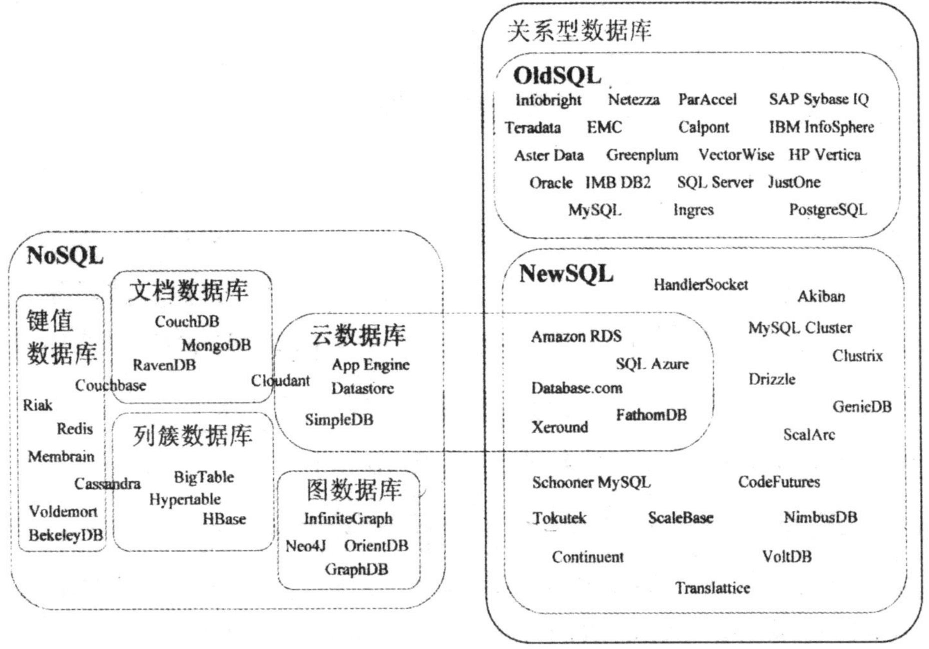

图 11-24 关系数据库、NoSQL 和 NewSQL 数据库产品的分类

参考文献

[1]毛一梅,郭红.数据库原理与应用(SQL Server 版)[M].2 版.北京:北京大学出版社,2017.

[2]万常选,廖国琼,吴京慧,刘喜平.数据库系统原理与设计[M].2 版.北京:清华大学出版社,2017.

[3]刘瑞新.数据库系统原理及应用教程[M].4 版.北京:机械工业出版社,2016.

[4]张银玲.数据库原理及应用[M].北京:电子工业出版社,2016.

[5]李辉.数据库技术与应用[M].北京:清华大学出版社,2016.

[6]蔡延光.数据库原理与应用[M].北京:机械工业出版社,2016.

[7]董卫军,邢为民,索琦.数据库基础与应用[M].2 版.北京:清华大学出版社,2016.

[8]郝忠孝.数据库学术理论研究方法解析[M].北京:科学出版社,2016.

[9]姜桂洪,刘树淑,孙勇.数据库技术及应用[M].北京:科学出版社,2016.

[10]马瑾,张晶.数据库原理[M].北京:中国电力出版社,2016.

[11]倪春迪,殷晓伟.数据库原理及应用[M].北京:清华大学出版社,2015.

[12]刘亚军,高莉莎.数据库原理与应用[M].北京:清华大学出版社,2015.

[13]郭胜,王志等.数据库原理及应用[M].2 版.北京:清华大学出版社,2015.

[14]杨晓光.数据库原理及应用技术[M].北京:清华大学出版社,2014.

[15]陈志泊.数据库原理及应用教程[M].3 版.北京:人民邮电出版社,2014.

[16]尹为民,李石君,金银秋等.数据库原理与技术(Oracle 版)[M].3 版.北京:清华大学出版社,2014.

[17]张丽娜,杜益虹,刘丽娜.数据库原理与应用[M].北京:化学工业出版社,2013.

[18]高岩,李雷等.数据库原理与实现[M].北京:清华大学出版社,2013.

[19]杨海霞.数据库原理与设计[M].2 版.北京:人民邮电出版社,2013.

[20]李月军.数据库原理与设计[M].北京:清华大学出版社,2012.

[21]万常选.数据库系统原理与设计[M].2 版.北京:清华大学出版社,2012.

[22]张凤荔,文军,牛新征.数据库新技术及其应用[M].北京:清华大学出版社,2012.

[23]王占全,张静,郑红等.高级数据库技术[M].上海:华东理工大学出版社,2011.

[24]高凯,张雪梅,倪素红等.数据库原理与应用[M].北京:电子工业出版社,2011.

[25]王国胤,刘群,夏英,熊安萍.数据库原理与设计[M].北京:电子工业出版社,2011.

[26]王成良,柳玲,徐玲.数据库技术及应用[M].北京:清华大学出版社,2011.

[27]严冬梅.数据库原理[M].北京:清华大学出版社,2011.

[28]陆慧娟,高波涌,何灵敏.数据库系统原理[M].2 版.北京:中国电力出版社,2011.

[29]雷景生,叶文珺等.数据库原理及应用[M].北京:清华大学出版社,2011.

[30]翟有甜.数据库技术与应用[M].杭州:浙江大学出版社,2010.

[31]谢兴生.高级数据库系统及其应用[M].北京:清华大学出版社,2010.

[32]李宝敏.管理信息与数据库技术[M].北京:清华大学出版社,2010.

[33]刘玉宝.数据库原理与应用:基础·开发技术·实践[M].北京:电子工业出版社,2010.

[34]蒋宗礼.马涛等.数据库技术及应用[M].2版.北京:电子工业出版社,2010.

[35]王常选,廖国琼,吴京慧,刘喜平.数据库系统原理与设计[M].北京:清华大学出版社,2009.

[36]陈晓云,徐玉生.数据库原理与设计[M].兰州:兰州大学出版社,2009.

[37]王珊,李盛恩.数据库基础与应用[M].2版.北京:人民邮电出版社,2009.

[38]刘云生.数据库系统分析与实现[M].北京:清华大学出版社,2009.

[39]熊才权.数据库原理及应用[M].武汉:华中科技大学出版社,2008.

[40]李昭原.数据库技术新进展[M].北京:清华大学出版社,2007.

[41]刘卫国,严晖.数据库技术与应用[M].北京:清华大学出版社,2007.

[42]朱杨勇.数据库系统设计与开发[M].北京:清华大学出版社,2007.

[43]张龙祥,黄正瑞,龙军.数据库原理与设计[M].北京:人民邮电出版社,2007.

[44]尹为民,金银秋.数据库原理与技术[M].武汉:武汉大学出版社,2007.

[45]李红.数据库原理与应用[M].2版.北京:高等教育出版社 2007.

[46]涂振宇,傅清平.数据库原理与应用[M].北京:清华大学出版社,2006.

[47]王珊,萨师煊.数据库系统概论[M].4版.北京:高等教育出版社,2006.

[48]孙建伶,林怀忠.数据库原理及应用[M].北京:高等教育出版社,2006.

[49]冯建华.数据库系统设计与原理[M].北京:清华大学出版社,2005.

[50]钱雪忠,黄学光,刘肃平.数据库原理及应用[M].北京:北京邮电大学出版社,2005.

[51]汤庸,叶小平,汤娜.数据库理论及应用基础[M].北京:清华大学出版社,2004.

[52]施伯乐,丁宝康,楼荣生.数据库系统导论[M].北京:高等教育出版社,2004.

[53]王行言,汤荷美,黄维通.数据库技术及应用[M].北京:高等教育出版社,2004.

[54]黄志球,李清等.数据库应用技术基础[M].北京:机械工业出版社,2003.

[55]冯玉才等.数据库系统实验指导[M].北京:电子工业出版社,2003.

[56]陈雁.数据库系统原理与设计[M].北京:中国电力出版社,2003.

[57]王亚平.数据库系统原理辅导[M].西安:西安电子科技大学出版社,2003.

[58]萨师煊,王珊.数据库系统概论[M].3版.北京:高等教育出版社,2002.

[59][英]戴特.数据库设计与关系理论[M].卢涛译.北京:机械工业出版社,2013.

[60][美]克罗恩克(Kroenke,D. D.),奥尔(Auer,D. J.).数据库处理——基础、设计与实现[M].11版.孙未未等译.北京:电子工业出版社,2011.

[61][德]Ralf Hartmut Guting,Markus Schneider. Moving Objects Databases[M].金培权,岳丽华译.北京:高等教育出版社,2009.

[62][美]Hoffer J. A,Prescott M. B,Mcfadden F. R.现代数据库管理[M].8版.北京:清华大学出版社,2008.

[63][美]Peter Rob,Carlos Coronel. 数据库系统设计、实现与管理[M]. 6 版. 张瑜等译. 北京:清华大学出版社,2005.

[64][美]C. J. Date. 数据库系统导论[M]. 孟小峰,王珊等译. 北京:机械工业出版社,2003.

[65]丁继民,师秀峰,牛生国. 浅析计算机数据库的管理技术及应用[J]. 信息系统工程,2011.

[66]王宽. 计算机数据库的应用及维护技巧[J]. 科技信息,2011.